环境设计教育改革系列丛书

设计与实践

首都师范大学美术学院
环境设计系学生

优秀作品集

主编 张 彪

中国建筑工业出版社

优秀作品集

EXCELLENT WORKS

CAPITAL NORMAL UNIVERSITY

Environmental Art and Design

优秀作品集
EXCELLENT
WORKS

CONTENTS

目录

壹

WORKS

课题
设计

WORKS

毕业
设计

壹
WORKS
课题
设计

C·N·U

课题设计

01

方家胡同46号院广场景观概念设计

张钊
姚若言
叶一鸣

主题空间设计

平面图
效果图

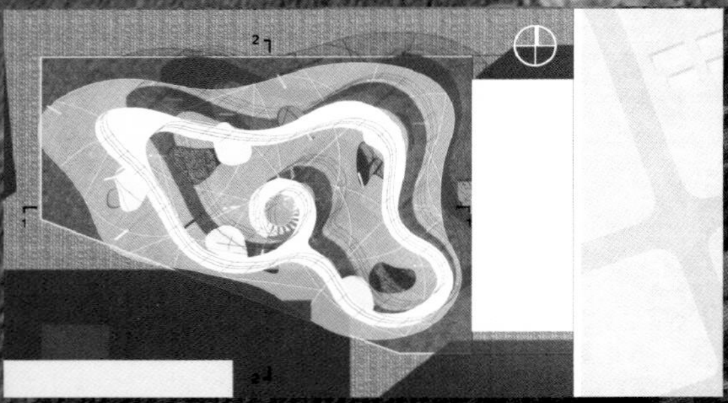

02

九章别墅

马璐璐

住宅设计

效果图

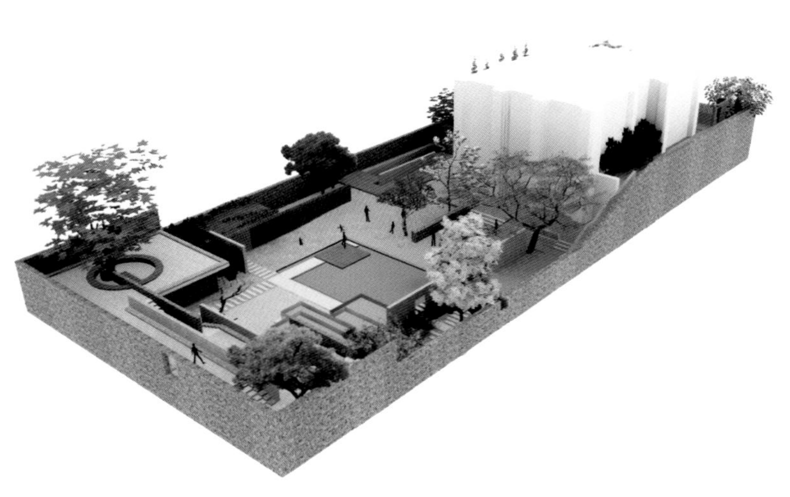

10

"负空间"

刘宁謦

主题空间设计

效果图

11

Art Space 太空机械走廊方案

张昊天
杨雪卿
韩阳

主题空间设计

内部细节图
外部空间图

12

老炉区更新设计

邢瑜彤
魏苗
庞渊

主题空间设计　　效果图

13

798 艺术区建筑改造

辛雅楠
于辉
于晓雪

主题空间设计

分析图
效果图
剖面图

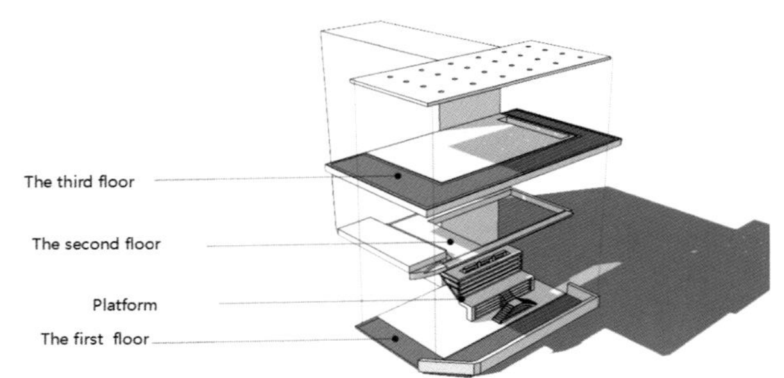

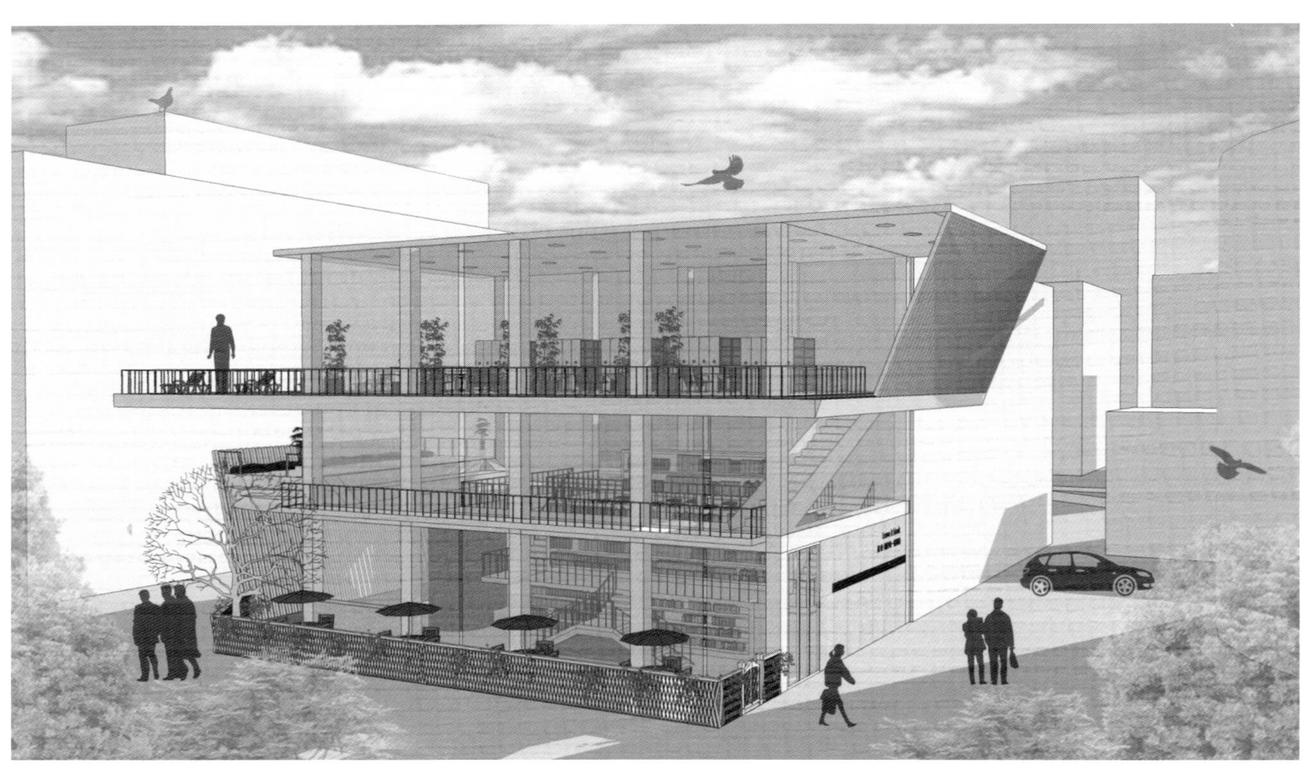

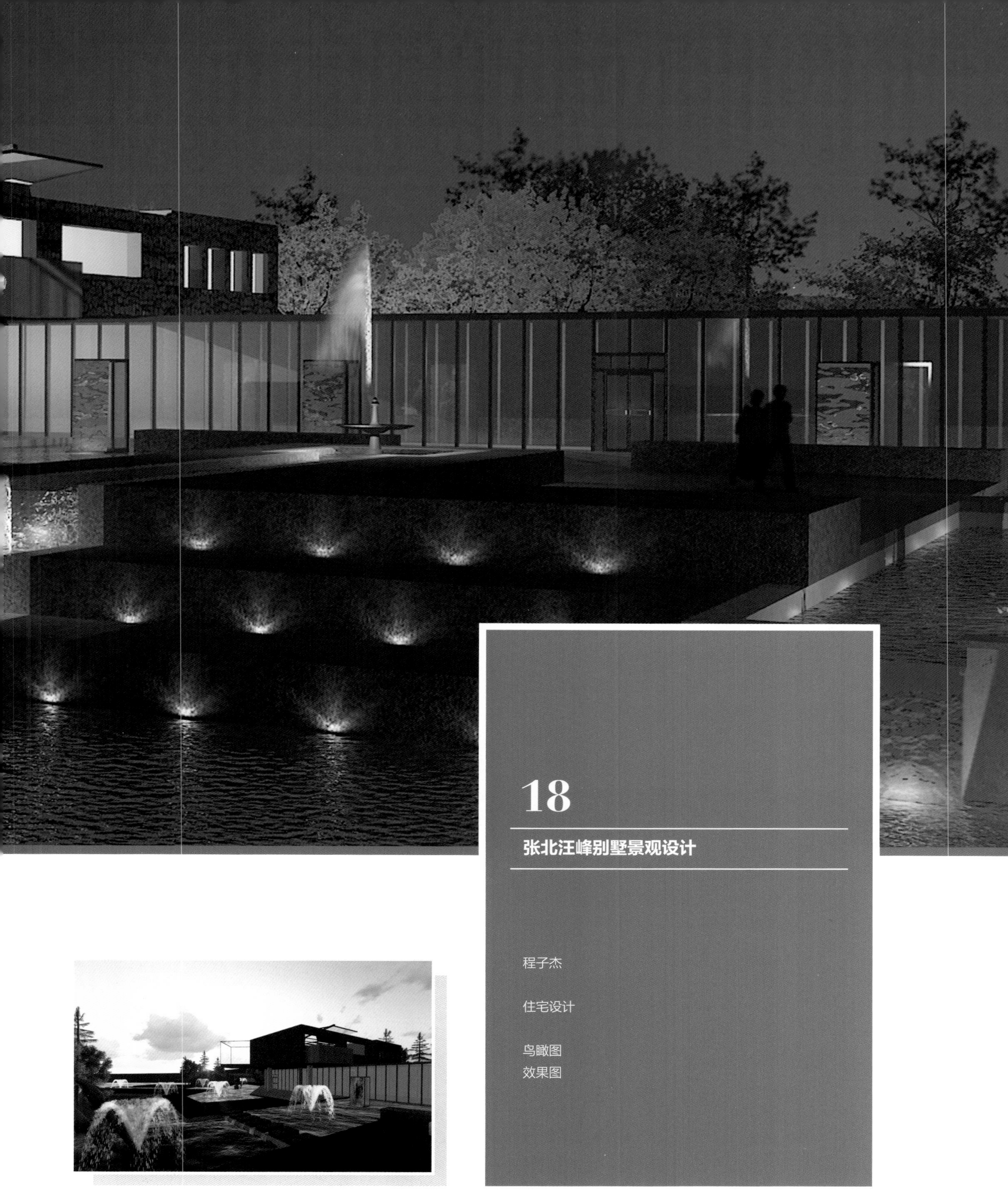

18

张北汪峰别墅景观设计

程子杰

住宅设计

鸟瞰图
效果图

19

联东集团会所花园

吴蓓蓓

住宅设计

效果图

20

新疆哈密白杨沟佛寺遗址公园

赵炜
王坤
侯跃

效果图
分析图
主题空间设计 平面图

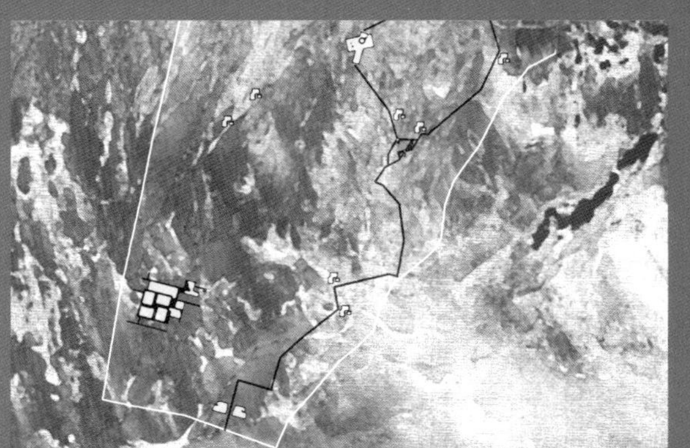

贰
WORKS
毕业
设计

03

云冈石窟陈列馆

孙引芯

毕业设计

概念设计图
平面图
效果图
细节图

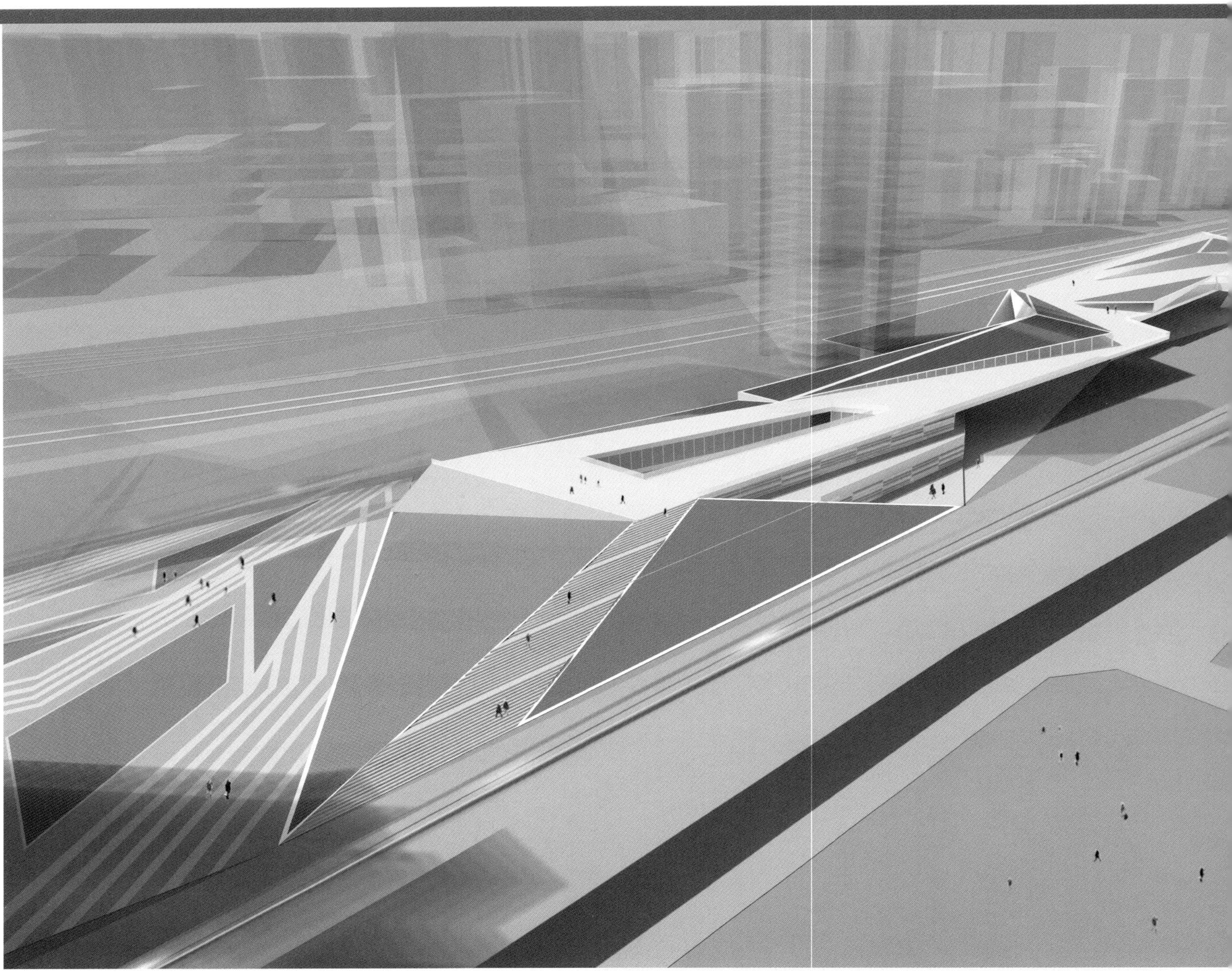

04

松冈商业中心

李智兴

毕业设计

效果图
平面图
分析图

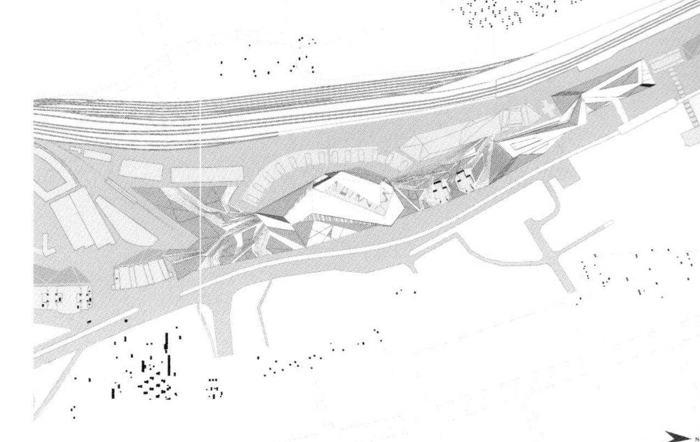

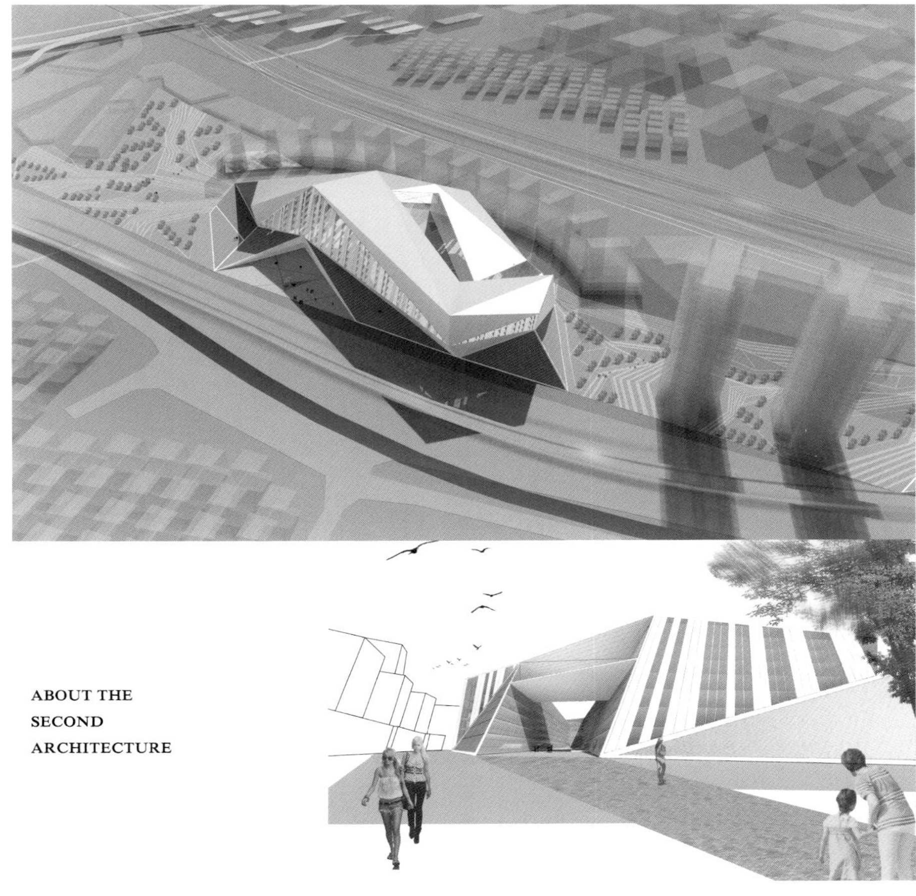

ABOUT THE
SECOND
ARCHITECTURE

11

尼泊尔地震灾后过渡安置房

程启

毕业设计

效果图
平面图
分析图

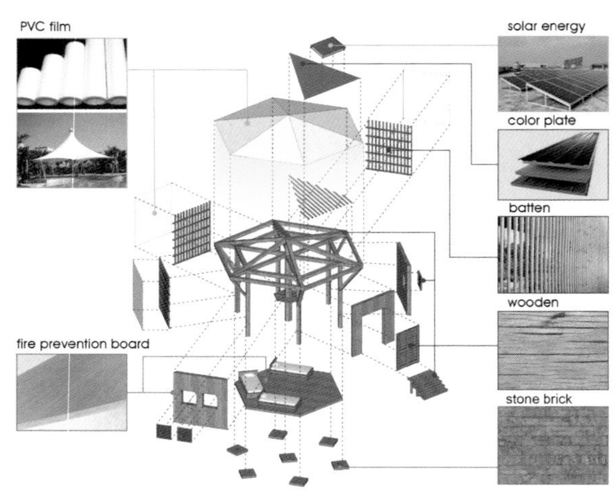

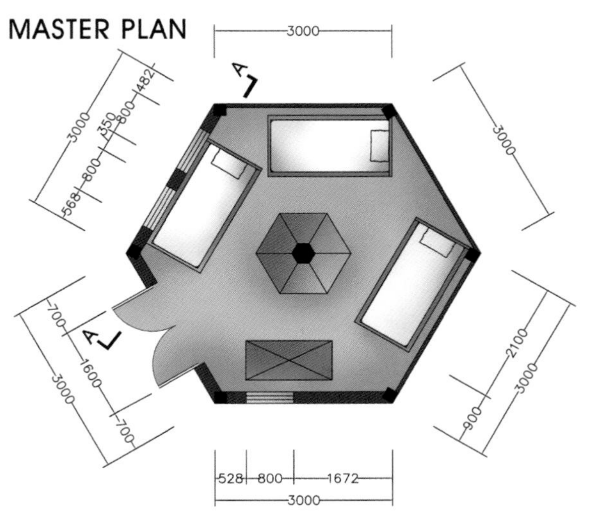
MASTER PLAN
3000
482
800
350
3000
800
568
3000
700
1600
3000
700
2100
3000
900
528
800
1672
3000
A
A

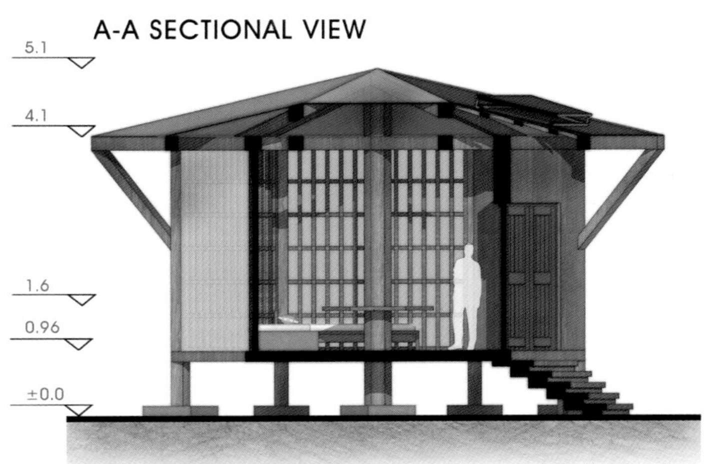
A-A SECTIONAL VIEW
5.1
4.1
1.6
0.96
±0.0

12

勺园复原设计

颜碧慧

毕业设计

效果图
鸟瞰图
平面图

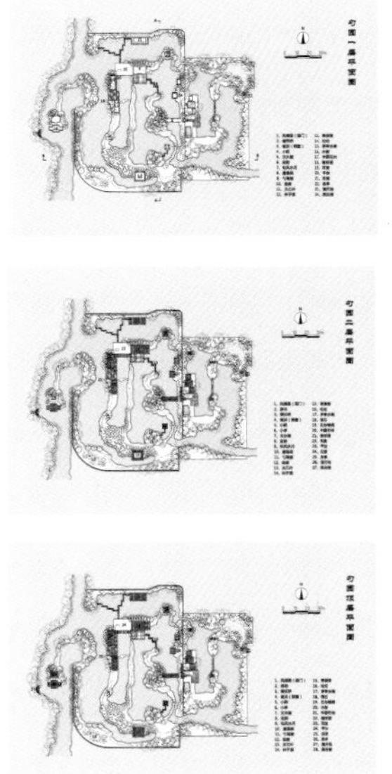

0 10 20 30m

13

重庆会展中心

吴双

毕业设计

平面图
分析图
剖面图

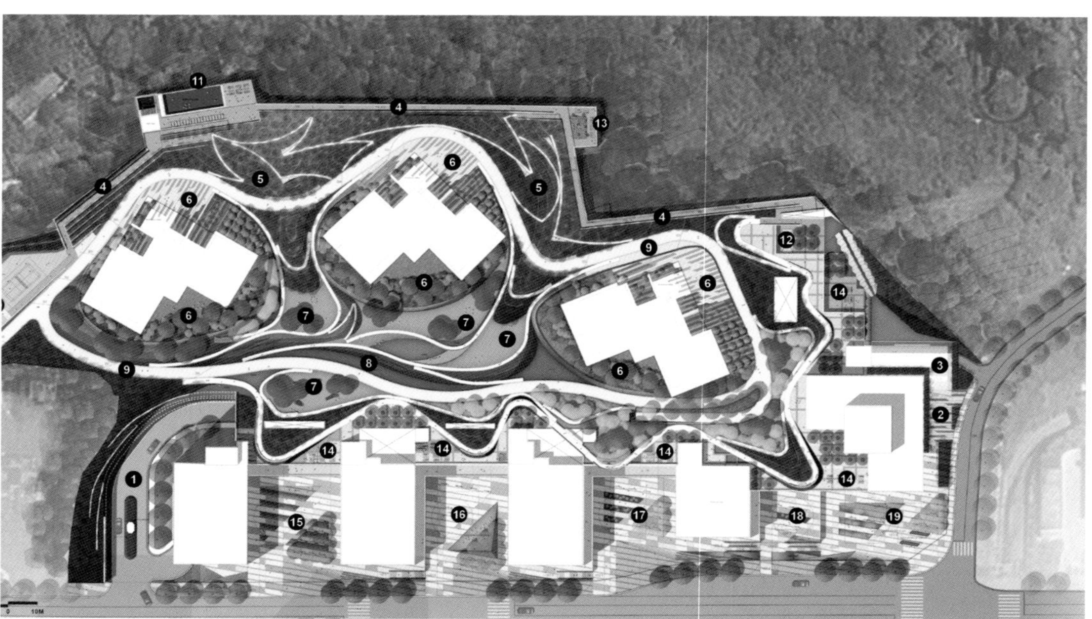

■ **Master Plan**

■ Design analysis

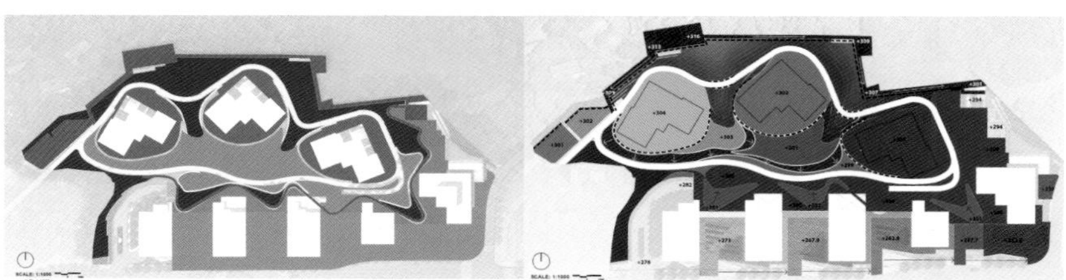

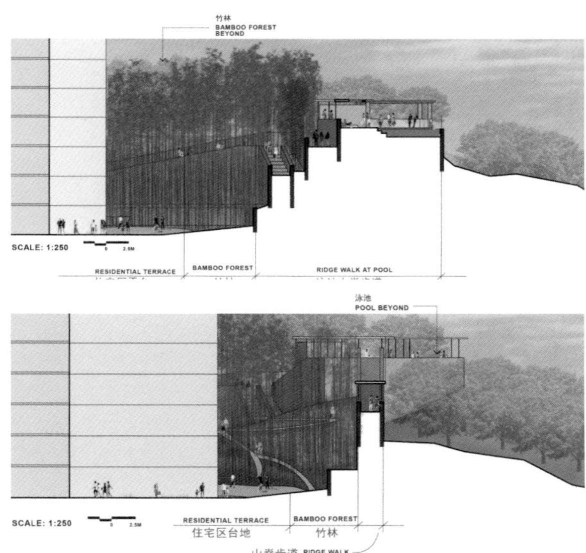

14

湖北省广水市桃源村农耕体验园景观设计

田颖琦

毕业设计

平面图
效果图

鸟瞰图

15

巴黎馆

马璐璐

毕业设计

效果图
平面图
鸟瞰图

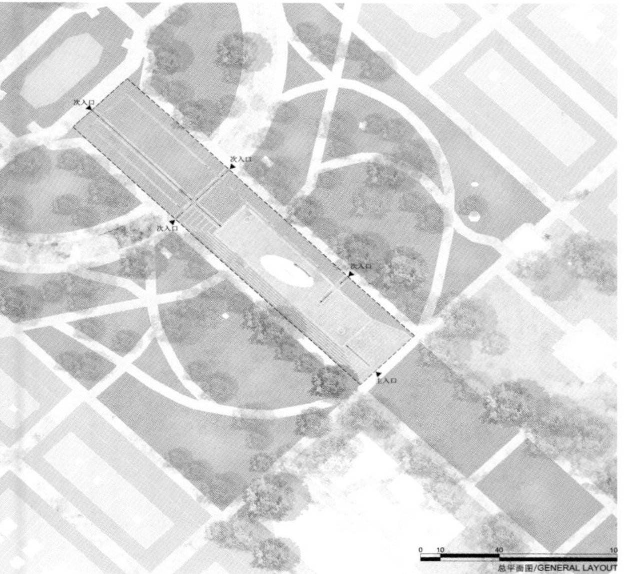

总平面图/GENERAL LAYOUT

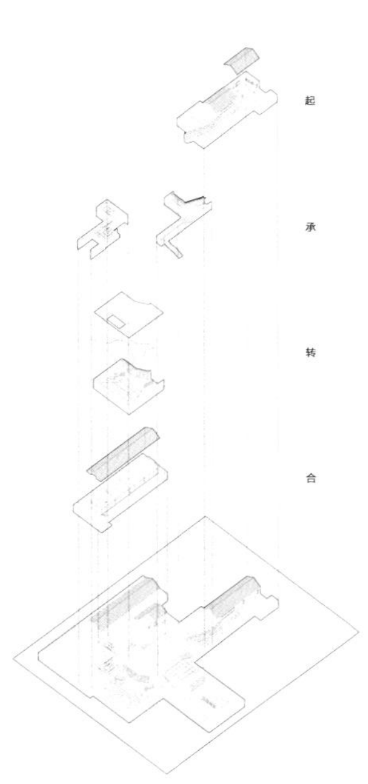

16

林兆华戏剧工作室

孙睿

毕业设计

分析图
效果图
剖面图

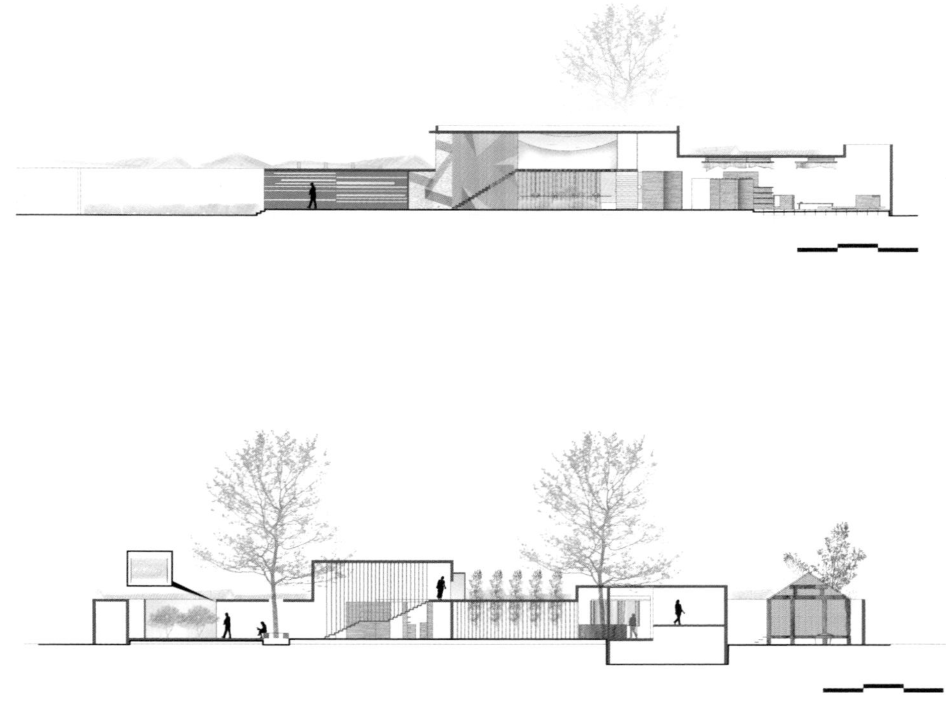

17

拉萨主题酒店

刘小未

毕业设计

局部图
效果图
平面图

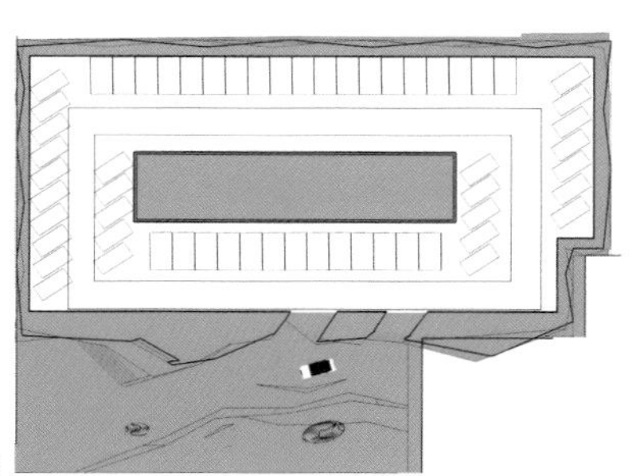

一层平面布置

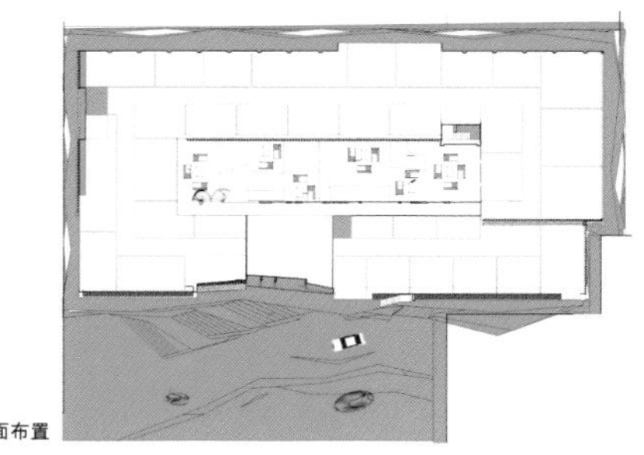

客房层平面布置

室内设计元素运用：
大堂和静坐温室运用了藏族传统的柱式结构，并运用红白对比的手法突出结构空间。屋顶活动空间的摄影展廊运用了缝隙漏光手法，配合展墙的灵活摆放，营造了印象深刻的空间。藏餐吧屋顶装置设计形式来源于经幡悬挂的意像。

室内功能布置：
室内首层为半地下停车场，可停车辆约为40 辆，面积约为2400平方米。二、三层为客房层，层面积约为2210平方米。四层设置了藏式餐厅、摄影展廊、静坐温室等公共空间，藏式餐厅面积约为500平方米，温室面积约为116平方米。屋顶花园一共四处，总面积约为600平方米。

18

基于儿童感知能力的植物园儿童活动区设计

王思宇

毕业设计

鸟瞰图
效果图

19

延庆野鸭湖滩涂湿地互动空间景观设计

王进思

毕业设计

平面图
鸟瞰图
效果图

NDS
BIRD'S EYE PICTURE
鸟瞰图

20

旧城街巷改造

吴蓓蓓

毕业设计

平面图
效果图
剖面图

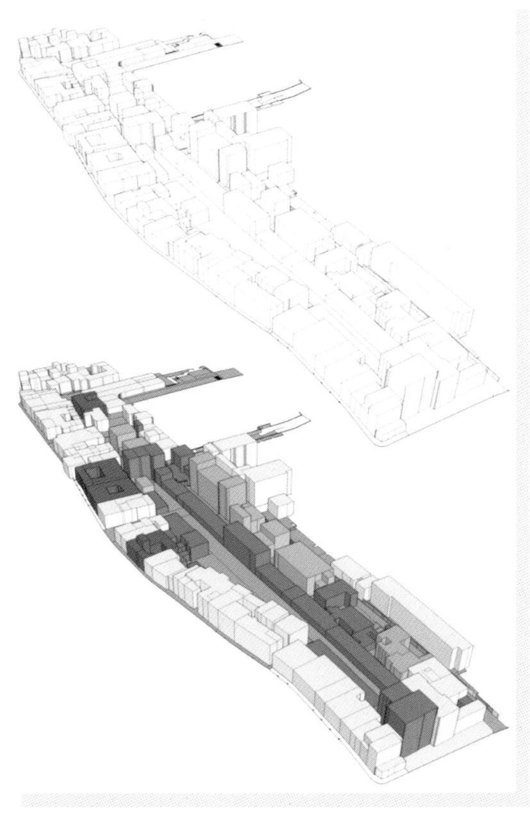

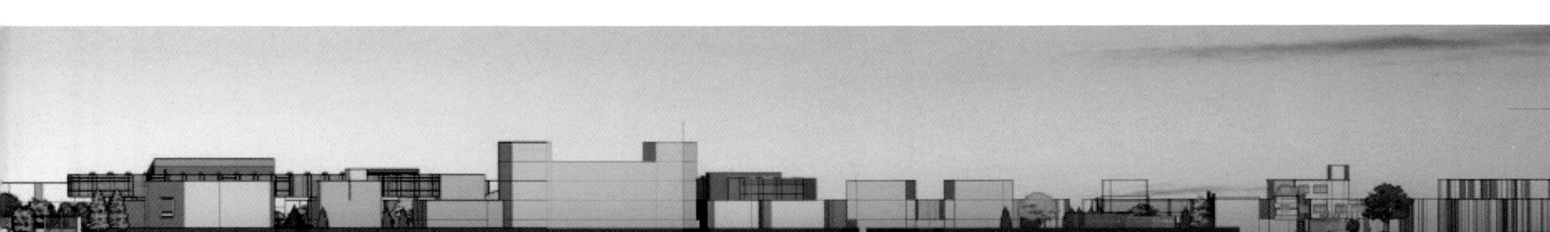

21

上海大歌剧院概念方案设计

郭帅

毕业设计

效果图

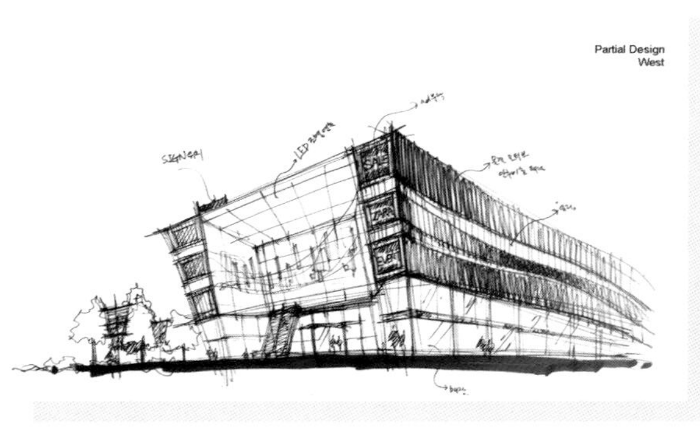
Partial Design
West

22

杭州运河上街设计

黄海一

毕业设计

概念图
效果图

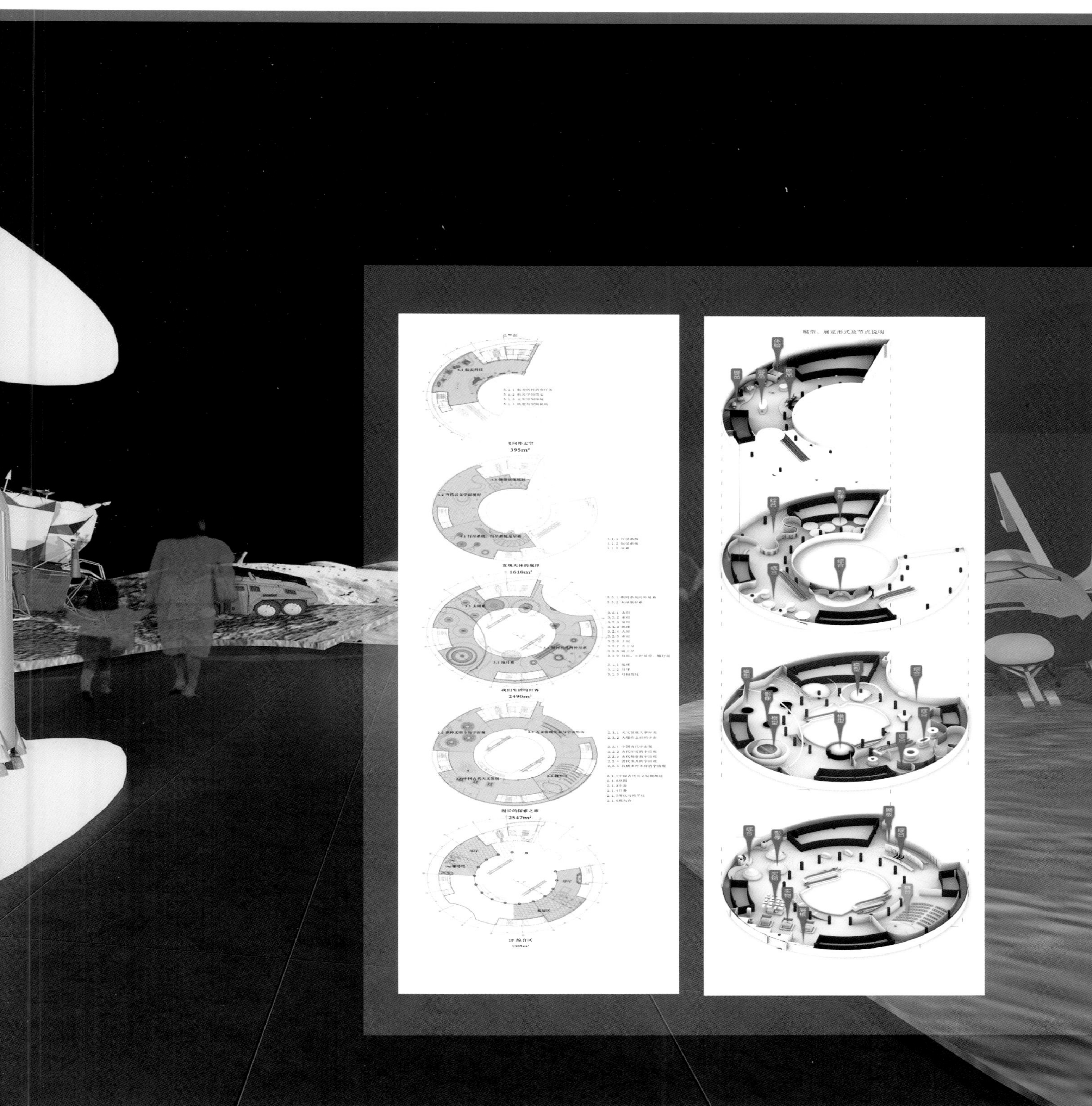

28

永定河（田村段）及周边环境改造

苏洋

毕业设计

展板

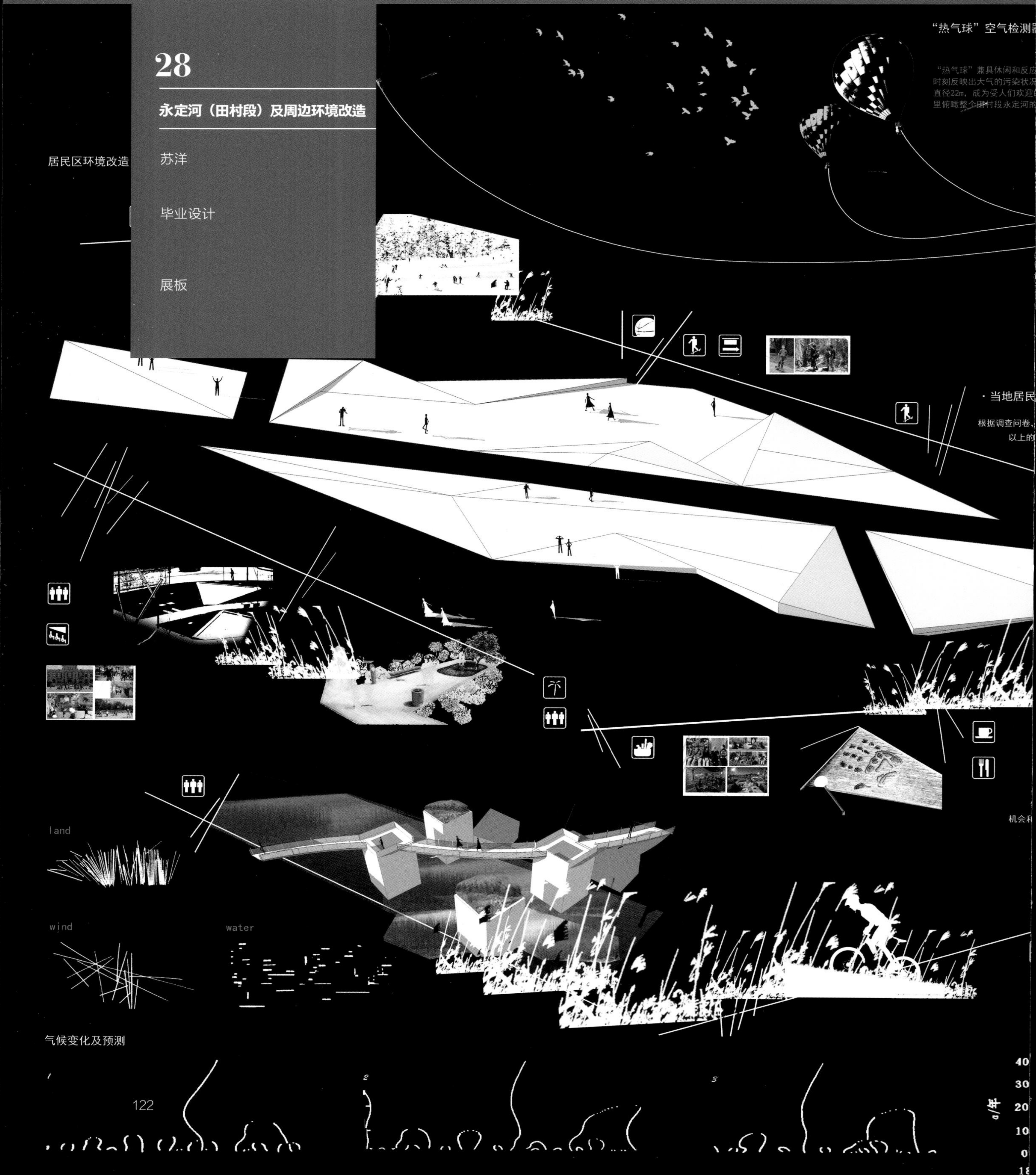

它的颜色不断变换，
仪”的热气球高32m，
。人们可以站在吊篮
北京人，主要居住者为55岁
些杂活，甚至已退休长期呆在家
孩子；因此他们多希望居民区环境干
馨可以为他们和小孩提供更多的室外绿化
空间，多一些休息设施，可供多数老年
人下棋、打牌，并希望建立菜园
区，闲暇时种些绿色健康蔬菜
· 周边经济带的工作人员：
因当地的餐饮设施多，并由政府，
因此工作性质多数是餐饮设施的服务
人员以及政府工作人员；收入大范围是
-10000不等；因多数人渴望休息时间
友休息室出来喝杯咖啡，畅谈小
劣，因此他们很少有
公。

29

巩华城古城遗址景观带设计与规划

刘婷婷

毕业设计

平面图
效果图

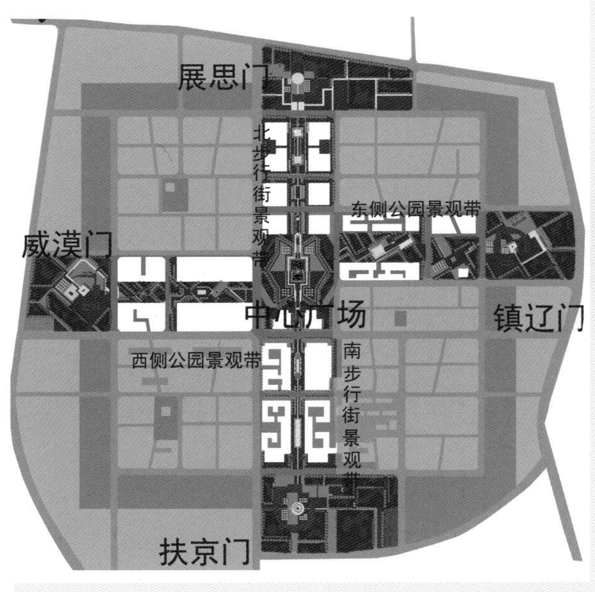

30

贺兰山——福音寺景观设计

马洪梅

毕业设计

鸟瞰图
效果图

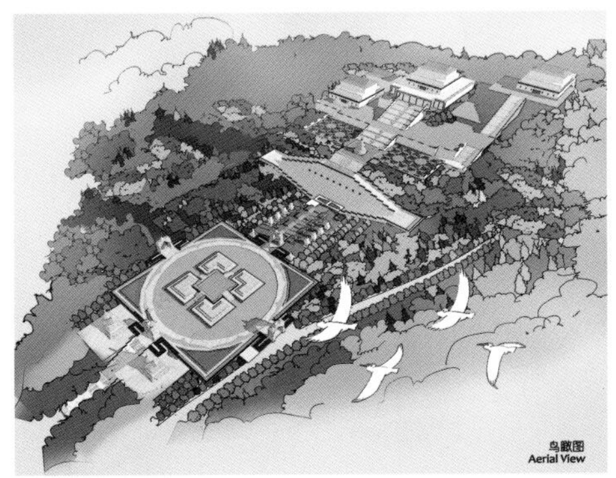

郁闷与沮丧。所以，我认为大学教育目标应该是：“培养未来行业的领军人物”。把大学阶段作为未来 3~5 年的知识储备和方案能力起步阶段，把设计助理作为基本的就业目标。通过项目设计能够准确领会主创设计师的意图，并能熟练地进行行业语言表达，就可以抢先占领未来发展的优势地位。用 5~10 年的行业实践成为出色的设计师，才是正确合理的发展定位。

2. 教师方面

建立双师型教学机制，教师提供学习思路和有效的学习方法，打通校内与校外的分界，提供大量与专业相关的行业信息，加以分析与指导，引导学生正确掌握项目设计方法与软件表达。今天是一个空前开放和信息庞大的时代，教师不再是知识量的权威，大学课堂也不是灌注式的给予，教会学生思考的方式和经历过程的苦与乐才是我们课堂教学的重点。大学的课堂没有什么不可能，只要想到就可以尝试，我们需要的是大胆的想象和活跃的课堂状态，不必过于受现实的拘束，让学生们尽量徜徉在自己的设计世界。教师所要做的就是适时的引导，毕竟设计不是靠怪诞和变异来吸引观者的眼球，尽量帮助他们把握住一条有价值的线索，才能逐渐靠近教学的课堂目标。课堂，往往是试验的场所，这里不应该有固定的教学模式，也不应该有强制的规范或标准，而应该是动态的，在不断地总结中创新发展，才会充满活力和激情。教师最大的作用就是激发学生那些闪烁智慧的星星火花，渐渐拨亮它们才能成星火燎原。

五、项目教学的策略

1. 引导项目软件的正确操作与实时更新

根据教学内容安排项目进度与辅助教学，以提升“项目设计能力”为目标，引导项目软件的正确操作与实时更新，培养学生的应变能力和自学能力；对于大学课程的软件教学基本存在两个误区：一，3D 计算计教学成为传统的教学课程，耗时耗力，最终却并不是设计师的必须软件，而只是个渲图软件，这就存在培养目标定位不准，导致学生基本技能不健全。大学本科教学应该培养的是设计师而不是渲图师，如果专科环艺或者室内方向，无可厚非，但目前项目设计中使用比较广泛的 sketchup 却缺乏专门的教学研究，基本上都是在项目实践中，学生自我摸索提高的，尤其 sketchup 具有庞大的插件功能，并非看似那么简单。所以通过项目导入教学确实可以有效提高软件的使用价值，引导学生自我学习与参与提高的能力。二，对于软件的穿插结合，通过项目教学可以有效提高设计的优化度，

2014 年
中国白酒酒庄项目
／江寿国设计

尤其是软件的文件转换，准确出图都是未来评判设计助理的能力标准。学生在传统课堂上只把掌握软件的熟练程度作为标准是片面的，其实最重要的还是软件的成果转换。也就是说软件的最终作用是项目过程的辅助表达。不是掌握的熟练度作为唯一标准，而是成果转换那部分技术点才是最重要的。

2. 不同年级的学生获得参与不同项目的机会

利用专业优势和特色，根据不同年级和不同教学阶段，把握有利时机，恰当引入项目实践，使环境设计专业与社会实践紧密联系，使人才培养与社会需求紧密挂钩，使大学本科教育有效、有力，为专业设计更好的服务。当然，过早过多与实际工程项目接触，也会导致学生急功近利，忽视应有的基本功和基础教育的学习。毕竟实践不等于培养匠人，结合实际或在实践中把设计精髓和理念灌输到学生心灵深处才是最理想的。因此，在整个四年的教学体系中，应该分阶段分难易度地把项目导入课堂，比如一年级不提倡实践项目，但应注意基础教学的可实践性，避免传统的三大构成几十年如一日的刻板教学，缺乏时代性与当下性，应该强调当下设计人才应具备的基础素质，而不应该流与普通化的形式教学。所以，在一年级应加强设计素质储备，激发设计活力与热情，而不是延续高中的灌注式教学，使学生处于盲目学习，导致基础不稳，目标不清，很多处于游离状态。低年级不必导入项目，而应加强设计引导与设计素养的培养。在二年级的教学中，以小型项目为主，比如别墅设计、庭院设计、单户住宅装修设计、店面设计等，这类项目功能简单，都是与切身居住有关的，学生并不陌生，容易理解也容易把握。并且这些项目可以与课程体系相融合，既能有效提高课堂效果，又能切实可行的与当下社会需要相适应。在高年级的课程中逐渐提高项目难易度，由单体走向群体，由单项走向综合，由小面积走向大场地，由开始的关注局部设计力转向大尺度的空间塑造力，真正为培养一个未来的领军人物做准备。尤其在四年级的毕设中，更应该加强就业方向与项目的关联性，让学生真正做一个有甲方限制的设计作品，而不是以往的大多数院校所采取的自由发挥，导致夸夸其谈的、空洞的作品，落不到实处的甚多。

3. 工作室是学生走入学校的桥梁

目前，很多学校的教师工作室，缺少学校的教学支持，工作室一般没有本科学分。有能力的导师基本关注的是研究生的培养，缺少对本科生的教学支持。学生一步迈入社会公司，要么被排斥、要么做最底端的杂务。在这个过程中往往会受到打击，很多学生在这个过程中可能会丧失专业信心。因此，学校应该为学生提供一个过渡的空间，这个过渡空间就是教师工作室，它可以很好的为学生搭建这个过渡的桥梁，使学生有一个良好的缓冲空间来武装自己。实践证明由工作室走进公司的学生都表现得比较自信快乐，都能顺利进入满意的公司。没有经过工作室直接进入公司的大多数在开始阶段都比较煎熬。

六、结语

以项目导入教学的模式越来越多地被高校课堂教学所采用，同时它也日益受到高校大学生的欢迎，具有良好的课堂效果，受到设计类高校课程教学的普遍重视。项目课题的展开，的确大大提高了大学生的就业竞争力，使专业与社会实践紧密联系，使人才培养与社会需求紧密挂钩，使大学本科教育做到有效、有力，对高校人才培养具有积极的现实意义。

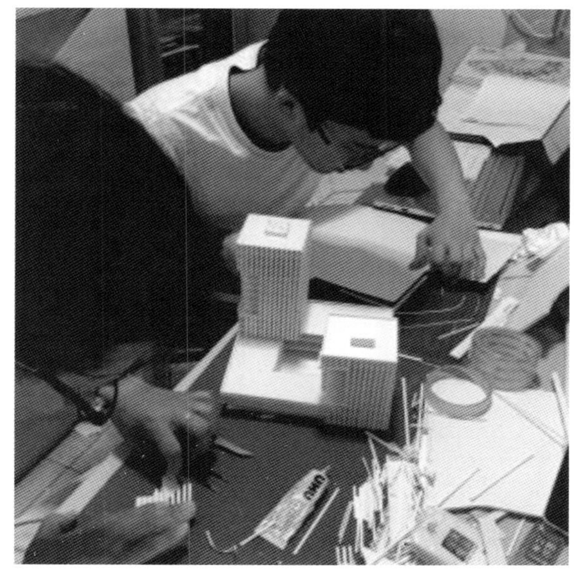

2012
环艺学生实践项目

文 / 谢明洋

问题推进式的案例微格教学实验——庭院景观设计课程札记

摘要：微格教学作为教育学领域的重要方法论提出已经有约 50 年，广泛应用于各个学科，然而，在设计教育领域却并未得到充分的实践和应用。在环境艺术设计景观方向的核心设计课程仍存在着缺乏相对具体和量化的教学模式、教学标准模糊和学生课堂主导性较弱的问题。针对于此，笔者通过借鉴国外相关经验成果，在实际教学中应用微格教学的方法，将教学内容拆解成若干互相联系的问题，模拟具体的问题情境，以此推动和把握教学进程。在为期两年的时间里，笔者以同样课程同样年级不同班级的两次教学过程作为比对，探讨此教学方法的实际应用价值和意义。

关键词：微格教学　案例　景观设计　环境艺术

一、风景园林设计类课程与微格教学理念

这是一个“微时代”。微博，微电影，微信，甚至微留学……人们习惯了消费快速传播的，大量复制的，形象化的，碎片化的信息，而厌倦了研读经典，懒于追根寻源和架构体系，把繁体字变为简体字，把简体字变为漫画和图形。这也是现代设计的福音和劫难：一方面以惊人的速度普及文化和经典，一方面又以怠慢的态度解构和误读他们。在信息长尾，搜索引擎和海量数据库主导人们的思维方式的时代，“微”的概念有其必然的优势，与此同时，对信息的筛选以及学习方法的合理性，日益成为人们构建认知的关键所在。

在设计教育领域，新的内容、理念、技术、手段也以惊人的速度更新着。环境设计专业的设计类课程一直是以案例教学为主，需要学生调动其内在的潜力，像发动机一样不断地推进自己的工作，而教师则是引导者的角色，设计不同的任务和场景，提供有限制的条件，制定游戏规则，规定动作和自选动作等。据笔者调查了解，大部分的设计课程教学设计的确有着明确的主线和步骤，接近真实的

设计要求（很多课程是真题假作或真题真做），充分讨论的评图环节，最后也取得了良好的设计图纸或模型成果。但是也有普遍存在的问题:（1）课堂效率偏低，课堂互动较少；（2）作业命题太大，内容太多，学生无从下手，作业空泛无细节；（3）学生习惯把问题拖到课后解决，造成拖作业 。这就要求教学的设计更加精简，简单而有代表性，环环相扣，这和教育科学领域的微格教学理念有着很多的共通之处，即通过具体的操作性、体验式学习来以点带面的引发思考，掌握技能。因此，长期被设计教育领域闲置的教育心理学、教育技术等方法论需要与设计学科的具体问题相结合，尽快形成有参照和指导意义的环境设计景观设计教学方案。

何为微格教学？按照美国教育学博士德瓦埃•特•爱伦的定义：“是一个缩小了的、可控制的教学环境，它使准备成为或已经是教师的人有可能集中掌握某一特定的教学技能和教学内容”。它主要是提供一个练习环境，使日常复杂的课堂教学得以精简，并能使练习者获得大量的反馈意见。这最初是为提高教师的教育技术而提出的，是理论上适应所有学科的教育方法论。其基本特点是:（1）技能单一集中性；（2）目标明确可控性；（3）反馈及时全面性；（4）教学转换多元性。

为尝试改善上述问题，笔者在环境设计专业本科二年级的“庭院景观设计”课上，按照对微教学的理解，进行了适当调整。突出以下几点:（1）细分课堂时间，每个教学环节争取控制在 30 分钟左右，并及时评价讨论，作业尽量不占用课后时间；（2）以关键的或有趣的问题推进课程进度，引发思考和讨论；（3）以角色扮演，场景模拟或亲临现场等方式帮助学生细致深入的观察和理解。

二、庭院景观设计课程教学过程实验

1. 课程概述

环境设计设计本科专业核心课程，二年级第一学期开设，共四周 80 课时。学生具备了一定的造型基础，是景观设计方向的启蒙课程。课程类型主要有三种，讲座偏重对知识的理解和归纳，拓宽视野；操作偏重解决实际问题的能力；工作室课程偏重专业技能的训练。

2. 具体过程

庭院景观设计课程教学过程

表 1

阶段	时间（每天 4 课时）	课程名称	主要内容	课程类型与任务	场地与设施要求
引发兴趣	1	生机盎然——庭院景观概述	庭院设计的内容、类型、特点、设计原则、主要庭院植物	讲座／图形笔记	多媒体教室
	2	绿色的朋友——庭院景观植物	分组植物市场调研，汇报总结适合庭院栽种的植物。每人购买一些植物，根据事先准备的材料制作桌上的小装置并命名	操作／汇报并制作装置	植物园／花卉市场／多媒体教室
切入实际	3	行走中的风景——场地体验	感性体验——行走、坐、卧、看、闻、听 理性体验——测绘、标注、拍照	操作／测绘图纸与分析图纸	项目现场
	4	5w——设计任务与需求	角色设定与设计任务书编写	工作室／文本编写	多媒体教室
学习材料	5	性格与气质——庭院的风格	发现不同文化与地区文化传统下的庭院设计的空间形态气质特点及其成因	讲座／图形笔记、讨论	多媒体教室
	6	资料库的建立——设计材料调研	分组学习不同材料，调研每一类材料的使用范围、发展、特点、主要产品规格尺寸、生产商等信息。在电脑中建立材料库文件夹	操作 调研报告、 电脑文件整理	材料市场、 多媒体教室
概念设计	7	景与境——设计概念推演	完成庭院设计的概念方案、场地与功能分析、 线索（路径与场景）、 情感（场所精神）、 主题（造型要素）	工作室／方案推演草图，草模	工作室
	8	规范的表达——庭院设计的制图	庭院设计的制图主要特点、 完成方案平面	工作室／方案平面（手绘）	工作室
	9	取与舍——确定方案	立面与剖面、 透视图、 设计说明	工作室／ 立面与剖面、 透视图、设计说明（手绘）	工作室
	10	雏形——初步方案表达与制作	机绘平面、制作场地模型	工作室／ 电脑或实物模型	工作室
细部专题	11	“裁”与“分”——庭院山石与水景	庭院地形与山水造景的关系、 庭院置石堆山的手法、 庭院水景的类型	讲座、工作室／ 完成庭院方案的山水景细节	多媒体教室
	12	形式与功能——庭院小品设计	想在庭院里做什么？ 根据功能设计的器物	讲座、工作室／ 完成庭院小品的细节	多媒体教室
	13	暗夜之诗——庭院照明设计	庭院照明灯具的选择、 基调与重点照明手法	讲座、操作／ 手电筒实验、 完成照明图纸	黑暗的房间
深化设计	14	细节决定成败——点睛的设计	如何吸引注意力、 让节点更精彩	工作室／ 后期模型、渲染、修图或动画	工作室
	15	逻辑表达——修整与后期排版	回顾、整理思路、 完善表达	工作室／ 排版、文本制作	工作室
总结	16	方案汇报与评选	教师集体评议	操作／ 汇报并讲评	多媒体教室

3. 不同类型的课程教学举例

（1）操作类课程

名称：行走中的风景——场地体验。（若没有合适的项目现场可以选择其他环境如校园家属区等。）教师带学生来到设计现场——一位业主的别墅庭院，对场地现状进行调研。（图 1）

导入——教师提出问题：场地最打动你的是什么？

图 1
教师与学生来到现场考察，与真实业主沟通并进行测绘

这是一个美式乡村的别墅建筑，内部已经装修完毕，请同学在场地四周随意走动，拍照片或视频，发现并记录你认为有趣的场景或事物。每个同学精选 3 张照片或视频。（20 分钟）

反馈——大家在客厅交流讨论各自的有趣感受。教师给以点评。（20 分钟）

任务——分组测绘现有场地。提出问题并讨论：（1）测绘的坐标如何确定？（2）参照点如何选择？（3）如何用水准仪测量高程？（4）是否有减少误差的方法？（30 分钟）

操作—— 一共 20 人，分为四组测绘。每组一人画图，两人测量，一人读数，一人协调。（约 60 分钟）

反馈——四组将测量结果互相比对，讨论出现误差的原因。讨论如何选择测绘的重点以及如何借助其他工具检验场地测量的准确性。（约 20 分钟）

综合——提问：（1）有哪些因素会影响场地设计？如何将这些因素转化到设计条件中去？（2）你认为目前场地存在 使用不便或存在隐患的问题在哪里？（3）最初的场地体验仍然打动你么？请同学用分析图的形式画出场地的各种因素综合后的现状。（约 40 分钟）

总结评价——将所有分析图挂在墙上，请每位同学用五个词汇或短语来描述这个场地的特点。教师给予简短总结。（约 30 分钟）

（2）讲座类课程

名称：性格与气质——庭院的风格

导入——问题：人的性格心理与环境的气质有相关性吗？分别选择日本、中国、法国和西班牙的庭院图片，请同学用血型或性格气质类型的分析方式分析庭院的性格。（约 20 分钟）

讲解——以具体的茶道、花道和日本园林案例作比较，分析其在形态、设计手法和理念的共通之处，从而总结归纳日式庭院的总体特征。教师做约 20 分钟的阐释，同学同时做图形笔记分析思考。

反馈——把同学的分析图挂出并讲评。（约 20 分钟）

引申——你想要什么感觉的院子？每位同学与自己的甲方（另一位同学扮演）商议庭院设计的风格，并画出意向草图。（约 40 分钟）

图 2
上：教师讲解后，学生立即做图形笔记，集体讨论并投票。
下：学生对现状分析和资料收集的讲解

反馈——把同学的分析图挂出并讲评。（约 30 分钟）

总结——分组讨论、画示意图并总结发言。（约 30 分钟）

提问例如：庭院景观的风格受到哪些因素的影响？不同风格的环境对人产生怎样的心理暗示？你喜欢和讨厌的风格是什么？为什么？（图 2）

（3）工作室类课程

名称：景与境——设计概念推演

这次课需要着重解决 4 个问题：庭院的现状与功能分区、交通组织、气质与风格、具体造型元素和手法。以交通组织的环节为例，其他相似。

导入——问题：这个庭院哪里需要快速通过，哪里可以逗留品味？哪里是大家活动？哪里是属于自己的？用什么样的空间动线组织它们？隐藏还是开敞或其他？（10 分钟）

讲解——用不同的案例分析不同的组织空间动线的手法。（约 20 分钟）

训练——迅速画出庭院的交通动线设计草图。（15 分钟）

反馈——请同学互评，分析他人设计的特点。（15 分钟）

三、教学结果比较和几点感悟

笔者的庭院景观设计的课程给本科二年级学生一共开设两次。通过微格教学方法的尝试，提高了课堂效率。除了电脑故障等原因，90% 的同学在结课时提交了完整的作业，课堂气氛明显活跃很多。学生对笔者的教学评价也从 80 多分提升到 90 多分。虽然仍有很多不足，总体而言，还是比从前单一的教学方式收获了更好的效果和更多的乐趣。（图 2 部分学生作业）

1. 内容——单一的技能与目标

微格教学的核心理念就是创造一个具体的情景，是“点”式的教学。所以，每个问题最好控制在 30 分钟以内，也是学生能够高度集中注意力的时间。这就要求每个环节教师设定的任务必须精简，有代表性，容易理解和操作。第一次授课介绍庭院设计风格，笔者准备充分满怀热情地讲了三四个小时，几乎涵盖了所有的风格和精彩案例，却发现学生表情僵硬痛苦。第二次笔者只讲了一个日本茶庭的风格，由花道和茶道切入，引起了学生的兴趣。其他的风格用引导的方式让学生小组讨论，反而激发了同学各个角度的看法和想法。

2. 问题——案例教学的重点

设计就是无数问题的堆积，设计师得手持各种武器逐个通关。有的设计解决了问题得同时又创造了新的问题，有时为了解决问题要设计问题。设计师的重要能力之一就是能够看到问题，像发现美一样发现问题。有些问题是直接提问引发思考，而有些问题需要设计成任务的形式或者运用其他方法调动学生的参与性。

例如，布置庭院设计作业第一步就是以模拟角色设定和任务书来提出问题的。全班 20 位同学，以顺序方式决定甲方、乙方角色， 同学 A 是 B 的甲方，B 是 C 的甲方。乙方向甲方提问，如：为什么人设计？（who）主要需求是什么？（what）场地状况？（where）时间进度分配？（when）大致造价及维护？（how）讨论后甲方与乙方共同编写设计任务书。

3. 推进——教学的节奏

教学的时间控制和节奏的把握对于提高课堂效率，控制教学进度非常重要。找到理想的课堂节奏关键在于准确地预期学生的反应。例如，概念设计课上，请同学根据“听”的主题来画概念草图，这样的带有发散性思维的任务就会比场地测绘需要更多的时间和更复杂的过程。前者需要拆解成若干个更具体的环节，如“谁在听”，“听什么”，“怎样听”等，否则，过大和过于模糊的目标就很难得到学生有价值的反应，教学的节奏也会被打乱，甚至使教师和学生都丧失信心。

4. 反馈——发现与激励

设计教学的反馈应当是形象和语言并重的。设计师不仅要有快速的图形表达能力，更要有清晰的思路和有力的表达。

图纸的评价必须用大图悬挂比较的方式。首先，图纸比例要大，庭院设计最好是 1:100 左右的平面图。小尺度空间设计用三百或五百的比例容易使学生忽略细节和尺度，掩饰很多问题。其次，所有同学的图纸放在一起，有利于互相学习，发现别人的长处和自身的不足，也督促学生认真对待每一次的任务。完整的 PPT 或动画汇报方案只在最后一次的总结中使用。多媒体的演示给人的视觉效果会掩饰很多设计的不足，使学生陶醉在制作效果动画的成就感里，一些设计的关键部分很可能一带而过，不能充分讨论。

设计方案表达环节可以借鉴微格教学的传统模式，即给每个同学的 3 分钟阐述录像或录音，再回放，共同讨论表达的逻辑性和感染力等问题，令人印象深刻。

设计课的反馈环节非常关键，教师的角色不是评价优劣，而是发现每个同学做设计的潜力，给以恰当的鼓励和期望。设计本身没有优劣之分，区别在于合理性和完成度。每个想法都值得深入，教师应当努力理解学生的想法，而不是简单的否定和纠正。微格教学的反馈环节是非常密集的。例如 30 分钟的练习后，立刻把图纸展示出来，设定若干个奖项，如“最规范奖”、“最人气”、“最有意境”、“经济奖”、“奇思妙想奖”等，请全体同学参与投票，同时对获奖者和投票者提问，以这种模拟的情景增加学生的参与性和促进深入讨论。

四、设计课程微格教学的构想

“目前而言，对微格教学的功能定位过于狭隘，对其定位仅仅局限再教学技能的训练和培养上……根本无法应对复杂多变的实际课堂教学。”可见，微格教学的理念由国外师范生的技能培养实验（本是一种有价值的先进方法）到进入中国几十年，仍是对其字面和规范的机械模仿和理解，并没有在其他领域的教学得到发展和应用。设计教学领域培养的学生普遍关心大题材、大设计、大理念，对细节和生活体验麻木忽视，既不关心也不理解，逐渐形成了好大喜功，理念空洞虚华的趋势，与设计教学的粗放随意也是相关的。有些教师只是在课堂上讲解大师的观念，或者人生体验，却忽略了一个个具体操作环节的重要性。例如，台阶扶手的形状和材料是否可以增加安全性？地面铺装的形式对荷载和通过性的影响？粗放的教学培养了粗放的设计态度，导致了粗放的环境建设。我们的设计教学迫切地需要与教育科学、艺术和技术相结合，而微格教学的方式是理想的“化整为零”思路的切入点。

所谓“磨刀不误砍柴工”，就设计课而言，课后是磨刀，课上是砍柴，不可颠倒。课堂的价值在于检验、激励、在于整个团队的参与互动碰撞出了更美的火花，而不是各自沉默地听或者画。当然，长期顿挫的学习在本科阶段非常重要。微教学的方式只是片段地，激发性地学习，无法取代长期地积累。与微教学相配合，必须设计“平时成绩”的考评体系和组织方式，使学生在课堂发现问题，课后针对自己的兴趣自主学习，持续地“激发”与“积淀”，才能真正提高设计的能力水平。

首都师范大学美术学院12级环艺

西藏

林芝

纽约室内设计学院
教授与学生专业交流

英国曼彻斯特大学教授
与学生学术交流

需求、交通管理四个方面入手建立了合理的交通模式，有望实现交通的可持续发展。

中国建设监理协会修璐首先根据两个新出台的行业发展政策文件，总结出监理行业发展的方向和目标及监理企业实现转型升级的具体措施及路径，要求完善工程建设组织模式及创新工程监理服务模式，在完善工程建设组织模式的角度提出了加快推行工程总承包、培育全过程工程咨询的要求；其次，结合市场现状与政策要求，分析监理企业在实现转型升级中应当重点考虑的问题，可能存在的误解及可行的转型升级方式或路径，监理企业应当结合自身情况，正确理解全过程咨询服务，选择合适的方式，从而成功实现转型升级。

全过程工程咨询模式的提出是政策导向和行业进步的体现，符合供给侧结构性改革的指导思想，有利于革除影响行业前进的深层次结构性矛盾、提升行业集中度，有利于集聚和培育适应新形势的新型建筑服务企业，有利于加快我国建设模式与国际建设管理服务方式的接轨，上海同济咨询有限公司杨卫东从服务范围和内容、委托方式等十大方面对全过程工程咨询进行了研究与探讨。

对于日渐低迷的建筑行业来说，“营改增”税制改革不仅仅是机遇，更是挑战。它改变了市场经济交往中的价格体系，除了给企业直接带来了减税效应之外，还在促进经济结构调整，产业结构调整，市场运行秩序规范化，激发创新创业潜能，促进企业转型升级等方面起着多重积极效应。中南大学李香花、王孟钧、王天明从营改增对企业税负影响的基本原理入手，建立了营改增总体税负计算基础模型，并运用沪深两市建筑业上市公司年报数据进行了测算，提出了大型建筑企业营改增应对策略。

随着工业化发展、人口红利的消失及可持续发展需求，传统建造模式的转型升级势在必行。建筑产业现代化得到了广泛的关注与重视。日本立命馆大学的古阪秀三、韩甜针对生产率和工业化进行了概念阐述，并对生产率和工业化问题提出了见解，介绍了日本两次提高建筑业生产率的运动，总结了 9 项提高建筑业生产率措施。东南大学的李启明、刘平从技术、经济、可持续发展和企业发展四个维度识别出全面反映建筑产业现代化发展水平的 20 个评价指标，建立评价指标体系、构建综合评价模型，对江苏省建筑产业现代化发展水平进行了综合评价。

英国诺丁汉特伦特大学的 Peter Redfern、Benachir Medjdoub 及钟华教授等分别从生态校园评估、家庭住宅能源转型、声环境评价与管理等方面展示了英国关于可持续发展与环境保护方面的研究与探索。

工程管理研究分会将紧跟科学发展的步伐，跟踪工程建设、管理前沿问题，特别将“可持续建设”确定为今年《工程管理年刊》的主题，希望能够对推动新型信息技术、管理组织模式在工程建设与管理领域的研究和应用发挥应有的作用。

目 录

Contents

前沿动态

建设工程领域安全科学研究前沿
…………………………………………………… 梁化康 张守健 (3)

基于文献计量的工程热点分析
………………………………… 贺 领 陶婵娟 钟波涛 (16)

行业发展

完善工程建设组织模式 监理企业发展面临的新问题
…………………………………………………………… 修 璐 (23)

营改增对大型建筑企业税负影响研究
………………………………… 李香花 王孟钧 王天明 (27)

建筑产业现代化发展水平评价研究——以江苏省为例
…………………………………………… 李启明 刘 平 (35)

推行全过程工程咨询的思考和认识
…………………………………………………………… 杨卫东 (45)

数字工地在香港的研究与应用
………………………………… 李 恒 黄 霆 罗小春 (55)

海外巡览

生态校园评估管理系统(ECOCAMPUS)在解决英国大学可持续发展中的作用
………………………………… Peter Redfern Hua Zhong (67)

家庭住宅能源转型对城市能源规划的适应性影响
………………… Benachir Medjdoub Moulay Larbi Chalal (80)

日本建筑业生产率提高及工业化现状
…………………………………………… 古阪秀三 韩 甜 (96)

典型案例

基于全面信息化的上海中心大厦工程建造管理研究与实践
……………………………………………… 龚 剑 房霆宸 (105)

从分贝到声景指标：管理我们的声环境
……………………………………………………… 康 健 (114)

BIM模式下新加坡总承包项目精益建造管理模式探索
……………………………………………… 邓铁新 薛小龙 (126)

论BIM数据库的开发
……………………………………………………… 任世贤 (132)

武汉市政路网建设问题及对策
……………………………………………… 鲁有月 张 柯(140)

专业书架

行业报告 ……………………………………………………… (155)
工程管理与数字建造 ……………………………………………… (157)
城市建设与管理 ………………………………………………… (168)

前沿动态

Frontier & Trend

建设工程领域安全科学研究前沿

梁化康　张守健

（哈尔滨工业大学工程管理研究所，哈尔滨，150001）

【摘　要】 建设工程领域的安全问题在过去的几十年里得到更多关注。建设工程领域安全管理研究也随之取得显著的发展，为改善建设工程领域的安全状态提供有效理论支撑。本文选取Web of Science核心集数据库为数据源，以该数据库1991～2016年间收录的1172篇建设工程安全管理相关文献为研究样本，采用了包含频次分析、共现分析在内的文献计量研究方法，从文献发表情况、国家—机构情况、期刊情况、作者—社群四方面出发，系统评价建设工程安全管理研究的前沿趋势。研究发现：（1）建设工程安全管理相关文章数量在整个调查期内显著增长；（2）美国、中国、澳大利亚及英国在建设工程安全管理研究领域处于主导地位，但是目前建设工程安全管理领域内国际层面合作表现薄弱；（3）*Safety Science* 和 *Journal of Construction Engineering and Management* 是该领域最具影响力的两本期刊；（4）建设工程安全管理领域在演进过程中共形成4个主要的社群，包括“事故统计和致因分析”、“安全氛围和安全文化、“管理—导向的事故预防”及“技术—导向的事故预防”，其中，“技术—导向的事故预防”是该领域的未来主要研究方向之一。本文展现了建设工程安全管理领域主要知识结构及可能研究方向，为该领域的未来发展提供有意义的参考。

【关键词】 建设工程安全管理；研究前沿；文献计量；CiteSpace

Research Frontiers of Construction Safety Science

Liang Huakang　Zhang Shoujian

（Institute of Construction Management，Harbin Institute of Technology，Harbin，150001）

【Abstract】 Previous decades have witnessed an increasing awareness of construction safety. To promote safety performance in the construction industry，rapid development has recently been achieved in the area of construction safety management（CSM）. A comprehensive bibliometric review was conducted in this study based on multiple methods, including frequency analysis, co-occurrence analysis. Total 1172 papers published between 1991 and 2016 from the Web of Science Core Collection database were examined. The analysis focused on publication year, country-institute, publication source, author, and research communities. The research found that CSM research had a significant growth over the investigation period. The USA, China, Australia and UK took a leading position in CSM research; however, there was still lack of international cooperation in CSM research. *Safety Science* and *Journal of Construction Engineering and Management* were two most influential journals. Four research communities in CSM research were detected in this research, including "accident statistics and causation analysis", "safety climate and safety culture", "management-oriented accident prevention" and "technology-oriented accident prevention". This research presents the main intellectual structure and potential research directions, which are expected to guide the future research in CSM.

【Keywords】 Construction Safety Management; Research Frontiers; Bibliometric Review; CiteSpace

1 引言

随着一系列安全管理体系国际标准的采纳，如 BS OHSAS 18001，政府对安全相关法律、法规的贯彻实施，及建设工程安全管理理论的深入研究等，建设工程领域的安全问题得到了有效的改善，事故率也在逐年下降[1]。然而截至目前，建设工程领域仍被认为是最危险的行业之一[2~4]。与制造业和过程工业相比，建设工程行业有诸多行业自身特殊性，比如行业的分散，作业过程的动态性和复杂性，作业人员的素质、文化方面差异等[5]。这些特点容易将施工作业人员暴露于各种的危险源中，为建设工程安全管理带来了严峻的挑战[2,6]。

建设工程安全管理主要任务包括风险识别、事故分析、安全措施制定及其他相关活动，如设备维护、现场监控、作业人员的安全培训及安全和生产协调问题[4]。近年来，已经涌现出大量有关建设工程安全管理研究的文献，为建设工程领域的安全绩效改善提供了支撑。然而，目前有关建设工程安全管理研究的文献计量研究仍显现不足，特别是在计量方法和样本的范围方面，样本量普遍偏少且以定性分析为主。因此，亟须针对本研究领域展开系统文献计量综述，为行业实践人员和研究工作者展现本领域前沿趋势和科研动态[2]。

本文针对建设工程安全管理领域展开了系统的文献计量研究，涉及了多种研究方法：(1) 频率分析（基于 HistCite 软件），处理分析样本内文献类型、国家—机构的文献数量、期刊、作者及 H—指数；(2) 共现分析（基于 CiteSpace 软件），通过分析国家—机构、作者、期刊共现网络，探索分析对象在该领域知识演化中的作用和地位。与以往综述类研究相比，本研究的主要贡献包括：(1) 涵盖了更加广泛的文献样本，能更好地反映建设工程安全管理领域的整体发展状态；(2) 提出了系统的文献计量方法，能够更为客观地识别建设工程安全管理研究的知识结构和前沿趋势；(3) 研究结论能够帮助相关学者及行业从业人员系统地认识建设工程安全管理文献发表的规律，探索潜在合作者。

2 研究方法和数据源

2.1 研究方法

文献计量最初由 Pritchard (1969) 提出，利用量化分析和统计展现某研究领域的前沿趋势[7]。近年来，文献计量在建设工程领域的其他问题中得到一定的应用，比如废物管理[8]、政府和社会资本合作 (PPP)[9]、建筑信息模型 (BIM)[10]。因此，本文采用整合多方法的文献计量探索建设工程安全管理领域的主要特征。在本研究中，HistCite 软件被用来分析文献样本的基本统计信息，包括国家—机构、期刊、作者的文献数量及其他引文信息[11]。共现分析主要使用 CiteSpace 软件探索国家—机构之间的合作关系、期刊及作者的共被引关系[12,13]。共现分析方法通常认为如果两个研究对象同时出现在同一篇文章之中，两者在某种程度应存在相关关系。Freeman 提出的中介中心度通常用于表达个体在社会网络中的地位，本研究使用中介中心度指标测量某个研究对象在共现网络中的地位和作用[13]。另外，本研究使用 H—指数表达某研究对象在建设工程安全管理研究领域的影响力。H—指数由 Hirsch 引入，其内涵指某个研究对象，可以是作者、国家—机构、期刊等，在特定的时间区间内，所发表的文章中至少有 H 篇的被引数量不低于 H 次[14]。

2.2 数据源

本研究选用 Thomson Reuters 的 Web of Science (WoS) 核心集数据库为数据源，对建设工程安全管理相关文献进行检索。为了避免检索过程中的漏检和误检问题，本研究在设计检索策略时参考经典文献及相关专家建议，针对本研究设计合理的检索式。本研究所使用的检索策略如下：TS＝(“construction industr*” or “construction work*” or “construction compan*” or “construction organization*” or “construction project*” or “construction site*” or “construction management” or “construction activit*”) AND TS＝(construction safety) AND TS＝(accident* or incident* or injur* or “safety behavio*” or hazard*) AND Languages＝(English) AND Timespan＝1985～2016.

本研究在线检索的时间为 2017 年 4 月 1 日，共获取 1510 篇建设工程安全管理相关文献。为了保证研究的样本的可靠性，本研究进行了两次样本筛选。在第一次筛选中，39 篇综述类文献及 3 篇其他类型文献被移除。剩余的 1468 篇文献包括 962 篇期刊文献 (65.5%) 和 506 篇会议文献 (33.5%)。然后，在第二次筛选中，主要通过人工阅读文献题目及摘要，剔除掉 294 篇不符合建设工程安全管理主题的文献，最后只剩余 1172 篇文献，包括 760 篇期刊文献 (64.8%) 和 412 篇会议论文 (35.2%)，这些文献成为本研究最终的文献样本。

1172 篇文献的发表时间范围覆盖 1991 年 1 月到 2016 年 12 月。建设工程安全管理领域在这 27 年间每年文献发表趋势见图 1。由图 1

可知，建设工程安全管理相关文献数量目前正呈现指数趋势增长，其中文献数量趋势与指数函数的拟合度较好，R^2 为 0.86，表明目前该领域的文献数量增长迅速，同时未来还会有更为显著的发展。在 1995 年之前，文献增长速度较为缓慢，并在 1996～2008 年间有少许波动。但是在 2009 年以后，文献数量迅猛增长，并在 2016 年达到最高值 170 篇。不断增加的文献数量表明建设工程安全管理已在全球范围内引起广泛关注。1172 篇文献截止到检索时间共得到 9509 次引用，平均每篇文献得到 8.11 次引用。从每年文献平均被引频次来看，平均被引频次折线图总体呈现下降趋势，符合文献引用的一般规律。其中，1993 和 2001 两年发表文章被引频次较高，值得对相关文献进一步深入关注。

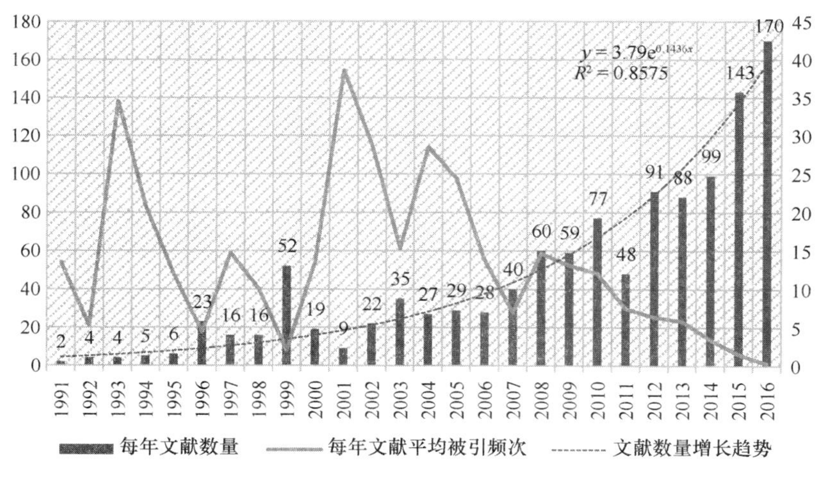

图 1　建设工程安全管理在 1991～2016 年间的文献发表趋势

3　国家—机构分析

作为一种全球性的问题，建设工程安全问题备受各国政府的重视。本部分根据每篇文献通讯作者基本信息统计国家、机构的文献发表情况。由于 Web of Science 存在省去部分文献作者地址信息的情况，本部分只对 1075 篇包含完整通讯作者信息的文献进行国家—机构分析。结果显示文献发表数量最多的 8 个国家或地区为：美国、中国大陆地区、澳大利亚、韩国、英国、中国台湾地区、加拿大和西班牙。它们在 27 年间为建设工程安全管理研究贡献了 73.7%的文章。表 1 给出了建设工程安全管理研究文献发表数量最高的 10 个国家或地区的文献发表数量、中介中心度、被引数量及 H—指数。其中，中介中心度由 CiteSpace 软件根据国家、机构之间的共现网络计算得出；被引数量和 H—指数由 HistCite 软件统计得出。图 2 给出了国家—机构的合作网络（共现网络），展现出世界范围内各国家或地区及相关机构在建设工程安全管理领域的合作情况及文献发表情况。在图 2 中，节点代表国家或地区、机构；节点之间的连线代表各节点之间的合作关系。每个节点都是以“年轮”的形式展示。其中节点的大小代表发文总数量，各年形成年轮的厚度代表各年的文献发表数量。

美国在建设工程安全管理领域处于领先地位，与其他国家或地区相比，它的中介中心度（0.36）、发文总量（389 篇）、被引总量

(4238次）和H—指数（33）都是最高的。在美国之后，英国的中介中心度排名第二，表明其在建设工程安全管理领域的国际合作网络中的重要地位。但是从发文总量来说，英国的文献总量仅为中国的四分之一。因此，综合考虑表1的各个指标，可以发现美国、英国、澳大利亚及中国在建设工程安全管理领域最具影响力。这些国家为建设工程安全管理研究领域的发展做出了显著贡献。

在调查期内共有845家科研机构为建设工程安全管理领域贡献了文章。表2给出了文献发表数量最高的10家科研机构的发文总量、中介中心度、被引总量、H—指数。美国的国家职业安全卫生研究所（NIOSH）发文数量最高，随后是中国香港地区的香港理工大学和美国的科罗拉多大学。然而，发现机构的发文数量和它们的影响力不成正比，比如美国的佛罗里达大学在文献总量方面排名第四位，但是在被引总量方面排名第一。同时，表2中所给出10家科研机构的中介中心度都较低，小于1.0，表明建设工程安全管理领域的合作网络中缺乏核心科研机构将网络中的其他节点整合在一起，从一定程度上说明该领域各科研活动的分散，科研机构之间的合作不足。实际上，科研机构合作多局限在同一国家内部，科研机构跨国合作较少。在统计的1075篇文章中，944篇（87.8%）的作者来自同一国家，仅有131篇（12.2%）是由来自不同国家的作者合作完成，这在一定程度上反映建设工程安全管理领域国际层面的合作强度不足。

1991～2016年间文献发表数量最高的10个国家或地区 **表1**

序号	国家或地区	文献总量	中介中心度	引用	H—指数
1	美国	389(36.2%)	0.36	4238	33
2	中国大陆地区	160(14.9%)	0.15	1419	20
3	澳大利亚	52(4.8%)	0.16	878	16
4	英国	42(3.9%)	0.33	569	14
5	韩国	42(3.9%)	0.02	220	10
6	西班牙	38(3.5%)	0.14	305	10
7	中国台湾地区	35(3.3%)	0.01	399	11
8	加拿大	34(3.2%)	0.07	310	10
9	葡萄牙	17(1.6%)	0.01	79	3
10	巴西	17(1.6%)	0.01	73	3

1991～2016年间文献发表数量最高的10家科研机构 **表2**

序号	科研机构	文献总量	中介中心度	引用	H—指数
1	国家职业安全卫生研究所，美国	26(2.4%)	0.02	401	12
2	香港理工大学，中国	25(2.3%)	0.03	184	8
3	科罗拉多大学，美国	22(2.0%)	0.08	279	11
4	佛罗里达大学，美国	18(1.7%)	0.04	490	10
5	华中科技大学，中国	14(1.3%)	0.02	81	6
6	香港城市大学，中国	13(1.2%)	0.01	290	8
7	杜克大学，美国	12(1.1%)	0.03	277	10
8	佐治亚州理工学院，美国	11(1.0%)	0.05	212	9
9	清华大学，中国	11(1.0%)	0.00	221	6
10	新加坡国立大学，新加坡	10(0.9%)	0.03	173	7

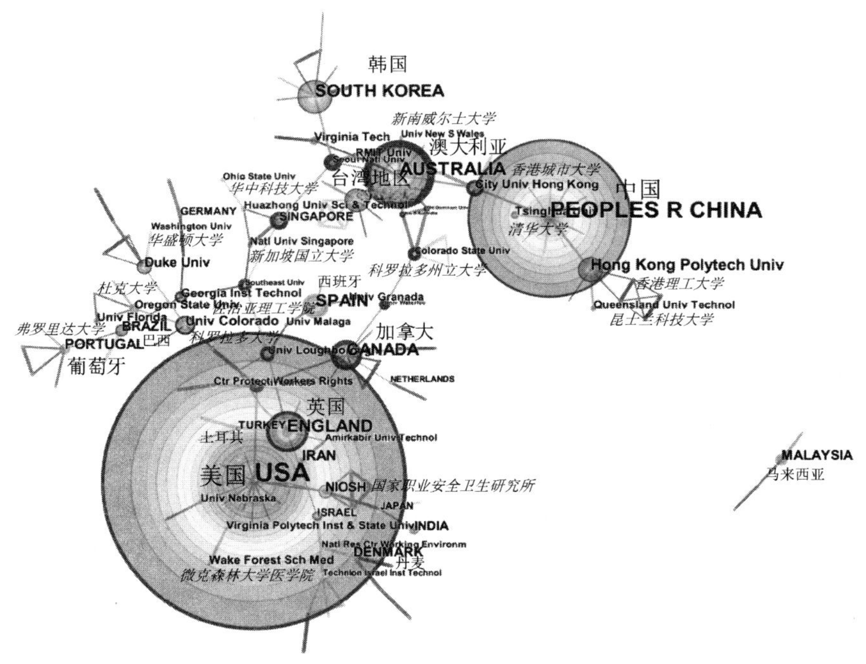

图 2　建设工程安全管理领域的国家/地区—机构合作网络

4　期刊分析

1172 篇文献发表在 362 种安全科学或者工程科学期刊或会议。表 3 给出了被引数量最高的 10 本期刊的收录文章总量、期刊所在国家、中介中心度及 H—指数。这些指标能够反映期刊在建设工程安全管理领域的影响力。其中引用数量、收录文献数量、H—指数和期刊所在国家通过 HistCite 软件相关分析功能获取；中介中心度由 CiteSpace 软件计算得到。

表 3 表明 *Safety Science* 和 *Journal of Construction Engineering and Management* 是建设工程安全管理领域的核心期刊。相比于其他期刊，它们有最高的文献数量、被引数量、H—指数及较强的中介中心度值（大于 1.0）。表 3 所列出的 10 本期刊中，4 本所在国家为英国，3 本来自美国，3 本来自挪威，表明发达国家在建设工程安全管理研究中的引领地位。同时，*American Journal of Industrial Medicine*、*Work Stress* 和 *Safety Science* 的中介中心度最高，分别为 0.60、0.54 及 0.53，说明这三本期刊在期刊共被引网络中作为“知识转折点”，为建设工程安全管理研究的发展做出了显著的贡献。

图 3 给出了由 CiteSpace 软件生成的期刊共被引网络图，从一定程度上反映建设工程安全管理领域的时间演化过程。图 3 中每个节点代表一种期刊或领域会议；连接反映各节点间的共被引关系。引用“年轮”大小代表各节点的被引频次。期刊共被引网络开始于“*Journal of Occupational and Environmental Medicine*”和“*American Journal of Public Health*”及“*American Journal of Industrial Medicine*”。随后衍生出两个主要分枝：一个分枝主要依托工程科学，包括“*Journal of Construction Engineering and Management*”，“*Automation in Construction*”及“*Interna-*

tional Journal and Project Management"；另外一个分枝主要依托于安全科学和事故理论，包括"*Safety Science*"，"*Accident Analysis and Prevention*"及"*Journal of Risk Analysis*"。

建设工程安全管理领域被引量最高的 10 本期刊　　表 3

序号	期刊	被引	文献总量	中介中心性	H—指数
1	Safety Science，挪威	1988	113	0.53	27
2	Journal of Construction Engineering and Management，美国	1944	121	0.16	26
3	Journal of Safety Research，英国	1007	45	0.01	19
4	American Journal of Industrial Medicine，美国	901	61	0.60	18
5	Automation in Construction，挪威	494	42	0.22	18
6	Accident Analysis and Prevention，英国	440	32	0.19	14
7	Journal of Occupational and Environmental Medicine，美国	324	20	0.31	13
8	Applied Ergonomics，英国	217	10	0.13	8
9	International Journal of Industrial Ergonomics，挪威	168	9	0.38	6
10	International Journal of Project Management，英国	110	6	0.00	5

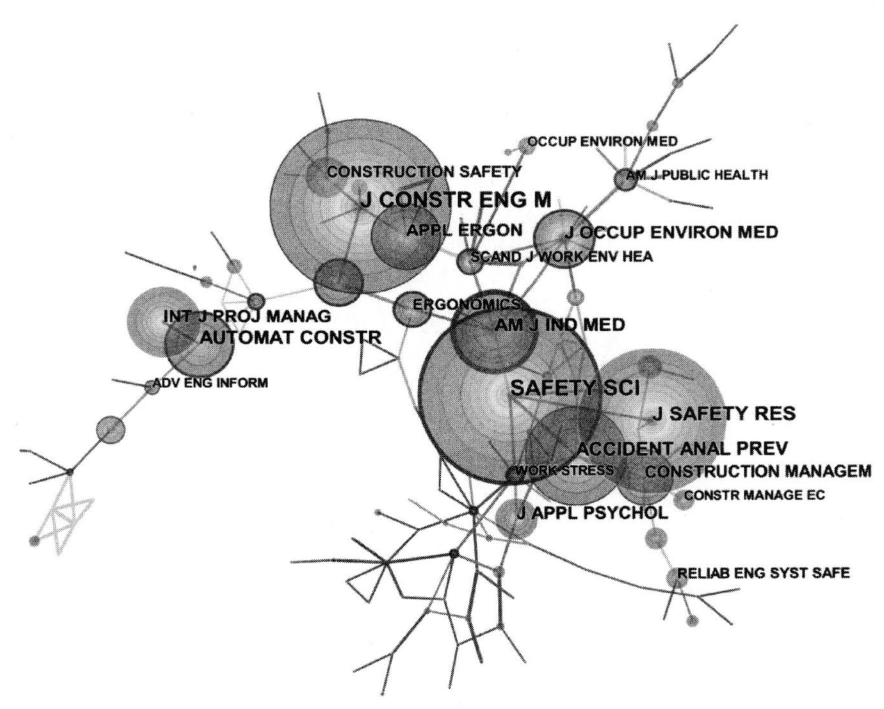

图 3　建设工程安全管理领域期刊共被引网络

5　作者及社群分析

在整个调查期内，共有 2359 位作者发表了一篇及以上的建设工程安全管理相关文章，其中文献发表数量最高的 20 位作者只贡献了 21.2%的文献，表明该领域主要的科研力量分布较为广泛。考虑到建设工程安全管理研究合作强度的不足，本部分将根据作者之间的"隐形"合作关系确定其在该领域的影响力。作者之间的"隐形"合作关系建立在作者之间的共被引关系之上，即如果两位作者的文章被同一篇文章引用，则表明他们之间存在“隐形”合作关系，研究方向具有一定的相似性。本部分将通过 CiteSpace 软件的作者共被引分析功能识别核心作者及建设工程安全管理领域的主要研究社群[15]。

5.1 核心作者分析

图 4 展示了建设工程安全管理领域作者共被引网络图。同样，每个节点代表一位作者；连线代表作者之间的共被引关系，即“隐形”的合作关系，共被引的频次越高，他们之间的关系就越强，研究方向就越相似[13]。表 5 给出了被引数量最高的 20 位作者的被引数量、文献数量、中介中心度，以反映他们在建设工程安全管理研究中的影响力。为了避免统计错误的发生，同一作者的不同缩写方式进行了手工合并，如“Hinze Jimmie”教授共出现四种缩写形式“Hinze J”、“Hinze J W”、“Hinze J. W.”及“Hinze JW”，被统一为“Hinze J”。

Hinze J 虽然在文献总量方面排名第二，但是被引总量（480 次）和中介中心度（0.42）都是最高的，表明他在建设工程安全管理领域的显著影响力。Hinze J 的研究方向涉及“事故统计分析”、“安全设计”及“安全管理实践”等。由表 4 可以看出，前 20 的高被引作者中有 4 个为政府机构或研究单位，包括美国劳动统计局（BLS）、美国国家职业安全卫生研究所（NIOSH）、美国职业安全卫生管理局（OSHA）和英国健康和安全执行局（HSE）。它们通过提供可靠的安全事故记录数据及安全相关的政府权威报告来影响建设工程安全管理研究领域的发展。

表 4 中所列出的部分高被引作者没有建设工程安全管理相关文献的发表记录，他们的高被引量表明他们在安全相关研究也直接促进了

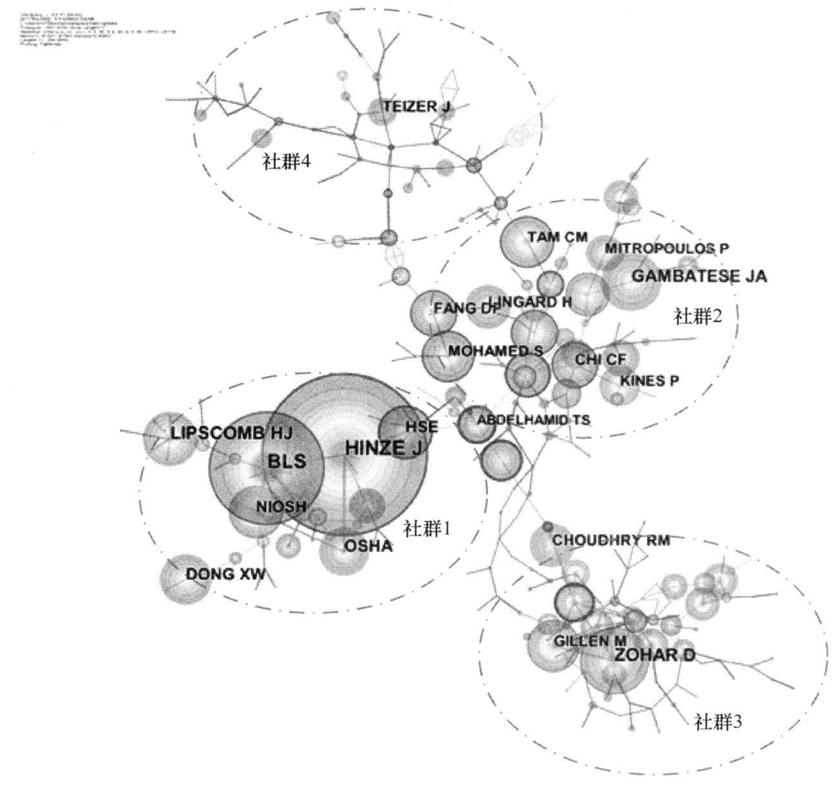

图 4　建设工程安全管理领域作者共被引网络及主要研究社群

建设工程领域安全研究的发展。比如，Zohar D在被引频次方面排名第3位，中介中心度为0.16，表明其对建设工程安全管理研究发展的重要作用，但他主要从事一般企业组织内安全氛围、安全文化研究，还没有建设工程领域的相关研究。同样，Neal A也是对建设工程安全研究发展有显著影响力的其他领域的安全科学研究学者。

建设工程安全管理领域被引量最高的20位作者 **表4**

序号	作者	被引	文献总量	中介中心度
1	Hinze J，美国	480	21	0.42
2	BLS，美国	384	—	0.28
3	Zohar D，以色列	256	—	0.16
4	Lipscomb HJ，美国	213	25	0.06
5	Gambatese JA，美国	185	17	0.07
6	NIOSH，美国	158	—	0.13
7	Dong XW，美国	137	13	0.01
8	OSHA，美国	133	—	0.06
9	Teizer J，德国	126	16	0.10
10	Chi CF，中国台湾地区	125	3	0.25
11	HSE，英国	117	—	0.41
12	Tam CM，中国	111	4	0.35
13	Mohamed S，澳大利亚	109	5	0.28
14	Choudhry RM，沙特阿拉伯	105	9	0.00
15	Gillen M，美国	100	3	0.13
16	Neal A，澳大利亚	100	—	0.08
17	Fang DP，中国	99	17	0.25
18	Toole TM，美国	93	3	0.00
19	Mitropoulos P，美国	90	4	0.06
20	Kines P，丹麦	90	12	0.04

5.2 研究社群分析

图4所给出的作者共被引网络中，任意两个作者的距离与他们的共被引率成反比，即节点之间距离越近，他们的研究方向就越相似[16]。因此，研究方向类似的作者通常倾向于被同时引用，随着他们共被引率的增加，最终在共被引网络中聚集为一定的研究社群[15]。图4主要展示了四个较为主要的研究社群，它们构成了建设工程安全管理领域的知识基础。

"社群1"内的核心作者主要聚焦于"事故统计及致因分析"，包括Hinze J，Lipscomb HJ，Dong XW，以及其他影响力较大的政府组织，如BLS、NIOSH、OSHA和HSE。他们主要通过对建设工程领域的安全事故数据的统计分析，探索该领域事故规律及特征，为有针对性地制定事故干预措施提供理论依据。比如，Hinze J被引量最高的文章主要关于"事故统计分析"，通过对美国职业安全卫生管理局（OSHA）的事故记录研究建设工程施工作业人员高处坠落事故特征[17]。

"社群2"内的核心作者主要聚焦于"安全氛围及安全文化"，包括Zohar D和Neal A。Zohar D和Neal A主要研究方向是"安全氛围"。Zohar D在1980年提出的"安全氛围"概念，已经被应用到了各个行业，其中也包括建设工程领域[18，19]。“安全氛围”体现着员工对组织安全重视程度及工作优先权的理解，被认为是组织内安全绩效的可靠预测指标[20,21]。Neal A 同样聚焦于“安全氛围”研究，他的引用频次最高的文章探索了组织及个体因素在安全氛围和员工安全行为之间的中介作用[22]。与“安全氛围”不同，“安全文化”是 1987 年在国际原子能机构公布切尔诺核电站事故报告之后开始得到关注，反映员工拥有的与安全相关的态度、信念、认识、价值观[23]。通常认为，“安全氛围”是“安全文化”的指示和表征，是组织内“安全文化”在特定时间内的产物，因此两者是不能相互替代的[23，24]。“社群 2”内的学者并非直接与建设工程安全管理相关，但是他们所提出的有影响力的安全科学相关理论概念和方法，极大地带动了建设工程安全管理领域知识结构演化。

“社群 3”内核心作者主要聚焦于“管理—导向的事故预防”。Mohamed S、Fang DP、Choudhry RM 和 Gillen M 涉及建设工程领域的“安全氛围”、“安全文化”量表的开发[24~27]。Fang DP 和 Choudhry RM 在“安全行为”研究方面有着密切的合作，他们合作的高被引文章是关于建设工程施工作业人员不安全行为影响因素的调查研究[28]。Gambatese JA 主要聚焦于“安全设计”，在建设工程项目前期的设计阶段，考虑如何提高施工阶段的事故预防问题。Tam CM 和 Toole TM 聚焦于调查和提升建设工程领域的安全管理实践。比如，Tam CM 引用量最高的文献调查了中国建设工程领域的安全管理状态，并识别出了造成安全绩效低下的主要原因[29]。

“社群 4”内核心作者主要聚焦于“技术—导向的事故预防”，主要借助新兴的信息及通信技术，通过安全计划、安全监控等手段，实现对施工现场安全事故的主动控制。Teizer J 教授是“社群 4”内的代表性作者，他的引用量最高的文章通过将安全规则整合到建筑信息模型（BIM），实现在安全计划阶段对建设工程项目内潜在危险因素的自动检查[30]。他同时提出其他技术以实现对施工现场安全监控，比如主动避免施工现场碰撞的实时预警系统[31]，施工设备盲点的自动检查技术[32]，避免施工作业面拥挤的工作空间可视化技术[33]等。

根据各个社群内部连线及节点的颜色可以分析社群的时间演化情况。“社群 1”内部的绿色连线表明它在四个社群中形成的时间最早，为该领域内其他社群的发展提供了知识基础。同时“社群 2”形成的时间最晚，而且社群内的节点仍处于不断发展过程，该研究社群代表着建设工程安全管理领域未来主要研究方向之一。

6 结论

目前，建设工程领域安全问题虽然已经得到了明显的改善，但有效地预防安全事故进而实现“零事故”目标对于全球范围内的建设工程行业仍是一个较大的挑战。研究人员已经针对建设工程领域的安全问题展开了大量研究，探索了施工事故、伤害的主要规律和特征，为该领域安全绩效的提升提供了基础。本研究以 Web of Science 核心集收录的 1172 篇文献为研究对象，应用系统的文献计量方法展现建设施工安全管理的研究前沿。本研究主要采用了频次分析和共现分析的方法，探索了该领域文献发表、国家—机构、期刊、作者—社群方面的特征。本研究展示了建设工程安全管理领域主要发展状态，包括时间演进、知识结构、社群类型等方面，同时为该领域未来的主要研究方向提供参考。

本研究使用了多种测量指标，包括发文总量、被引总量、中介中心度及H—指数，以更加全面地反映研究对象在建设工程安全管理领域的影响力。建设工程安全管理领域在调查期内各年的发文数量显著增加，尤其是在最近的8年，增长幅度更加明显，表明建设工程安全管理正在引起全球范围的关注。从文献数量、被引数量、中介中心度及H—指数综合判断，美国、中国、澳大利亚及英国目前处于该领域的核心位置。然而，本研究也发现该领域缺乏充当“知识转折点”的研究机构，国际层面的研究合作关系相对薄弱。期刊共被引分析发现 *Safety Science* 和 *Journal of Construction Engineering and Management* 是最具影响力的两本期刊。同时，通过期刊共被引网络识别出目前该领域两个不同的研究分枝：工程科学分枝及安全科学及事故理论分枝，从一定程度上反映了该领域的跨学科特征。

作者—社群分析表明 Hinze J 教授在建设工程安全管理领域地位显著，影响力较大。尽管一些高被引作者，比如 Zohar D 和 Neal A 教授和建设工程安全管理研究没有直接关系，但是他们所提出了相关理论概念和方法极大地带动建设工程安全管理领域知识结构的演化。同时根据作者共被引网络中节点的聚集程度识别出该领域四个主要的研究社群，包括“事故统计及致因分析”、“安全氛围和安全文化”、“管理—导向的事故预防”和“技术—导向的事故预防”。从各社群的形成时间来看，“事故统计及致因分析”形成的时间最早构成了其他的社群发展的知识基础，“技术—导向的事故预防”形成的时间最晚，而且正处于不断发展的过程当中，是建设工程安全管理研究领域未来主要的研究方向之一。

参考文献

[1] Sousa V, Almeida N M, Dias L A. Risk-based management of occupational safety and health in the construction industry-Part 1: Background knowledge [J]. Saf Sci, 2014, 66(75)-86.

[2] Zhou Z P, Goh Y M, Li Q M. Overview and analysis of safety management studies in the construction industry [J]. Saf Sci, 2015, 72 (337)-50.

[3] Love P E D, Ding L, Luo H. Systems thinking in workplace safety and health in construction: Bridging the gap between theory and practice [J]. Accident Analysis & Prevention, 2016, 93 (227)-9.

[4] Swuste P, Frijters A, Guldenmund F. Is it possible to influence safety in the building sector? A literature review extending from 1980 until the present [J]. Saf Sci, 2012, 50(5): 1333-43.

[5] Fredericks T K, Abudayyeh O, Choi S D, et al. Occupational injuries and fatalities in the roofing contracting industry [J]. J Constr Eng Manage-ASCE, 2005, 131(11): 1233-40.

[6] Skibniewski M J. Information technology applications in construction safety assurance [J]. Journal Of Civil Engineering And Management, 2014, 20(6): 778-94.

[7] Pritchard A. Statistical Bibliography or Bibliometrics? [J]. Journal of Documentation, 1969, 25(4): 348-9.

[8] Lu W, Yuan H. A framework for understanding waste management studies in construction [J]. Waste Management, 2011, 31(6): 1252-60.

[9] Neto D, Cruz C O, Rodrigues F, et al. Bibliometric Analysis of PPP and PFI Literature: Overview of 25 Years of Research [J]. Journal Of Construction Engineering And Management, 2016.

[10] He Q, Wang G, Luo L, et al. Mapping the managerial areas of Building Information Modeling (BIM) using scientometric analysis [J]. International Journal of Project Management, 2017, 35(4): 670-85.

[11] Garfield E, Paris S W, Stock W G. HistCite™: A software tool for informetric analysis of citation linkage [J]. NFD Information-Wissenschaft und Praxis, 2006, 57(8): 391-400.

[12] Chen C. Domain visualization for digital libraries; proceedings of the Information Visualization, 2000 Proceedings IEEE International Conference on, F 2000, 2000 [C].

[13] Chen C M. CiteSpace Ⅱ: Detecting and visualizing emerging trends and transient patterns in scientific literature [J]. J Am Soc Inf Sci Technol, 2006, 57(3): 359-77.

[14] Hirsch J E. An index to quantify an individual's scientific research output [J]. Proc Natl Acad Sci U S A, 2005, 102(46): 16569-72.

[15] Gmür M. Co-citation analysis and the search for invisible colleges: A methodological evaluation [J]. Scientometrics, 2003, 57(1): 27-57.

[16] Chen D, Liu Z, Luo Z, et al. Bibliometric and visualized analysis of emergy research [J]. Ecol Eng, 2016, 90(285)-93.

[17] Huang X Y, Hinze J. Analysis of construction worker fall accidents [J]. J Constr Eng Manage-ASCE, 2003, 129(3): 262-71.

[18] Zohar D. Safety climate in industrial organizations: theoretical and applied implications [J]. The Journal of applied psychology, 1980, 65 (1): 96-102.

[19] Zohar D. Thirty years of safety climate research: Reflections and future directions [J]. Accid Anal Prev, 2010, 42(5): 1517-22.

[20] Flin R, Mearns K, O'connor P, et al. Measuring safety climate: identifying the common features [J]. Saf Sci, 2000, 34(1-3): 177-92.

[21] Cooper M D, Phillips R A. Exploratory analysis of the safety climate and safety behavior relationship [J]. Journal Of Safety Research, 2004, 35(5): 497-512.

[22] Neal A, Griffin M A, Hart P M. The impact of organizational climate on safety climate and individual behavior [J]. Saf Sci, 2000, 34(1-3): 99-109.

[23] Fang D P, Chen Y, Wong L. Safety climate in construction industry: A case study in Hong Kong [J]. J Constr Eng Manage-ASCE, 2006, 132(6): 573-84.

[24] Choudhry R M, Fang D, Mohamed S. Developing a model of construction safety culture [J]. J Manage Eng, 2007, 23(4): 207-12.

[25] Choudhry R A, Fang D, Mohamed S. The nature of safety culture: A survey of the state-of-the-art [J]. Saf Sci, 2007, 45(10): 993-1012.

[26] Mohamed S. Safety climate in construction site environments [J]. J Constr Eng Manage-ASCE, 2002, 128(5): 375-84.

[27] Zhou Q A, Fang D P, Mohamed S. Safety Climate Improvement: Case Study in a Chinese Construction Company [J]. J Constr Eng Manage-ASCE, 2011, 137(1): 86-95.

[28] Choudhry R M, Fang D P. Why operatives engage in unsafe work behavior: Investigating factors on construction sites [J]. Saf Sci, 2008, 46(4): 566-84.

[29] Tam C M, Zeng S X, Deng Z M. Identifying elements of poor construction safety management in China [J]. Saf Sci, 2004, 42(7): 569-86.

[30] Zhang S, Teizer J, Lee J-K, et al. Building Information Modeling (BIM) and Safety: Automatic Safety Checking of Construction Models and Schedules [J]. Autom Constr, 2013, 29 (183)-95.

[31] Teizer J, Allread B S, Fullerton C E, et al. Autonomous pro-active real-time construction worker and equipment operator proximity safety alert system [J]. Autom Constr, 2010, 19(5): 630-40.

[32] Teizer J, Allread B S, Mantripragada U. Automating the blind spot measurement of construction equipment [J]. Autom Constr, 2010, 19 (4): 491-501.

[33] Zhang S, Teizer J, Pradhananga N, et al. Workforce location tracking to model, visualize and analyze workspace requirements in building information models for construction safety planning [J]. Autom Constr, 2015, 60(74)-86.

基于文献计量的工程热点分析

贺　领　陶婵娟　钟波涛

（华中科技大学土木工程与力学学院工程管理研究所，武汉，430074）

【摘　要】 目前工程管理领域经过长时间的发展，却很少有人对其研究热点进行归纳和总结。本文通过对工程管理领域 2011～2016 年期间 Web of Science 核心数据库中的 32927 篇高被引文献进行共被引聚类分析，并结合专家意见遴选出 top10 工程管理领域研究热点：模糊群决策方法、商业模式动力学与创新、基于物联网的服务平台和企业信息系统、人力资源：组织绩效和竞争力的影响、集装箱分配和班轮运输网络、基于仿真的医疗教学、基于最优状态的维修策略、多目标粒子群优化、单车共享系统和可交易电子通行权机制，并且针对其中 4 个热点进行详细介绍，对于引导我国未来的工程管理领域的理论研究和国家政策制定具有重大的指导意义。

【关键词】 工程管理；研究热点；共被引聚类；文献计量学

Based on Bibliometrics Engineering Management Hotspots Analysis

He Ling　Tao Chanjuan　Zhong Botao

（School of Civil Engineering and Mechanics Construction Management Institute, Huazhong University of Science and Technology Wuhan 430074）

【Abstract】 Engineering management field has developed for a long period so far. But there are few researchers summarizing the research hotspots. Based on the analysis of 32927 highly-cited publications in the Web of ScienceCore Collection in the field of engineering management from 2011 to 2016 and the opinions of experts, this paper selects the TOP10 engineering management research hotspots: fuzzy group decision method, business model dynamics and innovation, service platform and enterprise information system based on the Internet of Things, human resources: influences of organizational performance and competitiveness, container allocation and liner transport network, simulation-based medical teaching, optimum status-based maintenance strategy, multi-objective particle swarm optimization, bicycle sharing system, and tradable electronic right-of-way mechanism. And four of the ten hotspots are introduced in detail. This paper is of great significance to guide the theoretical research and national policy-making in the future engineering management field.

【Keywords】 Engineering Management; Research Hotspots; Co-citation Cluster; Bibliometrics

1 前言

在人类的社会发展史上，管理活动的存在非常普遍和古老，但是管理科学的形成和发展却非常年轻[1]。工程管理是在 20 世纪 50 年代以后发展起来的，当时网络技术应用于工程项目（主要是美国的军事工程项目）的工期计划和控制中，并取得了很大的成功。近年来，全球的工程管理理论和技术获得了长足发展，随着全球科学技术的不断发展，工程实践也随之不断发展，工程实践的复杂程度也不断增加，对工程管理的理论研究的需求也越来越强烈。相对于工程技术的高度发展水平，目前工程管理理论和应用均处于相对滞后的阶段，工程管理涉及管理科学和社会科学的诸多领域，同时必须形成与工程技术的有效结合，并可能在不同的经济体制和历史时期中，呈现不同的实际效果[2]。另外我国学术界对工程管理至今认识还不够，很多人可能将工程和土木工程或建设工程等同起来。为此，何继善院士对工程管理做出如下定义：工程管理是指为实现预期目标，有效地利用资源，对工程所进行的决策、计划、组织、指挥、协调与控制[3]。由于学术界的误解，所以很少有研究是针对工程管理，很多只是限制在土木工程管理或者某个工程管理领域。本文则通过对科学文献信息进行挖掘来开展工程管理研究现状热点分析，了解工程管理研究前沿的学术成果，不仅对引导我国未来的工程管理研究方向有重大指导意义，也为我国工程管理方面政策的咨询决策提供科学的依据。

2 相关研究

此前也有学者对工程管理前沿进行研究，并且产生了丰硕的成果。侯海燕等借助科学计量学的方法，从定量研究的角度，绘制了工程管理研究前沿知识图谱，发现了经过 50 年的发展，工程管理研究已经实现了从传统意义上的工程管理到创新管理的转变，但是研究主要集中在对文献的关键词分析上，没有考虑到文献之间的引用情况，所以不能很好地表现一个主题[4]；汪应洛等基于国内各院校的调研分析了我国工程管理学科的现状，探讨了工程管理学科特征，并且基于调研与分析结果研究了我国工程管理学科教育的发展问题[5]；郭强等运用科学知识图谱方法和 Citespace 信息可视化软件分析了工程管理学科当前的研究热点，包括面向对象建模语言、产品开发及其相关技术、企业再造（或企业重组）、质量管理、创新管理等[6]。上述文章或对工程管理领域的发展，或对现状，或对热点进行了研究，但是缺乏定性与定量的研究方法的结合。本文通过对工程管理领域大量的文献进行聚类分析，并且结合专家的意见，综合得到10个具体的研究热点。

3 数据来源

本文从Web of Science核心数据库的期刊论文和会议论文中挑选出工程管理领域的755种期刊和681个会议中2011～2016年的所有文章，此外，对于《*Nature*》等58种综合学科的期刊，根据期刊内单篇文章的参考文献主要归属的学科，采用单篇文章归类的方法，挑选出相关文章。而后综合考虑期刊与会议差别和出版年等因素，对上述文献列表进行检索和数据挖掘，获得工程管理领域2011～2016年发表的前10%高被引的论文32927篇，作为研究热点分析的原始数据集。高被引的论文是指考虑到出版年，被引频次在前10%的论文定义为高被引的论文。由于不同出版方式的引用率不同，会议论文和期刊论文分开处理。以上文献及相关数据采集截止于2017年2月。

4 共被引聚类分析

1973年Henry Small首先引入共被引聚类的分析方法对Web of Science数据库的文献数据进行分析[7]，通过分析可以定义一个具体的子领域，描述其主要内容，并且识别领域中关键的文献和研究者，还可以监测其发展趋势。而后1974年，他借助计算机进行共被引分析，并且将文献间的联系进行可视化处理[8]。共被引是指两篇文献同时被其他文献引用。两篇文献的共引频次越大，这两篇文献所确定的主题能够用来代表一个现有的或新兴主题或者专业的可能性越大。

本文利用单链路聚类法：先选择单个文献，然后检索出与它相关联的所有文献，计算每一对共引文献的余弦相似度，将余弦相似度高于给定阈值的共引文献都归为一个集群。如果该集群包含的文献数量30～50个，那么这个集群就可以表示一个研究领域。如果大于50个，那么给定一个更高的余弦相似度阈值，重复上述过程，直到没有共引文献对的余弦相似度高于这个值。一个共引文献集可以代表一个研究主题，文献集主题是通过对高被引的论文中的高频关键词的组合得到。

基于研究人员相互引用而形成的研究主题间的关系网络，通过对32927篇文献的高被引的论文进行共被引聚类分析，获得3442个聚类主题。综合考虑各个聚类主题中包含的论文数量、论文总被引频次、篇均被引频次、平均出版年等指标获得29个备选工程研究热点及每个热点的5个关键词。核心论文是指与29个备选工程研究热点相关联的高影响力论文即为核心论文。29个备选工程管理领域研究热点如表1所示。

29个备选工程管理领域研究热点 **表1**

序号	主题	核心论文数	被引频次	篇均被引频次	平均出版年
1	基于物联网的服务平台和企业信息系统	50	2024	40.48	2013.02
2	考虑学习效应的单机调度	48	1040	21.67	2012.79
3	拓扑优化	48	1505	31.35	2012.56
4	私募股权绩效和企业创新	48	1296	27.00	2012.98
5	商业模式动力学与创新	48	2208	46.00	2011.92

续表

序号	主题	核心论文数	被引频次	篇均被引频次	平均出版年
6	新兴经济体的跨国公司战略研究	47	1131	24.06	2013.57
7	电力电子和变流器中的有限控制集模型	47	1861	39.60	2012.83
8	自行车及行人的安全	45	896	19.91	2012.93
9	渔业认证和鱼类价格波动	45	763	16.96	2013.27
10	欧盟成员国政策和法规的变化	43	687	15.98	2013.49
11	单车共享系统	43	961	22.35	2013.51
12	家族企业和非家族企业的比较研究	41	1278	31.17	2013.56
13	指数加权移动平均值（EWMA）控制图：有效性和鲁棒性	41	841	20.51	2012.85
14	欧元区主权信用风险及其传染效应	40	1304	32.60	2012.58
15	模糊群决策方法	40	1955	48.88	2011.80
16	废品食物的预处理：生物燃料、生物柴油和沼气等的生产	40	1243	31.08	2013.58
17	多目标粒子群优化	39	904	23.18	2013.92
18	人体脑组织及其皮质厚度的相关网络	38	1655	43.55	2013.42
19	基于最优状态的维修策略	38	1050	27.63	2013.66
20	金融知识、教育和下游金融行为	38	1100	28.95	2012.84
21	考虑可交易信用的交通动态管理	36	765	21.25	2013.03
22	人力资源：组织绩效和竞争力的影响	36	1441	40.03	2012.47
23	公共交通产权	36	821	22.81	2012.83
24	政策网络：结构，过程及其相互作用	35	787	22.49	2012.54
25	医疗保健职业基于仿真的训练	34	1005	29.56	2012.88
26	集装箱分配和班轮运输网络	33	1095	33.18	2012.64
27	创业活动研究与创业型大学的发展	33	507	15.36	2013.64
28	随机坐标下降算法	32	900	28.13	2013.97
29	太阳总辐射估计	29	504	17.38	2014.10

在此数据挖掘分析获得的 29 个备选工程研究热点的基础上，笔者组织专家研读核心论文，并归并相似热点，修正热点名称，而后以网络和纸质调查问卷的方式向广大专家征求建议，获取专家对前 10 位的工程研究热点的投票意见。本次调查共有 109 位专家参与，根据问卷统计结果本文获得 10 个工程管理领域研究热点，分别是模糊群决策方法、商业模式动力学与创新、基于物联网的服务平台和企业信息系统、人力资源：组织绩效和竞争力的影响、集装箱分配和班轮运输网络、基于仿真的医疗教学、基于最优状态的维修策略、多目标粒子群优化、单车共享系统和可交易电子通行权机制（表 2）。

TOP10 工程管理领域研究热点　　表 2

序号	主题	核心论文数	被引频次	篇均被引频次	平均出版年份
1	模糊群决策方法	40	2146	53.65	2011.80
2	商业模式动力学与创新	48	2584	53.83	2011.92
3	基于物联网的服务平台和企业信息系统	50	2227	44.54	2013.02
4	人力资源：组织绩效和竞争力的影响	36	1764	49.00	2012.47
5	集装箱分配和班轮运输网络	33	1227	37.18	2012.64
6	基于仿真的医疗教学	34	1166	34.29	2012.88
7	基于最优状态的维修策略	38	1260	33.16	2013.66
8	多目标粒子群优化	39	1114	28.56	2013.92
9	单车共享系统	43	1165	27.09	2013.51
10	可交易电子通行权机制	36	844	23.44	2013.03

5 结论

本文通过对 Web of Science 中 32927 篇文献进行共被引聚类分析，得出工程管理领域的 10 个研究热点：模糊群决策方法、商业模式动力学与创新、基于物联网的服务平台和企业信息系统、人力资源：组织绩效和竞争力的影响、集装箱分配和班轮运输网络、基于仿真的医疗教学、基于最优状态的维修策略、多目标粒子群优化、单车共享系统和可交易电子通行权机制。(1) 从这些热点整体来看，工程管理与新兴技术的结合越来越紧密，比如智能算法、物联网、人工智能等，可见工程管理领域的研究热点已经不再是纯粹的定性层面的管理理念，而是更多地涉及定量计算；(2) 工程管理目前的热点涉及的学科非常广泛，包括数学、经济、工业、计算机、信息和自动化等。

参考文献

[1] 徐金发. 现代管理学研究中几个基本理论问题的比较[J]. 管理工程学报，1986，(02)：10-15.

[2] 刘波，黄孚佑. 科学方法论与工程管理创新[J]. 经济，2009，(10)：74-75.

[3] 何继善，陈晓红，洪开荣. 论工程管理[J]. 中国工程科学，2005，(10)：5-10.

[4] 侯海燕，刘则渊. 工程管理研究前沿知识图谱[C]. 中国科技政策与管理学术研讨会暨科学学与科学计量学国际学术论坛 2006 年. 2006.

[5] 汪应洛，王能民. 我国工程管理学科现状及发展[J]. 中国工程科学，2006，8(03)：11-17.

[6] 郭强，陈栩婕，秦江涛. 工程管理学科中研究动态的可视化分析[J]. 上海理工大学学报，2013，35(03)：209-214.

[7] Small H S. Co-citation in the scientific literature：a new measure of the relationship between two documents. Journal of the American Society for Information Science，24 (4)：265-269，July-August 1973.

[8] Small H S. and Griffith B C. Structure of scientific literatures I：Identifying and graphing specialties. Science Studies，4 (1)：17-40，1974.

行业发展

Industry Development

完善工程建设组织模式
监理企业发展面临的新问题

修　璐

（中国建设监理协会，北京　100142）

【摘　要】 在国家经济发展进入新常态，行政管理体制改革不断深入，以及工程建设市场需求逐步向多样化、高端化、集成化和国际化方向发展大背景下，工程建设监理行业发展环境有了哪些变化，遇到了什么样的新问题，尤其是行业发展政策做出了怎样的调整，是行业业内人士非常关注的问题。纵观发展环境，在行业发展政策方面，相关政策变化主要体现在《国务院办公厅关于促进建筑业持续健康发展的意见》（国办发 2017 第 19 号文）和《住房城乡建设部关于促进工程监理行业转型升级创新发展的意见》（建市 2017 第 145 号文）正式出台下发。两个文件都对建筑业未来发展的总体要求和管理体制改革，市场管理和质量安全，人力资源培养和企业转型升级，技术进步和创新发展等方方面面提出了新的要求。其中最新的亮点是有关完善工程建设组织模式的政策要求，对行业发展影响最大，对企业转型升级调整指导性最强，需要业内人士和企业认真思考、学习和领会。本文拟就这一问题结合建设监理行业发展进行初步的分析与探讨。

New Problems Faced by the Construction Supervision Enterprises when Advancing the Construction Organization Mode

Xiu Lu

（China Association of Engineering Consultants，Beijing　100142）

【Abstract】 According to two newly published industry development policy documents, it is summarized that the developing direction and the aim of the construction supervision industry and the specific measurement and the approach for the supervision companies to achieve upgrade and transformation. It is required to improve the construction organization mode and the innovation of construction supervision service mode. major problems, possible misunderstandings and feasible path that construction supervision companies should consider before the upgrade and transformation are analyzed with the consideration of the market and policy requirement. Construction supervision enterprises should take their own situation into consideration, understand the whole process of consulting services correctly, select a appropriate way to achieve the upgrading and transformation and successfully.

1 完善工程建设组织模式

在《国务院办公厅关于促进建筑业持续健康发展的意见》（国办发 2017 第 19 号文）①中，对完善工程建设组织模式提出了明确要求。一是要加快推进工程总承包。装配式建筑原则采用工程总承包模式。加快完善工程总承包相关的招标投标许可，竣工验收等制度规定。二是要培育全过程工程咨询。鼓励投资咨询、勘察、设计、监理、招标代理、造价等企业采取联合经营、并购重组等方式发展全过程工程咨询。培育一批具有国际水平的工程咨询企业，制定全过程工程咨询服务技术标准和合同范本。笔者认为，这实际上是明确了未来建筑工程产品生产组织模式发展方向和主要模式是工程总承包。建筑工程产品服务组织模式发展方向和主要模式是全过程工程咨询。这是首次在国办文件中提出完善工程建设组织模式要求和目标，其政策层次，对行业发展的影响力和指导作用力度都是前所未有的。国家此时提出完善工程建设组织模式调整意见，明确了未来发展方向，是结合我国经济建设和工程建设实际情况，为满足国家政治、经济发展的需要，为落实国家实施走出去和“一带一路”发展战略要求，在我国工程建设发展取得巨大成果的基础上，为进一步推动工程建设企业向国际化工程建设和咨询企业发展而做出的重大战略性调整，标志着我国建筑业发展已经进入了一个全新的阶段，影响深远，意义重大。

在《住房城乡建设部关于促进工程监理行业转型升级创新发展的意见》（建市 2017 第 145 号）中，对监理企业转型升级也提出了明确的要求。就是要创新工程监理服务模式。鼓励监理企业在立足施工阶段监理的基础上，向上下游拓展服务领域，提供项目咨询、招标代理、造价咨询、项目管理、现场监督等多元化的菜单式咨询服务。这是住房城乡建设部贯彻落实国办发 2017 第 19 号文件，结合建设监理行业实际情况，为推动监理企业转型升级向提供全过程咨询服务模式方向发展提出的具体思路和措施要求。文件同时提出，未来监理行业要形成以主要从事施工现场监理服务的企业为主体，以提供全过程工程咨询服务的综合性企业为骨干，各类工程监理企业分工合理、竞争有序、协调发展的企业类型结构。明确了未来监理行业工程建设组织模式和企业组织构架。

① 以下简称“国办发 2017 第 19 号文”。

国务院办公厅和住房城乡建设部的文件为建筑业和监理行业未来发展勾画出了方向和目标，同时也提出了具体的措施和实现的路径。文件也提出了当下具体操作具体思路，一是鼓励大型监理企业发展全过程工程咨询，培育一批具有国际水平的工程建设全过程咨询企业。二是鼓励投资咨询、勘察、设计、监理、招标代理、造价等企业采取联合经营、并购重组等方式发展全过程工程咨询。这就是说，从现在起，监理企业就要通过不同的途径，实现转型升级，逐步丰富和完善工程建设组织模式，推动和落实工程建设全过程咨询组织模式实施。

2 建设监理企业面临的新问题

在完成工程建设组织模式调整，实现企业转型升级过程中，监理企业必将遇到很多新问题，这将给企业带来许多困惑和不确定的东西。尤其是在培育发展工程建设全过程咨询服务转型中，对全过程咨询服务的概念、业务范围涉及内容、标准规范制定、市场需求成熟度以及相关政策法规制定等新情况了解掌握的信息很少，有些概念还很模糊，企业不知该怎样去做，无所适从。笔者认为，这是发展过程中的正常反应，新的事物需要不断的认识深化，在企业具体行动之前需要认真思考和研究有关问题。以下几方面需要提出来请大家认真研讨，以便达成共识。

（1）对于监理企业来说，实现工程建设全过程咨询服务是监理企业转型升级和组织模式调整的发展方向和最高模式，但不是唯一的模式。两个文件并不是要求所有监理企业都要转型成为能提供全过程咨询服务的企业，而是部分有条件、有发展潜力的企业，尤其是国家、地方大型骨干企业要发展成为具有国际水平的工程建设全过程咨询企业。按照住房城乡建设部文件精神，未来监理行业的主体还是从事施工现场监理服务的企业，行业的骨干和行业水平的代表，以及落实“一带一路”发展战略走出国门，进入国际市场的企业应该是提供全过程工程咨询服务的综合性企业。因此，未来监理企业不是趋同发展，而是多样化发展。企业类型结构一定是多领域（专业）、多层次、各具特色和核心竞争能力，综合与专业相结合，相互依存，资源能力互补的模式。一定是与多元化、多层次市场需求结构相适应的结构模式。

（2）工程建设全过程咨询是一种项目组织实施方式，是一种更先进、更科学、更高效的项目组织实施方式。大型、综合性企业要通过自身培育、社会收购、兼并重组的方式发展成为全过程咨询企业。但全过程咨询并不是大型、综合性企业专属的项目组织实施方式。中小型、专业性企业也可以通过联营的方式建立联合体开展工程建设全过程咨询。因此，中小型、专业性企业要重点研究的问题是如何统筹利用社会资源，以全过程咨询服务模式开展业务。这是一项新的挑战。

（3）文件中提到的培育全过程咨询服务主要是指某一类工程项目全生命周期的咨询服务中，投资咨询、勘察、设计、监理、招标代理、造价等咨询、项目管理等咨询内容的整合，解决的是由点到线，咨询内容的整合问题。但在市场经济条件下，市场需求是多元化的，企业将要面对建筑、市政、土木、工业等各类工程建设需求，解决的是从线向面，咨询内容的整合问题。因此，在培育全过程咨询过程中，要合理处理好由点到线、由线到面的发展问题。

（4）在未来工程咨询服务市场中，提供工程建设全过程服务平台与提供单一专业性服务平台、提供智力服务平台与提供劳务性服务平台将共存。将引导企业向不同方向，不同特点，具备不同能力和资源的企业类型发展。不同的平台有不同的发展空间，不同的平台需要提供不同的服务，服务内容对人力资源层次和专业知识领域与水平，科学技术含量和工程经验积累，信息化水平和工程管理能力等将有不同的要求。这将影响企业人力资源建设、企业经营成本，也影响企业的经营方式和长远发展空间。监理企业转型升级首要问题是要根据自身实际情况和潜在能力合理确定市场定位，科学确定发展目标和转型升级方向，以及切实可行的实现路径。

（5）监理企业对工程建设全过程咨询服务概念要有正确的理解。要充分认识到工程建设阶段是有限和确定的，但全过程咨询服务具体内容是无限的和不确定的。市场需求具体内容是变化和不确定的，是随着具体项目内容和市场需要变化的。既可能有技术方面的咨询需求，又可能有投资、经济、管理、法律、文化、环境、资源、市场等方方面面的咨询需求。既可能是项目整体和全过程委托，又可能是部分或单项委托。因此企业发展工程建设全过程咨询服务应该追求的是全过程咨询服务自身统筹能力和社会资源整合能力建设，以及创新能力的建设。而不是追求企业自身大而全的建设，企业大而全是相对的，不是绝对的。

（6）从事工程建设全过程咨询服务，企业应具备为工程建设过程各阶段提供咨询服务和创新发展的能力。但工程建设全过程从项目策划、可行性研究、项目立项，到具体规划、勘察、设计、施工、验收运营到后期管理全过程周期长，咨询内容所需专业知识和经验跨度大，涉及面广，不是任何企业短时间内能够做到的，因此，对建设监理行业来说，在向工程建设全过程咨询发展过程中，应该有轻有重，重点应该放在行业熟悉的工程建设实施阶段，尤其是做好具有比较优势的施工阶段项目咨询和管理，首先要做好工程建设实施阶段咨询自身能力和资源整合能力的培养和建设。

（7）发展工程建设全过程咨询服务，并不意味着企业没有特点和核心竞争能力。企业要在具备综合咨询服务能力的前提下，培育企业具备独到的、排他性的比较优势领域或项目咨询能力，形成企业核心竞争能力。以核心竞争能力带动和推动企业全过程咨询服务形成，对企业成功转型升级来说是非常重要的。

（8）投资咨询、勘察、设计、监理、招标代理、造价等企业都属于咨询服务性企业，转型最高目标都是培育工程建设全过程咨询服务。相比于勘察设计企业，监理企业由于各方面原因转型难度更大，问题更多，面临的挑战更大。因此结合和挖掘行业特点，巩固和发展比较优势，以核心竞争能力带动全过程咨询服务发展，并且重点利用和统筹好社会资源，通过联合经营、重组、收购兼并等办法形成全过程服务能力是监理企业转型升级发展的有效途径。

社会在发展，行业在进步，随着工程建设组织模式调整的不断落实，我国工程建设行业和监理行业发展必将进入一个崭新的发展阶段。

营改增对大型建筑企业税负影响研究

李香花　王孟钧　王天明

（中南大学土木工程学院工程管理系，长沙　410083）

【摘　要】 全面实行营改增的税制改革旨在降低企业税负，以税收杠杆来规范企业行为，构建有序的市场环境。但对于建筑企业而言，由于行业的特殊性和复杂性，使得税收杠杆效应尚存争议。本文从营改增对税负影响的基本原理分析入手，结合建筑业行业现状，确立了营改增总体税负计算基础模型；并运用沪深两市建筑业上市公司 2016 年底年报披露的数据进行税负差异的测算，结果显示营改增不能有效降低企业的总体税负。然后针对税负增加的原因对模型进行修正与检验，得出只有在成本抵扣率和毛利率达到一定水平时，营改增才能有效降低大型建筑企业的税负的结论，并针对性提出大型建筑企业营改增的应对策略。

【关键词】 大型建筑企业；营改增；税负影响

Study on the Influence of Business Tax Replace VAT Reform on the Tax Burden of Large Construction Enterprises

Li Xianghua　Wang Mengjun　Wang Tianming

(School of Civil Engineering, Central South Univ. Changsha　410083)

【Abstract】 The country implements the tax reform in order to reduce the tax burden of enterprises, and to standardize the enterprise behavior with tax lever, so as to set up an orderly market environment. But for the construction enterprises, due to the particularity and complexity of the industry, the tax leverage effect remains controversial。This paper starts with the analysis of the basic theory of the influence of the tax burden about reform, and establishes the basic count model of the overall tax burden for replacing business tax with value-added tax in the construction industry, in combination with the existing circumstances of the construction industry. And the use of seventy-nine listed companies in the construction of listed companies at the end of 2016 annual disclosure of data to calculate the tax burden differences, the results show that the tax reform cannot effectively reduce the overall tax burden on enterprises. Then the reason for VAT increase correction and check the model, draw the conclusion of that replacing business tax with value-added tax (VAT) can effectively reduce the tax burden of large construction enterprises only to reaching a certain level in the cost deduction rate and gross margin. then give the advisement for large construction enterprises to meet the reform.

【Keywords】 Large Construction Enterprise; Replace Business Tax with VAT; Bbattalion Change Addition

1 引言

自 2016 年 5 月 1 日我国各行业全面实行"营改增"以来，建筑企业税负发生了重大变化，取消了原来税率为 3%的营业税，转而改为缴纳增值税，且对于建筑业一般纳税人企业，税率变为 11%，尽管表面上似乎税率提高了，但由于增值税属于价外税，增值税一般纳税人可以进行进项抵扣，也就是说一般纳税人企业的增值税是针对增值环节纳税（成本部分只要取得正规增值税专用发票，可以按票面税额抵扣税金），因此营改增可以达到降低企业税负的目的。

在理论界就营改增对建筑业企业税负影响尚存争议。2012 年住房城乡建设部委托中国建设会计学会所做建筑企业营改增前后税负对比，实证数据结果显示 66 家建筑企业中有 58 家"营改增"后税负将会明显增加，占总样本量的 88%，税负减少的仅 8 家，参与调研的 66 家企业整体税负增加 93.47%[1]。陆淑娟[2]指出施工企业由于种种原因造成大部分进项无法抵扣，从而导致建筑施工企业实际税负增加。吴金光等人[3]运用 TRAM O/SEATS 方法，对上海市建筑业与财政收入进行实证检验，结果显示由于建筑业业务复杂性使之成本构成具特殊性，因此建筑业结构性减税的效应很有限。江苏省建筑市场管理协会组织的一项实地调研，测算"营改增"后建筑企业税负变化情况[4]，研究的结果显示，建筑企业由营业税改征增值税后税负大幅度提升，其中苏中集团 2011 年税负增加 122.15%，南通四建集团公司税负增加 126.53%。纪金文[5]指出由于建筑业涉及较多的中间环节，只有规范管理、加大抵扣范围并适当降低税率，才能有效达到企业与税务部门双赢。刘爱明、俞秀英[6]通过对沪深两市 27 家建筑业企业 2013 年年报数据测算，得到"营改增"可以有效降低建筑业企业税负的结论。杨抚生等[7]、粟丹[8]采用动态 CGE 模型和生产法等测算指出建筑业改征增值税可以降低企业税负。已有的成果基于新政实施前对建筑业企业税负预测分析得到的相关结论，建筑业施行营改增新政策已经有一年多时间了，营改增的税赋效应到底如何？本文基于已有的研究成果，以 2016 年建筑业上市公司为样本，以其公开的财务报告显示的数据为依据，对其税制改革前后的税负变化情况进行分析，得到大型规范的建筑企业营改增政策减税效果不明显的结论，并进一步分析测算得到建筑业上市公司税负均衡毛利零界点和维持税负平衡的成本抵扣率临界点，并针对性提出税收管理与筹划的对策建议。

2 建筑业营改增的必要性与可行性

2.1 营业税与增值税差异比较

从 2011 年在部分地区、部分行业试点营改增到 2016 年 5 月 1 日建筑业的全面实施，我国税制经历了第三次大变革，标志见证了我国经济发展历程的营业税已退出历史舞台，营业税将由国际通行的增值税取而代之。建筑业领域营业税与增值税的主要差异见表 1，营改增是我国税制为适应经济发展形势而进行的一次大调整与变革，具有划时代的意义。

建筑业营业税与增值税差异比较 表 1

比较项目	营业税	增值税	说明
性质	价内税	价外税	增值税计算中常常先进行价税分离
税基	产值收入	不含税收入	营业税按建筑总产值收入计征，增值税针对营业增加值计征
税率	3%	11%或 3%	增值税一般纳税人税率 11%，可抵扣进项，小规模税率 3%，不能抵扣进项税
征纳主体	地税局	国税局	营业税属于地方税种，增值税属于中央与地方共享税
税务核算	计入成本	计入负债	营业税直接可以所得税前扣除，增值税不属于营业收入的范畴
会计科目	营业税金及附加	应交税金	营业税直接计入营业税金及附加科目，增值税计入应交税金

2.2 营改增必要性与可行性

建筑业作为国民经济的主导产业，牵涉的上下游企业和行业领域众多。近年来，随着建筑市场规模的扩大，市场准入制度放开，建筑业业内竞争日益加剧，导致建筑业企业的发展压力巨大，税收负担沉重。表现为建筑企业资源分布不均、资质参差不齐，票据管理不规范，转包、分包、挂靠、行业垄断与恶性竞争带来的社会隐患增大。而营改增的实施可以有效遏制这些行业乱象，有效保证增值税抵扣链条的连续性，避免重复纳税。建筑业实施营改增可以促使企业加快技术改造和设备更新，加强财务管理，提高供应商的品质，并通过加大内部管控力度，规范企业管理机制，从而促进建筑业市场的规范发展。建筑业属于第二产业，其业务流程类似于制造业，但在生产准备和成品产出上又有别于制造业。其整个生产环节伴随着人力、物力的消耗实现了价值不断增值，因而契合了增值税纳税前提。随着营改增税制改革在全国各地区交通、电信、服务业逐步推进，给建筑业营改增准备了条件并积累了经验，随着国家“走出去”与“一带一路”的战略实施，建筑业税制改革并与国际接轨势在必行，其他行业领域的营改增实践给建筑业营改增带来了契机与挑战。

3　大型建筑企业营改增前后税负计算模型

3.1　样本选取

根据沪深两市《上市公司行业分类指引》的规定，以上市公司营业收入为分类标准，所采用财务数据为经会计师事务所审计的合并报表数据。当公司某类业务的营业收入比重大于或等于 50%，则将其划入该业务相对应的类别；当公司没有一类业务的营业收入比重大于或等于 50%时，如果某类业务营业收入比重比其他业务收入比重均高出 30%，则将该公司划入此类业务相对应的行业类别；否则，将其划为综合类。截至 2015 年 12 月 31 日，建筑业上市建筑企业达到 117 家（包括建筑装饰装修与幕墙、园林绿化、建筑材料与钢构等），经筛选剔除了国际工程公司和转型企业，最后选取了 79 家作为研究样本。在 79 家样本企业中有 42 家公布了较为详细的成本数据，37 家只有总成本数据，便于计算口径一致，根据 42 家成本明细数据的均值对 37 家总成本进行相应的分解，将建设服务业营业成本分解为材料费、人工费、设备费、分包费和其他五项。

3.2　假设前提

建筑业营改增的税负变化主要是由于营业税改征增值税的税基、税率、计税方法改变导致应纳税额的变化，并由此引起与之相关的附加税和所得税发生相应的变化。营业税是价内税，建筑业营业税税率为 3%；增值税是价外税，建筑业适用 11%和 3%两档税率。新税法规定建筑业年营业额在 500 万以上的都可认定为增值税的一般纳税人，按一般纳税人管理办法计征增值税，并依据实际取得的进项税发票，依据相应的程序进行进项抵扣。建筑业企业一般纳税人的增值税适用税率是 11%，除建筑业一般纳税人以外的小规模纳税人以及老项目、清包工等，适用 3%的优惠税率，但从 3%计征的纳税项不得进行进项抵扣。由于 2016 年是建筑业营改增实施的第一年，在财务核算体系、收入确认计量时间与方法等方面企业间还存在一些差异，另外 2016 年年报数据中还包含一些新老项目的差异，因此，在进行营改增税负影响计算时必须设定计算前提。

（1）由于营改增从 2016 年 5 月 1 日实施，营业收入中一部分计征营业税，一部分计征增值税，假定收入均衡发生，则营业收入中的三分之一为含税收入，三分之二为不含税收入。

（2）考虑营改增会引起附加税和所得税的变化。假定只有城建税和教育费附加两项附加税，税率分别为 7%和 5%。假定企业所得税税率为 25%。

（3）营业成本的构成只包括材料、人工、机械、分包和其他杂项。假定材料抵扣率按 60%可抵扣；人工费的 70%为自营生产无法抵扣，30%为外聘劳务公司人员，可以从劳务公司获得 6%的劳务抵扣发票；机械设备中的 70%为自有设备，其中 10%为新购设备，可获得 17%进项抵扣发票，30%为租用设备，可获得 17%租赁抵扣发票；分包业务的 50%可以取得 11%的进项抵扣发票；其他成本项目只能零星获得可抵扣进项发票，假定可抵扣比例为 3%。

（4）样本企业或多或少会有一些国际业务，国际业务可申请免税或出口退税，在此不考虑出口业务的影响，假定所有营业收入均发生在境内。

（5）营业毛利＝营业收入－营业成本－营业税金及附加；所得税＝营业毛利×25%

3.3 税负计算模型

(1)"营改增"实施前建筑企业的税负计算模型如下：

营业税金及附加 =[营业收入×(1/3)+营业收入×(2/3)×(1+11%)]×3%×(1+12%)
=3.6064%×营业收入 (1)

由于营业税属于价内税，如果不进行营改增，则营业收入应为含税收入，如式(2)所示，从而会影响所得税的计算。

营业收入* =营业收入×(1/3)+营业收入×(2/3)×(1+11%)
=1.07×营业收入 (2)

将式(2)代入，可得到企业所得税的计算公式如式(3)。

企业所得税 =(营业收入*－营业成本－营业税金及附加)×25%
=营业收入×25.8484%－营业成本×25% (3)

因此，依据式(1)、式(3)可以推知建筑企业的总体税负如式(4)。

总体税负=营业税金及附加+企业所得税
=营业收入×29.4548%－营业成本×25% (4)

(2)"营改增"后建筑企业的税负包括增值税、主营业务税金及附加、所得税，其计算过程见式(9)～式(11)。

1)增值税=销项税额－进项税额 (5)

销项税额=[营业收入×(1/3)/(1+3%)+营业收入×(2/3)]×11%
=10.96%×营业收入 (6)

进项税额=人工费×6%×13%+材料费×17%×60%+机械设备费×17%×10%+分包工程费×11%×50%
=1.8%人工费+10.2%材料费+1.7%设备费+5.5%的分包工程费+3%其他成本 (7)

依据42家建筑业上市公司成本明细项汇总取均值，得到营业成本中各分项成本比例如表2所示。

建筑业上市公司营业成本明细结构比　　表2

成本明细项	材料费	人工费	设备费	分包工程费	其他费用
占总成本的比例	53%	18%	8%	15%	6%

将表1相关数据代入式(7)可以计算得到建筑业上市公司进项税额计算模型：

进项税额=6.871%×营业成本 (8)

将式(6)和式(8)代入，得到营改增以后建筑企业的应交增值税计算模型：

应交增值税额=10.96%×营业收入－6.871%×营业成本 (9)

2)主营业务税金及附加是以流转税为税基，由于营改增带来主营业务税金及附加的变动情况如式(10)所示：

主营业务税金及附加=应交增值税×12%
=1.3152%×营业收入－0.8245%×营业成本 (10)

3)因为营改增以后增值税直接计入负债，不影响企业的经营业绩，不影响企业应税所得额，因此计算企业所得税时不考虑增值税变动，只需将主营业务附加税从应税收入中扣除。企业所得税计算见式(10)。

企业所得税=(营业收入－营业成本

$$
\begin{aligned}
&-\text{主营业务税金及附加)}\\
&\times 25\%\\
&=\text{营业收入}\times 24.67\%\\
&-\text{营业成本}\times 25.21\% \quad (11)
\end{aligned}
$$

因此，依据上述推导可得到建筑企业营改增后企业总体税负：

$$
\begin{aligned}
\text{营改增后建筑业总体税负} &= \text{增值税}+\text{主营业务税金及附加}+\text{企业所得税}\\
&= 36.9505\%\times\text{营业收入}\\
&\quad -32.9016\%\\
&\quad \times\text{营业成本} \qquad (12)
\end{aligned}
$$

将上述推导结果代入样本企业，计算结果显示 79 家企业中仅两家企业税负下降，77 家企业的总体税负是上升的，平均上升幅度为 10.34%。从营业税和增值税比较数据，79 家企业营改增后单项税金全部上升，平均上升幅度 66%。

3.4 原因分析与模型修正

根据上述计算结果显示建筑业企业实施营改增以后增加了企业税负，这一结论与建筑施工企业实际情况相似，但与国家税制改革的出发点相悖，究其原因一方面是随着人口红利消失，建筑业成本结构中难以取得抵扣的人工成本和设备费偏高；另一方面是营改增之初，受传统管理模式的影响，分包工程、材料费等短期内难以迅速获得足额的抵扣发票；第三是由于企业存量资产设备难以进行进项抵扣。第四是本文假设条件设置过于保守，随着营改增政策的推进，与建筑业相关的行业领域逐步重视税务成本，建筑业企业本身也将进一步重视税收筹划与经营管理，届时各成本明细项的抵扣比例可以得到提升。基于上述原因，在此对模型进行进一步推导与修正。

【推导一】假设建筑业营改增以后营业成本的可抵扣率为 K，其他假设条件不变，则营改增税负平衡基本式为：营改增前总体税负＝营改增以后的总体税负，亦即式（13）：

$$
\begin{aligned}
&\text{营业收入}\times 29.4548\%-\text{营业成本}\times 25\%\\
&=36.9505\%\times\text{营业收入}-32.9016\%\\
&\times\text{营业成本}\times K \qquad (13)
\end{aligned}
$$

由于建筑服务业毛利率＝（建筑服务业营业收入－建筑服务业营业成本）/建筑服务业营业收入×100%

推导得到 $K=94.86\%(1-\text{毛利率})$

通过 2016 年年度财报数据，79 家建筑业上市公司建筑服务业的平均毛利率为 17.43%，将数据代入上式，可以求得 K 为 78.32%，也就是说建筑服务业成本可获进项抵扣率需达到 78.32%以上才能维持营改增的总体税负平衡，显然有一定的困难。

【推导二】其他假设条件不变，要维持营改增税负平衡，建筑业毛利率临界值为 U，代入上式得到 U 为负值，显然初始假设过于保守，使得建筑业企业难以达到总体税负平衡。鉴于此，对初始假设条件进行修正。

假定企业为应对营改增，加强采购管理，提升材料费和分包费用的抵扣率，在全员共同努力下，抵扣率提升至 80%，分包费抵扣率为 90%（尽量选择有实力和开票能力的分包商），其他假设条件不变。

依据式（4）营改增前企业总体税负率不变，总体税负＝营业收入×29.4548%－营业成本×25%

依据式（9）～式（12）营改增以后企业总体税负率则发生了相应的改变，修正后总体税负模型如式（14）所示。

$$
\begin{aligned}
\text{修正后营改增总体税负} &= \text{营业收入}\times 36.9464\%\\
&\quad -\text{营业成本}\times 34.733\% \qquad (14)
\end{aligned}
$$

将修正后的总体税负模型代入样本数据中，计算结果如表 3 所示。

修正模型后营改增税负变化统计结果　表 3

比较项	税负上升	占比	平均上升幅度	税负下降	占比	平均下降幅度
总体税负	21 家	26.58%	6.07%	58 家	73.42%	13.05%
单项税	31 家	39.24%	30.33%	48 家	60.76%	15.58%

通过推导，得到营改增总体税负平衡的临界毛利率为 23%，也就是当其他各条件不变时，企业毛利率高于 23%时，营改增会增加企业税负；当毛利率等于 23%时，营改增总体税负持平；当毛利率低于 23%时，营改增会降低企业总体税负。每个企业可以结合自身实际盈利状况进行相应的税务管理筹划。

4　大型建筑企业营改增应对策略

国家推行营改增税制改革主要目的是规范行业行为与管理，减轻企业负担，为企业搭建国际平台。建筑业由于行业的复杂性，改革初期出现税负不降反升属于正常现象，笔者认为国家通过税负增长这一外在压力倒逼企业提升自身的竞争力，完善自身的管理，而对一些规模小管理能力差的企业实行优胜劣汰机制，从而达到规范行业管理的目的。大型建筑企业在这一改革中应作为中坚力量，抓住契机提升自身核心能力，抢占市场先机。从以下几个方面应对营改增税制改革：

（1）加强员工营改增知识培训，让全员参与到成本与税务管理中来。增值税作为建筑业企业全新的税种，计算与征缴上与传统税制存在根本的区别，因此应加强企业员工培训，特别是采购、财务和管理人员的税务知识培训，培养全员成本管理与节税意识，拓宽进项抵扣的渠道。

（2）调整招投标管理工作，对供应商进行重新评估。在进行业务承揽时，尽量优先选择包工包料方式；而在进行分包与采购时，尽量选择可以开具增值税专用发票的分包商与供应商。建筑业合同常见的有包工包料合同和清包工合同两种形式，如果选择包公包料方式，可以获得有效的材料进项抵扣，如果采取清包工方式，企业必须分开进行核算并报税务局审批后开具劳务发票，否则混合销售行为从高计征模式使承揽的清包工业务税务成本极高。在进行分包与采购时，注意把握采购的节奏、开票时间，尽量选取长期合作的分包商和供应商，可以合理进行税务筹划，有效降低税负。

（3）在经营活动中，注意拓展前后端业务，进行产业升级，合理利用新进设备可抵税条款加大技术及高新设备的投入，尽量减少人工劳动力投入，加快由劳动密集型向技术密集型转变，逐步降低人工成本在企业营业成本结构的比重，同时加强项目的管理能力，强化节约，提高效率。

（4）规范会计核算，加强企业税务筹划，建立信息化管理体制。会计核算及时准确可以有效反应经营成果，及时掌握企业收入成本动态，也能及时发现企业管理中存在的一些问题。营改增实施对建筑业会计核算产生较大的影响，包括收入、成本费用的确认与计量，利润的形成等均形成一定的影响，大型建筑企业主要针对自身情况，对自身经营成本的可抵扣率、预期盈利情况等进行估算，对自身税负情况做到心中有数。同时建立信息化管理体制，关注营改增最新政策和动态，合理把握机会，结合税收筹划降低税务成本。

5　结论

本研究以沪深两市 79 家建筑业上市公司

2016 年财报数据为基础，就营改增对税负影响程度进行了分析，并建立营改增总体税负平衡的测算基础模型。经过测算我们可以发现，营改增政策实施从短期来看，由于取得进项抵扣凭证难度大，成本项目可抵扣率低，营改增减负效应不明显甚至出现企业税负率不降反升的情况，但经过一段时间的适应与完善后，营改增对建筑业的减负效应显著。大型建筑企业关键是要把握好这一改革契机，提升自身的管理，提高企业的硬件设施，完善核算体系和管理体制，拓展抵扣链条，对增值税专用发票财务精细化管理，大力发展总包模式，有理有利有序应对营改增变革。本研究仅对大型建筑企业营改增总体税负水平进行了探讨，缺乏对具体企业对象的实证，在所得税率、附加税税率设置上基于大众水平，企业存在个体差异，营改增对税负影响方面也局限于增值税、城建税、教育附加税与企业所得税四方面，实际上营改增对企业整体税务体系都有冲击，包括对工程项目的计价报价模式、造价定额、合同收入的确认计量都会产生影响，只能在后续研究中展开更近一步探讨。

参考文献

[1] 张瑾．建筑业"营改增"后税务处理应注意的问题[J]．财会月刊，2017，(16)：62-65.

[2] 陆淑娟．营改增初期对建筑业之税负影响分析[J]．财经界(学术版)，2014，(01)：276-278.

[3] 吴金光，欧阳玲，段中元．"营改增"的影响效应研究——以上海市的改革试点为例[J]．财经问题研究，2014，(02)：81-86.

[4] 姜朋，刘亚敏，成雪琪．建筑业"营改增"税负问题探究[J]．湖南商学院学报，2017，24(01)：49-55.

[5] 纪金文．建筑业营改增的税负变化及影响研究[J/OL]．财会学习，2017，(03)：156-157.

[6] 刘爱明，俞秀英．"营改增"对建筑业企业税负及盈利水平的影响——以沪深两市上市公司为例[J]．财会月刊，2015，(01)：15-18.

[7] 杨抚生，邹昱．对建筑业改征增值税的思考[J]．税务研究，2011，(10)：22-26.

[8] 粟丹．建筑行业营改增的经济效应研究：基于动态 CGE 模型[J]．时代金融，2017，(06)：249-250.

建筑产业现代化发展水平评价研究
——以江苏省为例

李启明　刘　平

（东南大学，南京　211189）

【摘　要】通过建立科学合理的发展水平评价方法，是实现建筑产业现代化全面、协调、可持续发展的重要手段。从技术、经济、可持续发展和企业发展四个维度识别出能全面反映建筑产业现代化发展水平的 20 个评价指标，并确定了评价指标权重和判别准则。最后，通过实证分析对江苏省建筑产业现代化发展水平进行评价，并为江苏下一步实现建筑产业现代化全面、协调、可持续发展提供理论依据和现实参考。

【关键词】建筑业；产业现代化；指标体系；发展水平评价

Research on the Development Level Assessment of Construction Industry Modernization: Taking Jiangsu as an Example

Li Qiming　Liu Ping

(Southeast University, Nanjing　211189)

【Abstract】This research aims to provide a reasonable method to evaluate the level of regional construction industry modernization in order to provide evidence for decision-making and to ensure that subsequent development is comprehensive, coordinated and sustainable. This paper screened twenty critical evaluation indicators in four dimensions: technical, economic, sustainable development and enterprise development. Then the evaluation method of the development level was formulated on the basis of the evaluation criteria. As a case study, Jiangsu Province was taken as an example for testing the validity of the proposed index system and evaluation method for the development level of construction industry modernization. These findings provide a good practical reference for making decisions about how best to guide the development of construction industry modernization.

【Keywords】 Construction Industry; Industry Modernization; Index System; Development Level Evaluation

1 引言

近年来，随着我国工业化发展、人口红利的消失及可持续发展需求，传统建造模式的转型升级势在必行。在此趋势下，建筑产业现代化得到业界广泛的关注及重视。建筑产业现代化是将现代科学技术和管理方法应用于整个建筑产业，以工业化、信息化、产业化的深度融合对建筑全产业链进行更新、改造和提升，为社会和用户提供性能优良的绿色建筑产品，实现建筑产业转型升级，打造产业核心竞争力，使整个建筑产业达到或超越国际先进水平的高级产业形态及其实现过程[1]。建筑产业现代化通过工业化生产方式，使生产要素有机组合，减少中间环节，优化资源配置；通过标准化的模数组合，提高劳动生产率，减少现场湿作业，摆脱了粗放型的生产方式，能最大限度满足建筑业可持续发展的要求。

自从“促进建筑产业现代化”的要求于2013年底在全国建设工作会议上提出以来，各个省、市逐步颁布相应发展规划和配套政策。然而，目前针对建筑产业现代化发展水平的相关研究较少。因此，通过建立科学合理的发展水平评价方法，审视和评价行业的发展水平，并对下一步政策调整提供参考依据，是实现建筑产业现代化全面、协调、可持续发展的重要手段。

2 评价指标体系的构建

目前针对建筑产业现代化的相关研究主要集中在技术体系和可持续发展方面，有关发展水平评价的文献较少。纪颖波和付景轩（2013）在借鉴国内外典型绿色建筑评价标准基础上，从基本评价标准和综合评价标准两个方面建立了新型工业化建筑评价体系[2]；贾若愚等（2015）基于DPSIR模型从驱动力、压力、状态、影响和响应五类指标，构建了区域建筑产业现代化发展水平评价模型[3]；张志超（2016）从建筑设计标准化、构配件部品生产工厂化、施工建造装配化、生产经营管理信息化和绿色节能化五个维度建立了建筑工业化水平评价指标体系[4]。自2016年1月1日起实施的《工业化建筑评价标准》，规定了设计阶段、建造过程、管理与效益三部分权重及总分计算方法，对推动建筑产业现代化持续健康的发展具有重要的引导和规范作用。

建筑产业现代化作为一种实现建筑产业的转型升级，使整个建筑产业达到和超越国际先进水平的过程，其发展水平应从多个角度选取不同的指标进行综合评价。课题组参考国内外学者的文献资料和研究成果，结合建筑产业现代化发展的内涵及主要影响因素，从技术、经济、可持续发展和企业发展四个维度，构建了建筑产业现代化发展水平综合评价体系。建筑产业现代化发展水平评价体系可概括为：

（1）技术维度评价。主要从以下几个方面

来衡量：1）设计阶段可从标准化、模数化和模块化设计的应用等方面来衡量；2）建筑产品标准化可以从提高构配件的通用性和互换性来衡量；3）从阳台、空调板、楼板、楼梯、外墙板、内隔墙等在内的预制构配件工厂化情况和应用情况来衡量；4）在发达国家，80%以上为成品住房，因此，新建成品住房的比例是体现建筑产业现代化最直接的因素之一；5）运用信息技术改造建筑业，是实现建筑业产业现代化发展的必由之路，可以从信息技术应用比例来衡量发展水平；6）用新建建筑装配率来衡量现场施工装配化水平。

（2）经济维度评价。主要从以下两个方面来衡量：1）建筑产业现代化发展水平的实质是生产效率的提高，劳动生产率反映生产效率和劳动投入的经济效益指标，是建筑产业经济效益和发展质量的重要反映指标[5]；2）影响建筑产业现代化发展的主要社会经济潜在因素方面来衡量，如区域人均 GDP、建材价格指数、建筑业产值占 GDP 比重、建筑安装工程投资总额等。

（3）可持续发展维度评价。主要从以下三个方面来衡量：1）提高建筑产业的环境友好度，实现建筑产业的“绿色发展、循环发展、低碳发展”，可以从清洁能源应用比例、建筑节能率和国家级绿色建筑数量等方面衡量；2）城镇化率和区域人均住房面积可衡量建筑产业现代化的发展基础，作为建筑产业现代化可持续发展的影响因素；3）住房消费者对工业化建筑产品的接受程度是影响可持续发展的关键因素之一。

（4）企业发展维度评价。产业发展为企业发展引领方向，企业发展又是产业发展的重要支撑，可以从区域国家级产业基地数量、区域建筑企业数量和区域新签合同总额等三个方面来衡量发展水平。

根据上述四个维度及相关的主要衡量因素，选取相应评价指标，构建建筑产业现代化发展水平评价指标体系，如表 1 所示。

建筑产业现代化发展水平评价指标体系　　表 1

目标层	维度层	指标层
建筑产业现代化发展水平评价（A）	技术维度（A1）	模块化设计应用比例（A11）；标准化产品应用比例（A12）；预制构配件应用比例（A13）；新建成品住房应用比例（A14）；信息技术应用（A15）；装配化率（A16）
	经济维度（A2）	劳动生产率（A21）；区域人均 GDP（A22）；建材价格指数（A23）；建筑业产值占 GDP 比重（A24）；建筑安装工程投资总额（A25）
	可持续发展维度（A3）	清洁能源应用比例（A31）；建筑节能率（A32）；国家级绿色建筑数量（A33）；城镇化率（A34）；区域人均住房面积（A35）；用户支持程度（A36）
	企业发展维度（A4）	国家级产业基地数量（A41）；建筑企业数量（A42）；新签合同总额（A43）

建筑产业现代化发展水平评价指标体系的设计，是从不同维度来衡量发展水平的指标化过程，目的是能全面反映建筑产业现代化发展目前所处的阶段。并通过对发展水平的评价和分析，找出发展实践中存在的主要问题，为下一步全面、协调、可持续发展提供新的思路和方向。

3　评价方法与评价标准

3.1　基于 AHP 的评价指标权重确定

20 世纪 70 年代，美国著名运筹学家 Satty 在第一届国际数学建模会议上首次提出了层次分析法（Analytic Hierarchy Process，简称 AHP）。层次分析法是将与决策有关的元素进行逐层分解，在此基础上进行定性和定量分析的决策方法[6]。该方法虽然需要通过专家组人员经验来初步确认各项指标的权重值，但由于方法中设定了检验环节，对专家判断的结果通过设立矩阵的方式进行一致性检验，如果无法通过检验，则需要专家组重新讨论设定权重值，直至通过检验为止[7]。此外该方法具有计算简洁、系统性强、通用性和推广性较强等优点，比较适合对建筑产业现代化发展水平进行评价。

应用 AHP 可以按照如下四个步骤进行：首先，建立递阶层次结构模型；其次，构造出各层次中的所有判断矩阵；再次，进行层次单排序及一致性检验；最后，进行层次总排序及一致性检验。

根据建立的评价指标体系，递阶层次结构模型可用集合表示如下：A ＝｛A1，A2，A3，A4｝；A1 ＝｛A11，A12，A13，A14，A15，A16｝；A2 ＝｛A21，A22，A23，A24，A25｝；A3 ＝｛A31，A32，A33，A34，A35，A36｝和 A4 ＝｛A41，A42，A43｝（表 1）。在确定评价指标权重的过程中，设计了建筑产业现代化发展水平评价指标相对重要度评分表，并邀请来自高校、政府主管部门和建筑企业从事相关领域的 9 位专家对评分表中的指标进行打分。最终，各层判断矩阵均满足一致性检验的权重计算结果，如表 2～表 6 所示。

相关维度判断矩阵 A 的权重系数　　表 2

A	A1	A2	A3	A4	λ_{max}	权重	$CI=(\lambda_{max}-n)/(n-1)$
A1	1	1/4	1/3	1/4	4.09	0.53	$CI=0.030<0.1$ 符合一致性检验
A2	4	1	2	2		0.10	
A3	3	1/2	1	2		0.22	
A4	4	1/2	1/2	1		0.15	

技术维度判断矩阵 A1 的权重系数　　表 3

A1	A11	A12	A13	A14	A15	A16	λ_{max}	权重	$CI=(\lambda_{max}-n)/(n-1)$
A11	1	2	1/4	1/3	1/4	3	6.33	0.19	$CI=0.066<0.1$ 符合一致性检验
A12	1/2	1	1/5	1/4	1/6	2		0.26	
A13	4	5	1	3	1/2	4		0.06	
A14	3	4	1/3	1	1/3	3		0.11	
A15	4	6	2	3	1	3		0.05	
A16	1/3	1/2	1/4	1/3	1/3	1		0.33	

经济维度判断矩阵 A2 的权重系数　　表 4

A2	A21	A22	A23	A24	A25	λ_{max}	权重	$CI=(\lambda_{max}-n)/(n-1)$
A21	1	1/4	1/3	1/3	1/3	5.14	0.43	$CI=0.036<0.1$ 符合一致性检验
A22	4	1	3	3	2		0.07	
A23	3	1/3	1	2	1/2		0.17	
A24	3	1/3	1/2	1	1/2		0.22	
A25	3	1/2	2	2	1		0.11	

可持续发展维度判断矩阵 A3 的权重系数　　表 5

A3	A31	A32	A33	A34	A35	A36	λ_{max}	权重	$CI=(\lambda_{max}-n)/(n-1)$
A31	1	3	4	2	1/2	5	6.20	0.06	$CI=0.039<0.1$ 符合一致性检验
A32	1/3	1	3	1/2	1/3	5		0.13	
A33	1/4	1/3	1	1/3	1/4	2		0.25	
A34	1/2	2	3	1	1/2	5		0.10	
A35	2	3	4	2	1	5		0.05	
A36	1/5	1/5	1/2	1/5	1/5	1		0.41	

企业发展维度判断矩阵 A4 的权重系数　　表 6

A4	A41	A42	A43	λ_{max}	权重	$CI=(\lambda_{max}-n)/(n-1)$
A41	1	1/5	1/4	3.05	0.68	$CI=0.024<0.1$ 符合一致性检验
A42	5	1	2		0.12	
A43	4	1/2	1		0.20	

3.2 评价指标判别准则

在确定评价体系指标权重的基础上，建立科学、合理及易于操作的评价指标判别准则是极为重要的一项工作。根据评价指标的属性和特点，评价准则主要包括三种类型：（1）定量指标，和全国平均水平比较，如指标 A21，A22，A23，A24，A32，A35；（2）定量指标，和全国总量占比相比较，如指标 A11，A12，A13，A14，A15，A16，A25，A33，A41，A42，A43；（3）定性指标，采用专家打分法，如指标 A31，A36。经过课题组共同讨论，采用五分制评价量表将建筑产业现代化发展水平划分为高、较高、中等、较低、低等区间，各维度评价指标判别准则如表 7～表 10 所示。

技术维度指标评价准则（A1）　　表 7

指标	评价标准	分数	参考依据
A11，A12 A13，A15 A16	比例在 20%及以上	5	参考《建筑产业现代化发展纲要》(2015)
	比例在 15%～20%之间	4	
	比例在 10%～15%之间	3	
	比例在 5%～10%之间	2	
	比例在 5%以下	1	
A14	比例在 60%及以上	5	参考《江苏省绿色建筑行动实施方案》(2013)
	比例在 40%～60%之间	4	
	比例在 20%～40%之间	3	
	比例在 10%～20%之间	2	
	比例在 10%以下	1	

经济维度指标评价准则（A2） 表 8

指标	评价标准	分数	参考依据
A21	34 万元/人及以上	5	全国建筑业劳动生产率平均水平为 32.4 万元/人（国家 2015 统计年鉴）
	33～34 万元/人	4	
	32～33 万元/人	3	
	29～32 万元/人	2	
	29 万元/人及以下	1	
A22	7 万元/人及以上	5	全国人均 GDP 为 5.2 万元/人（国家 2105 统计年鉴）
	6～7 万元/人	4	
	5～6 万元/人	3	
	4～5 万元/人	2	
	4 万元/人及以下	1	
A23	90 及以下	5	全国价格建材指数为 100.0（国家 2105 统计年鉴）
	90～95	4	
	95～100	3	
	100～105	2	
	105	1	
A24	在 7.5%及以上	5	全国平均水平 6.86%（国家 2015 统计年鉴）
	在 7.0%～7.5%之间	4	
	在 6.5%～7.0%之间	3	
	在 6.0%～6.5%之间	2	
	在 6.0%及以下	1	
A25	比例在 15%及以上	5	全国总量 37.97 万亿（国家 2015 统计年鉴）
	比例在 7%～15%之间	4	
	比例在 4%～7%之间	3	
	比例在 2%～4%之间	2	
	比例在 2%及以下	1	

可持续维度指标评价准则（A3） 表 9

指标	评价标准	分数	参考依据
A31	已有大量的项目应用	5	专家调研确定
	介于 3～5 分程度之间	4	
	已有项目应用	3	
	介于 1～3 分程度之间	2	
	尚未开展相关工作	1	
A32	65%及以上	5	《江苏省“十二五”节能规划》
	55%～65%之间	4	
	45%～55%之间	3	
	30%～45%之间	2	
	30%及以下	1	

续表

指标	评价标准	分数	参考依据
A33	比例在15%及以上	5	绿色建筑标识项目累计总数3636（住房城乡建设部2015年全国绿色建筑项目发展情况汇总）
	比例在7%～15%之间	4	
	比例在4%～7%之间	3	
	比例在2%～4%之间	2	
	比例在2%及以下	1	
A34	城镇化率在65%及以上	5	全国城镇化率为56.1%（国家2015统计年鉴）
	城镇化率在60%～65%之间	4	
	城镇化率在55%～60%之间	3	
	城镇化率在55%～50%之间	2	
	城镇化率在50%及以下	1	
A35	40 m^2及以上	5	全国城镇人均住房面积为33m^2（国家2015统计年鉴）
	37～40 m^2之间	4	
	33～37 m^2之间	3	
	30～33 m^2之间	2	
	30m^2及以下	1	
A36	用户支持程度高	5	调研确定
	介于3～5分程度之间	4	
	用户支持程度中等	3	
	介于1～3分程度之间	2	
	用户支持程度低	1	

企业可持续发展维度指标评价准则（A4） **表10**

指标	评价标准	分数	参考依据
A41	超过7个及以上	5	全国国家级产业基地数量为70个（2015年国家级产业基地名单）
	在5～6个之间	4	
	在3～4个之间	3	
	在1～2个之间	2	
	没有	1	
A42	比例在15%及以上	5	全国建筑企业数量为80，911个（国家2015统计年鉴）
	比例在7%～15%之间	4	
	比例在4%～7%之间	3	
	比例在2%～4%之间	2	
	比例在2%及以下	1	
A43	比例在15%及以上	5	全国投资总额为18.43万亿元（国家2015统计年鉴）
	比例在7%～15%之间	4	
	比例在4%～7%之间	3	
	比例在2%～4%之间	2	
	比例在2%及以下	1	

4 实证分析

4.1 数据收集

江苏省是我国传统的建筑强省，其建筑业总产值连续多年全国排名第一，也是我国首批建筑产业现代化示范省份。对江苏建筑产业现代化发展水平进行综合评价及分析，将会对其他省、市在制定发展规划和政策措施时具有借鉴作用。根据上述评价指标体系和评价准则，课题组收集了江苏省 2015 年的相关评价指标数据。在收集数据的过程中发现，技术维度定量指标和建筑节能率尚未公布相关权威数据，由于数据缺失无法对其进行定量评价，故按照指标 A31 的评价准则对其进行定性评价，其余定量指标相关数据如表 11 所示。

江苏省 2015 年相关评价指标数据　　表 11

指标	数据	来源
A21	29.7 万元/人	江苏省 2015 年统计年鉴
A22	8.85 万元/人	国家 2015 统计年鉴
A23	91.7	江苏省 2015 年统计年鉴
A24	6%	2015 年江苏省国民经济和社会发展统计公报
A25	2.757 万亿	江苏省 2015 年统计年鉴
A33	562	住房城乡建设部 2015 年全国绿色建筑项目发展情况汇总
A34	66.5%	2015 年江苏省国民经济和社会发展统计公报
A35	45.22 m^2	江苏省 2015 年统计年鉴
A41	8	2015 年国家级产业基地名单
A42	9146	江苏省 2015 年统计年鉴
A43	2.077 万亿	江苏省 2015 年统计年鉴

4.2 评价结果计算

根据各个维度相关指标的判别准则，首先计算单指标的相应得分 $\overline{SC}(ij)$；其次，根据各指标权重，计算维度得分 $SC(i)$；最后，根据各维度权重，计算建筑产业现代法发展水平总得分 SC，如公式（1）～式（3）所示：

$$\overline{SC}(ij)=\frac{1}{n}\sum_{k=1}^{n}SC(ij) \tag{1}$$

$$SC(i)=\Sigma\overline{SC}(ij)\times W(ij) \tag{2}$$

$$SC=\Sigma SC(i)\times W(i) \tag{3}$$

其中：n 为参与打分的专家数；$SC(ij)$ 为第 k 个专家对指标 Aij 的对应评分；$W(ij)$ 为指标 Aij 的权重取值；$W(i)$ 为维度 Ai 的权重取值。

根据上述计算步骤，计算江苏省 2015 年建筑产业现代化发展水平相关的指标、维度和总得分，结果汇总如表 12 所示。

江苏省建筑产业现代化发展水平评价结果　　表 12

评价目标（A）	维度（Ai）	指标（Aij）	$\overline{SC}(ij)$	$W(ij)$	$SC(i)$	$W(i)$	SC
江苏省建筑产业现代化发展水平	A1	A11	3.7	0.19	3.36	0.53	3.65
		A12	3.2	0.26			
		A13	3.8	0.06			
		A14	2.8	0.11			
		A15	3.3	0.05			
		A16	3.4	0.33			

续表

评价目标（A）	维度（Ai）	指标（Aij）	$\overline{SC}(ij)$	$W(ij)$	$SC(i)$	$W(i)$	SC
江苏省建筑产业现代化发展水平	A2	A21	2	0.43	3.21	0.10	3.65
		A22	5	0.07			
		A23	4	0.17			
		A24	2	0.22			
		A25	4	0.11			
	A3	A31	3.3	0.06	3.84	0.22	
		A32	3.5	0.13			
		A33	5	0.25			
		A34	5	0.10			
		A35	5	0.05			
		A36	2.9	0.41			
	A4	A41	5	0.68	4.68	0.15	
		A42	4	0.12			
		A43	4	0.20			

4.3 评价结果分析

（1）江苏省建筑产业现代化发展水平评价总得分为3.65，从总得分可以看出，2015年江苏省建筑产业现代化的发展水平处于中等和较高水平区间之间。

（2）在四个维度得分中，企业发展维度得分最高，可见江苏建筑企业在国家级产业基地、企业数量和新签合同总额等方面在全国处于领先地位，这将为江苏建筑产业现代化发展提供良好的基础和动力。由于江苏经济总量较大，造成建筑产业现代化在经济增长方面发展较为缓慢。然而，经济维度权重最低，说明经济指标在建筑产业现代化发展中不是核心因素，这与其他行业发展水平评价相比具有显著特点。

（3）技术维度所占权重达到0.53，超过指标体系总影响力的50%。然而，技术维度的各项指标得分均低于较高水平4.0。因此，针对加强技术研发和提高应用比例，开展相应的政府引导和政策扶持将是江苏省建筑产业现代化下一步发展的核心工作。

（4）在所有指标得分排序中，新建成品住房应用比例（A14），劳动生产率（A21），建筑业产值占GDP比重（A24）和用户支持程度（A36）等指标得分低于3.0，如图1所示。其中，用户支持程度（A36）在可持续发展维度中指标权重达到0.41，远高于其他指标。然而，市场和社会对工业化建筑的认可需要一个接受的过程，目前市场认可度不高。除去经济增长缓慢方面的原因，提高新建成品住房应

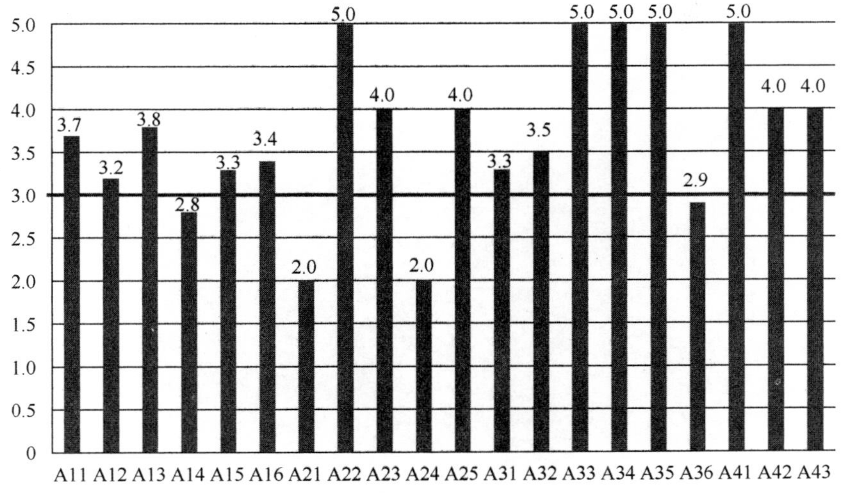

图1 江苏省2015年各指标发展水平得分

用比例和用户对工业化建筑的接受程度，将是江苏下一步工作的重点。

5 结语

本文从技术、经济、可持续发展和企业发展四个维度识别出能全面反映建筑产业现代化发展水平的 20 个评价指标。在构建评价指标体系的基础上，确定了指标权重和评价准则。最后以江苏省为例，对评价方法进行了实证分析。上述研究成果，对实现建筑产业现代化全面、协调、可持续发展提供了理论依据和现实参考。

参考文献

[1] 李启明，夏侯遐迩，岳一博，等．建筑产业现代化导论[M]．南京：东南大学出版社，2017.

[2] 纪颖波，付景轩．新型工业化建筑评价标准问题研究[J]．建筑经济，2013(10).

[3] 贾若愚，徐照，吴晓纯，等．区域建筑产业现代化发展水平评价研究[J]．建筑经济，2015(2).

[4] 张志超．我国保障房的建筑工业化水平评价指标体系研究[D]．山东：山东建筑大学，2016.

[5] 刘炳胜，陈晓红，薛斌，等．中国区域建筑业发展水平梯度变迁与影响机理研究[J]．运筹与管理，2016(2).

[6] 邓雪，李家铭，曾浩健，等．层析分析法权重计算方法分析及其应用研究[J]．数学的实践与认识，2012(4).

[7] 沈志东．运用层次分析法构建国有企业绩效评价体系[J]．审计研究，2013(2).

推行全过程工程咨询的思考和认识

杨卫东

（上海同济工程咨询有限公司，上海　200000）

【摘　要】本文作者针对当前全过程工程咨询提出的背景、内涵与特征、服务范围和内容、委托方式、市场准入、服务模式、咨询企业能力建设、服务酬金、政府监管、挑战与对策等热点问题进行了十大思考，提出了自己的观点和建议，旨在探索和推进我国全过程工程咨询健康、可持续发展。

【关键词】全过程工程咨询；专业工程咨询；相对全过程；转委托；合作体

Thinking and Understanding of the Whole Process Engineering Consultation

Yang Weidong

(Shanghai Tongji Engineering Consulting Co. Ltd, Shanghai　200000)

【Abstract】 Aimed at exploring and promoting the health and sustainable development of the whole process engineering consulting in china, in this paper, the author makes ten thinking and puts forward his own views and suggestions about current hot issues such as the background of the whole process engineering consultation being proposed, connotation and characteristic, service scope and content, method of entrustment, market access, service mode, consulting enterprise capacity building, service remuneration, government supervision, challenge and countermeasure and etc.

【Keywords】 Whole Process Engineering Consulting; Specialized Engineering Consulting; Relatively Whole Process; Subdelegation; Cooperation Union

2017年上半年，国务院办公厅和住房城乡建设部相继出台了《关于促进建筑业持续健康发展的意见》（国办发〔2017〕19号）和《关于开展全过程工程咨询试点工作的通知》（建市〔2017〕101号）文件，浙江、江苏、福建、广东等省以及浙江绍兴市等地又相继制定出台相关的指导意见或试点工作方案，在工程咨询服务行业引起了极大的反响，对全过程工程咨询提出的背景、内涵与特征、服务范围和内容、委托方式、市场准入、服务模式、咨询企业能力建设、服务酬金、政府监管、挑战和对策等热点问题展开了各种形式的研讨。

上海同济工程咨询有限公司列为住房城乡建设部四十家试点单位之一。本文作者结合多年从事工程咨询工作的经验，谈一些个人的思考和认识，与大家一起分享。

1 关于全过程工程咨询提出背景的思考和认识

建筑业是国民经济的支柱产业，产业关联度高，全社会资产投资的 50%以上要通过建筑业才能形成新的生产能力或使用价值。目前，我国的建筑业还处于一种粗放型和数量型的增长方式，能耗大、成本高、效率低、投资效益较低、建筑产品质量难以进一步提高。而与粗放型经济增长方式相比，集约型经济增长方式消耗较低，成本较低，投资效益和质量能得到进一步提升。实现建筑业集约型经济增长方式的重要途径之一是通过建设项目全过程的集约化管理，实现投资决策的科学化、实施过程的标准化、运营过程的精细化。全过程工程咨询的组织管理模式可以对投资项目的规划、决策、评估、设计、采购、设计、监理、验收、运维管理、后评估等各个建设过程环节进行有效的控制，提升项目投资效益，确保工程质量。

另一方面，随着我国社会和经济的发展，对工程建设的组织管理模式提出了更高的要求，加上“一带一路”的推进，建筑业国际化、市场化程度不断提高，需要政府从工程建设的微观、直接管理向宏观、间接的管理职能转变，从事前监管向事中、事后监管职能转变，社会化、专业化的全过程工程咨询服务资源可以充分发挥其在建筑服务市场中技术和管理的主导作用，客观上促进了政府职能的转变，促进了工程咨询服务企业的转型升级。因此，全过程工程咨询的提出适应了时代发展的要求。

综上所述，全过程工程咨询的提出，其背景：（1）是转变建筑业经济增长方式的需要；（2）是促进工程建设实施组织方式变革的需求；（3）是政府职能转变的需求；（4）是提高项目投资决策科学性，提高投资效益和确保工程质量的需要；（5）是实现工程咨询类企业转型升级的需求；（6）是推进工程咨询行业国际化发展战略的需求。

2 关于全过程工程咨询内涵与特征的思考和认识

2017 年 2 月，国务院《关于促进建筑业持续健康发展的意见》中首次提出了“全过程工程咨询”的概念，提出：完善工程建设组织模式，培育全过程工程咨询。鼓励投资咨询、勘察、设计、监理、招标代理、造价等企业采取联合经营、并购重组等方式发展全过程工程咨询，培育一批具有国际水平的全过程工程咨询企业。

2017 年 4 月，住房城乡建设部《建筑业发展“十三五”规划》要求：提升工程咨询服务业发展质量，改革工程咨询服务委托方式，引导有能力的企业开展项目投资咨询、工程勘察设计、施工招标咨询、施工指导监督、工程竣工验收、项目运营管理等覆盖工程全生命周期的一体化项目管理咨询服务。

2017 年 5 月，住房城乡建设部《工程勘察设计行业发展“十三五”规划》提出：培育全过程工程咨询。积极利用工程勘察设计的先导优势，拓展覆盖可行性研究、项目策划、项目管理等工程建设全生命周期的技术支持与服务，提高工程项目建设水平。

2017 年 5 月底，住房城乡建设部《关于开展全过程工程咨询试点工作的通知》提出：要引导大型勘察、设计、监理等企业积极发展全过程工程咨询服务，拓展业务范围。在民用建筑项目中充分发挥建筑师的主导作用，鼓励提供全过程工程咨询服务。

综上所述，全过程工程咨询的内涵和特征可以理解为如下内容。

2.1 内涵

全过程工程咨询的含义可以理解为：建设工程咨询是以技术为基础，综合运用多学科知识工程实践经验、现代科学和管理方法，为投资建设项目决策、实施过程和运营维护的全生命周期提供技术性和管理性的智力服务。

（1）全过程工程咨询的性质：是咨询服务，管理咨询和技术咨询兼而有之。

（2）全过程工程咨询的目的：提高投资决策科学性；实现项目的集成化管理；提升项目投资效益的发挥，确保工程质量。

（3）全过程工程咨询的作用：①有利于工程建设组织管理模式的改革；②有利于工程咨询服务业发展质量的提升；③有利于工程咨询行业组织结构的调整以及行业资源的优化组合；④有利于工程咨询企业水平和能力的提升；⑤有利于工程咨询行业人才队伍的建设和综合素质的提升；⑥有力建筑师制度的建立和推动；⑦有利于工程咨询业的国际化发展。

（4）全过程工程咨询的服务对象：主要为业主提供咨询服务。

（5）全过程工程咨询的服务周期：可以包括项目决策、设计、施工、运营四个阶段的全生命周期（可以称之为“完整全过程”），或者至少涵盖两个或两个以上阶段的工程咨询服务（称之为“阶段性全过程”）。

（6）全过程工程咨询的推进原则：坚持政府引导与市场选择相结合的原则

2.2 特征

（1）咨询服务覆盖面广。服务阶段覆盖项

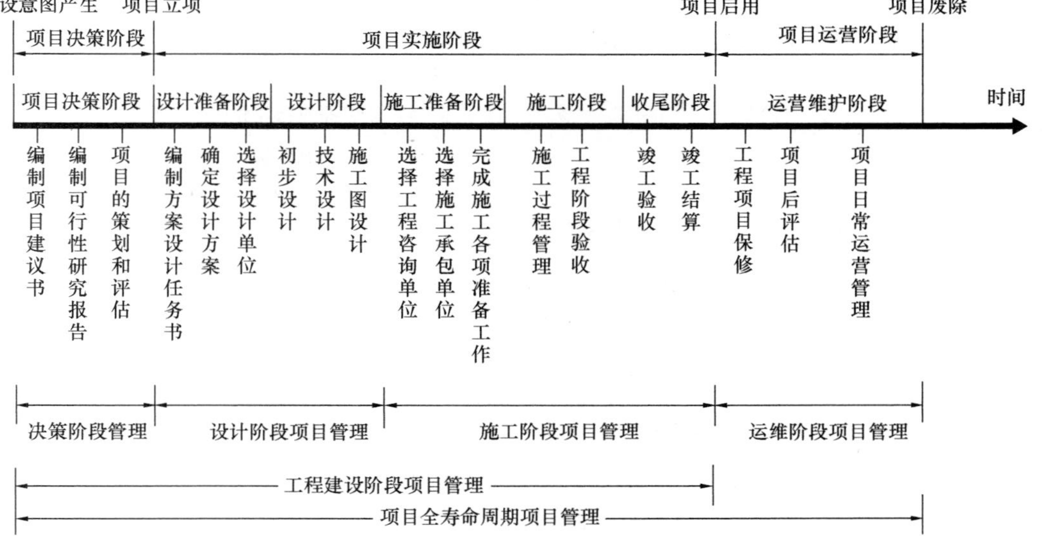

图 1　全过程工程咨询服务范围和内容

目策划决策、建设实施（设计、招标、施工）全、运营维护等过程。服务内容包括技术咨询、管理咨询，兼而有之。

（2）强调智力性策划。工程咨询单位要运用工程技术、经济学、管理学、法学等多学科的知识和经验，为委托方提供智力服务。如：投资机会研究、建设方案策划、融资方案策划、招标方案策划、建设目标分析论证等等。

（3）实施集成化管理。工程咨询单位需要综合考虑项目质量、安全、环保、投资、工期等目标以及合同管理、资源管理、信息管理、技术管理、风险管理、沟通管理等要素之间的相互制约和影响关系，实施集成化管理，避免项目管理要素独立运作而出现的漏洞和制约。

3 关于全过程工程咨询服务范围和内容的思考和认识

3.1 服务范围

全过程工程咨询的服务范围是投资项目的全寿命周期，包括决策阶段 、实施阶段（设计和施工）和运营阶段，具体由委托合同约定。

3.2 服务内容

全过程工程咨询的服务内容是合同委托范围内全过程（或相对全过程）实施的策划、控制和协调，以及单项或单项组合专业工程咨询。其服务内容可以简单表达为："1＋X"模式，

其中：

"1"——全过程（或相对全过程）工程咨询管理服务，服务内容是全过程（或阶段全过程）的策划、控制和协调工作，接近于以往业主工作，是贯穿全过程的服务管理咨询；

"X"——专业工程咨询管理服务的集合，可以用{(x_0，x_1，x_2，x_n)}表达，具体单项专业工程咨询见表（不限于此）。承担全过程工程咨询企业可以根据委托方意愿、自身服务能力、资质和信誉状况等承担其中的一项或多项专业工程咨询服务，"剩余"的其他专业工程咨询服务可以由委托方直接委托或全过程工程咨询企业通过转委托、联合体、合作体等方式统筹组织和管理（表 1）。

全过程工程咨询服务范围和内容可用图 1 简单表述。

具体工作内容　　表 1

阶段	单项服务内容
决策阶段	（1）规划或规划设计（概念性规划、城市设计、交通规划等）； （2）项目投资机会研究（市场调研报告等）； （3）前期策划（定位策划和功能产品策划、产业策划、商业策划等）； （4）立项咨询（编制项目建议书、项目可行性研究报告、项目申请报告和资金申请报告； （5）评估咨询（可研评估、环境影响评估、节能评估、社会稳定风险评估等）； （6）项目实施策划报告编制； （7）报批报建和证照办理； （8）工程勘察； （9）工程设计、设计优化、设计总包、设计管理等； （10）工程采购； （11）造价咨询； （12）工程监理； （13）竣工结算；
运营阶段	（14）项目后评价； （15）运营管理； （16）拆除方案咨询

4 关于全过程工程咨询委托方式的思考和认识

按照现行的招标投标法和相关规定，政府或含国有投资的项目勘察、设计（含规划设计）、监理等咨询服务任务的委托须通过招投标途径确定；决策阶段工程咨询服务、招标代理、“纯”项目管理、工程造价、审计等咨询服务任务的委托可以通过招投标委托，也可以直接委托；对于全过程工程咨询服务，目前法律法规没有明文规定。

结合当前法律法规，为了推进全过程工程咨询组织模式的发展，建议如下：

（1）对于全过程工程咨询服务委托范围内不包括规划、勘察、设计、监理任务的，无论是否属于法定必须招投标的项目，可以采用公开招标、邀请招标或直接委托方式之一进行委托；

（2）对于全过程工程咨询服务委托范围内包括规划、勘察、设计、监理任务之一的，法定必须招投标的项目，可以采用公开招标、邀请招标方式之一进行委托；

（3）对于已委托全过程工程咨询服务，但不包括监理任务而需要进行监理任务委托的，无论是否包含政府或含国有投资的项目，可以采用公开招标、邀请招标或直接委托已承担全过程工程咨询的服务单位承担；

（4）对于全过程工程咨询服务委托范围内还包括规划、勘察、设计、监理一项或多项任务的，应允许投标单位组成具备对应资质等级的企业组成联合体共同投标，或允许投标单位中标后将其无对应资质的任务转委托给具备相应资质等级的企业承担；

转委托任务应通过公开招标或邀请招标方式之一进行，但事先应征得委托方同意并管理。转委托企业按照转委托合同的约定对全过程工程咨询企业负责，全过程工程咨询企业和转委托企业就转委托的其他咨询业务对委托方承担连带责任。

（5）全过程工程咨询单位应当自行完成自有资质证书许可范围内的业务，在保证整个工程项目完整性的前提下，按照合同约定或经建设单位同意，将其他咨询业务择优分包给具有相应资质的单位。

（6）对于被列入全过程工程咨询的试点项目，委托方可直接委托全过程工程咨询服务，委托范围中包括勘察、设计、监理的，被委托应具备相应的资质等级，或经委托方同意转委托给具备相应资质的企业。

5 关于全过程工程咨询市场准入的思考和认识

我国建筑业市场实行的是双准入制度，即企业资质和个人资格。关于全过程工程咨询市场准入的建议如下：

5.1 企业准入资格

（1）对于仅承担全过程（或阶段性全过程）工程咨询服务管理（即“1”）任务时，服务企业无需任何资质，主要完成项目全过程（或阶段全过程）的策划、控制和协调工作。

（2）对于承担全过程（或阶段性全过程）工程咨询服务管理（即“1”）任务的同时，又承担必须具备法定资质要求的工程咨询、勘察、设计（含规划）、造价、监理的一项或多项任务时，服务企业应具备对应符合要求的资质。

承担全过程工程咨询的企业不能与本项目的工程总承包企业、设计企业、施工企业以及建筑材料、构配件和设备供应企业之间有控股、参股、隶属或其他管理等利益关系，也不能为同一法定代表人。

5.2 个人准入资格

（1）对于仅承担全过程（或阶段性全过程）工程咨询服务管理（即“1”）任务时，项目负责人无需资格。

（2）对于承担全过程（或阶段性全过程）工程咨询服务管理（即“1”）任务的同时，又承担必须具备法定资格要求的工程咨询、勘察、设计（含规划）、造价、监理的一项或多项任务，项目总负责人无需资格，但工程咨询、勘察、设计（含规划）、造价、监理各单项咨询服务仍应配备对应符合法定资格要求的单项负责人。

6 关于全过程工程咨询服务模式的思考和认识

6.1 对全过程的理解

由于实施阶段主要包含设计和施工两个阶段，我们将“决策、实施、运营”三个阶段拆分为“决策、设计、施工和营运”四个阶段。那么，包含这四个阶段的哪几个阶段才能称之为“全过程”，相关文件没有给出过答案，笔者认为包含两个及两个以上工程咨询服务即可称之为“全过程工程咨询”服务，只有一个阶段的工程咨询服务称之为阶段性工程咨询服务，如图2所示。

6.2 全过程工程咨询服务模式

根据当前国内的情况和实践的状况，目前大致有三大类服务模式：

（1）全过程工程咨询顾问型模式。该模式是指从事全过程工程咨询企业受业主委托，按照合同约定，为工程项目的组织实施提供全过程或若干阶段的顾问咨询服务。特点是咨询单位只是顾问，不直接参与项目的实施管理。

（2）全过程工程咨询管理型模式。该模式是指从事全过程工程咨询企业受业主委托，按照合同约定，代表业主对工程项目的组织实施进行全过程或若干阶段的管理和咨询服务。特点是咨询单位不仅是顾问，还直接对项目的实施进行管理。咨询单位可根据自身的能力和资质条件提供单项咨询服务。

（3）全过程咨询一体化协同管理模式。该模式是指从事全过程工程咨询企业和业主共同组成管理团队，对工程项目的组织实施进行全过程或若干阶段的管理和咨询服务。

以上三种模式，咨询单位可根据自身的能力和资质条件提供单项或多项咨询服务。

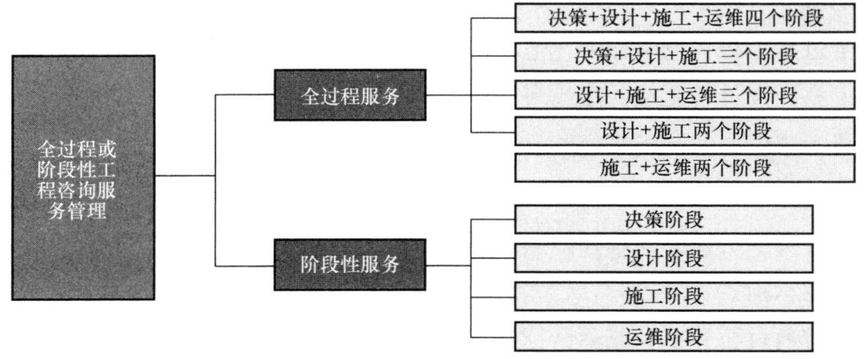

图2 全过程或阶段性工程咨询服务管理

7 关于全过程工程咨询企业能力建设的思考和认识

7.1 国内工程咨询企业的分类和特征

（1）按照行政性资质管理划分。主要分为两大类别。

一类是由国家发展改革委颁发工程咨询资质的企业或事业单位。主要为投资项目前期咨询和评估等提供咨询服务，从业人员以咨询工程师（投资）为准入资格。此类称之为“工程咨询（投资）机构”；

一类是由住房和城乡建设部等政府部门颁发资质的工程咨询机构。包括投资建设项目的规划、勘察设计、工程监理、工程造价及工程招标代理等，从业人员也分别设置了相应的准入资格，如注册建筑师、注册结构工程师、注册监理工程师、注册造价工程师等。

其他：如环保部从事环境影响评价的企业及从业人员，也设置了相应的准入条件。

（2）按照工程咨询机构的性质和服务阶段划分。主要由三类构成：

第一类，具有政府背景的工程咨询机构，主管部门为各地发展改革部门。承接业务范围涵盖投资建设项目的前期决策、勘察设计及实施阶段的咨询服务，其中，服务内容以项目前期决策咨询为主，项目实施阶段咨询为辅；

第二类，各行业的研究院、设计院以及咨询机构等。主管部门为国家原各行业管理部门，承接业务范围涵盖从决策阶段工程咨询到实施阶段的咨询服务；

第三类，社会化、专业化、企业化的工程咨询机构，企业规模通常为中小型。承接业务范围涵盖投资建设项目的前期决策、勘察设计及实施阶段的咨询服务。社会化、市场化程度较高，该类工程咨询机构普遍具有相对科学的企业管理体制、运营体制和高效的员工激励机制，具有较为广阔的成长和发展空间，未来发展趋势良好。

7.2 国内外工程咨询企业的比较分析

具体见表 2。

国内外工程咨询企业的比较分析　　表 2

比较项	国　内	国　外
经营规模	规模较小、服务产品单一	规模较大、服务产品多样化
发展模式	以企业自主规模壮大为主	利用金融手段进行企业兼并和重组
国际化程度	国内为主，国际化程度低	全球布点，国际合作，全球化服务
创新能力	缺乏产品研发和创新能力	以可持续建设指导工程咨询服务，积极开展创新研发
服务内容	传统管理咨询为主	管理咨询＋技术咨询
服务能力	碎片化服务为主，提供全生命周期咨询服务能力弱	提供全生命周期咨询服务
跨行业能力	单一行业服务特征明显，跨行业服务能力差	综合性很强的多元化服务，包括各种工程类型的咨询服务
咨询手段	高科技、新技术、信息化手段应用程度低	高科技、新技术、信息化手段应用程度低
队伍建设	复合型优秀咨询工程师缺乏	拥有一批设计、施工和工程管理经验非常丰富的咨询工程师
其　他	熟悉国情、了解国内政策及市场行情，更容易沟通协调。同时，具有更多国内资源，能帮助业主解决更多问题；	新的服务模式，即系统性问题一站式整合服务

7.3 企业能力建设要求

从国内外工程咨询企业比较分析情况看，从事全过程工程咨询的企业其能力和水平有待提高，可从以下几方面考虑：（1）制定全过程工程咨询的发展战略；（2）构建与战略发展相适应的组织构架；（3）建立全过程工程咨询服务管理体系、制度、服务标准等；（4）培育适应全过程工程咨询服务需要的人才队伍并加强相关知识的培训，不断提升服务能力和提升；（5）加大技术的研发和应用，增强服务的价值；（6）充分开发和利用信息技术和信息资源，努力提高信息化管理水平，提升企业支撑能力；（7）创建全过程工程咨询服务品牌，提升社会影响力；（8）建立良好的企业文化，提倡诚信服务；（9）积极开展国际交流和合作，拓展视野，提高业务水平，提升企业国际竞争力；（10）具备全过程工程咨询服务能力的企业应积极参与市场竞争，提升竞争能力，拓展市场。

8 关于全过程工程咨询服务酬金的思考和认识

全过程工程咨询服务的取费应基于项目的规模和复杂程度，服务的范围和内容、服务的深度要求、服务的周期、各种资源的预期投入、市场竞争状况、招标价格约定等因素综合考虑，建议有收费标准的可以参考收费标准，没有收费标准的可以根据成本投入、利润预期、税金等因素进行考虑。对此，建议：

（1）全过程工程咨询服务费应在工程概算中列支，并明确所包含的服务内容，各项专项服务费用可分别列支。

（2）行业协会可通过市场调研及综合评估发布全过程工程咨询服务酬金的行业信息价。

（3）全过程工程咨询服务企业应该努力提升服务能力和水平，通过为工程建设和运行增值的效果体现其自身的市场价值，避免采取降低咨询服务酬金的方式进行市场竞争。

（4）全过程工程咨询服务费的计取应尽可能避免采用可能将全过程工程咨询企业的经济利益与工程总承包企业的经济利益一致化的计费方式。

（5）鼓励建设单位对全过程工程咨询企业提出并落实的合理化建议按照节约投资额的一定比例给予奖励，奖励比例由双方在合同中约定。

（6）实践体会，今后取费依据将向不同岗位咨询工程师综合单价为主，相对来说比较公平，咨询企业风险较低。

9 关于全过程工程咨询政府监管的思考和认识

必须遵循工程项目建设与运行的发展规律，以市场化为基础，以国际化为导向，深化“放管服”改革，树立工程建设质量优先、效率至上的理念，服务于工程项目实体经济。在推进全过程工程咨询服务发展过程中，建议：

（1）简政放权、优化政府服务，创造良好的政策和市场环境，促进市场主体公平竞争；

（2）不再增设行政审批事项，减少约束和限制，进一步激发市场活力和社会创造力，鼓励企业创新和自由发展。

（3）进一步完善招投标监督、合同备案、质量安全监督、施工许可、竣工验收备案、工程档案整理等环节的管理制度和流程。

（4）研究制定全过程工程咨询合同示范文本和服务标准，为全过程工程咨询推行创造条件。

（5）发挥行业协会推进作用，加强全过程

工程咨询的理论研究，经验交流和总结，共同推进全企业和个人诚信评价体系的建设。

10 关于全过程工程咨询挑战和对策的思考和认识

10.1 挑战

1. 体制上的问题

我国投资项目的建设管理包括立项前投资决策的管理，主要以发展改革委为主，其他还包括规划、环境、消防、卫生等等的准入管理，企业和人员须具备相应的资质和资格条件。立项后建设过程实施阶段的监管，以建设行政主管部门为主，导致业主必须将前期工程咨询、勘察设计、招标采购代理、造价咨询、工程监理等管理任务进行割离后，分别委托给具有相应资质资格的若干家企业去完成，一家专业化工程项目管理服务企业即使有能力一般也无法满足如此众多的资质资格要求。因此，在我国无法从体制上实现国际上通行的全过程、全方位的专业化管理服务，这也是与国际上专业化工程项目管理服务体系的根本性差异。

2. 管理机制上的问题

我国的法律法规体系侧重于政府监管，而国际上更侧重于从市场经济的角度强调市场的分工和社会职责的履行。对于全过程工程咨询服务，应更侧重于发挥市场在资源配置中的决定性作用，政府应侧重于政府对全过程咨询的宏观引导。具体表现在市场资质准入管理、招投标管理、市场监管、责任界定、诚信体系等。

3. 市场发育程度的问题

市场发育不健全、工程管理服务碎片化，技术与管理分离，“重后期实施、轻前期评估”，工程建设管理长期侧重对施工阶段工程质量和安全的管理，忽视对项目整体目标和风险预防的管理，忽视全过程的集成化管理。

4. 供给能力不足

与国外先进国家相比，表现经营模式单一，主业不强；缺乏竞争力和差异化服务，同质竞争激烈，企业核心竞争力体现较差；管理模式单一，专业不精，缺乏服务模式的开拓和创新；缺乏高素质、优秀的经营管理人才；品牌意识薄弱；科技投入少；信息化手段利用不强等，如表 3 所示。

国内外对比　　表 3

比较项	国　内	国　外
经济体制	处于计划经济向市场经济过渡阶段	较成熟、稳定的自由市场经济
市场准入	资质：分类分级，门槛多样，政府认可为主 资格：分类分级，政府认可为主	资质：门槛较低，市场选择为主 资格：不强制，学会认可为主
委托方式	公开招投标选择为主，能力比选不充分，价格主导较强	委托方自行比选选择为主，以能力、信誉为主，价格为辅
约束机制	政府监管为主，合同约束被弱化	合同约束为主
责任承担	法律法规规定的责任较重，合同责任较弱	合同约定的责任为主
需求意愿	单项需求为主，全过程需求处于起步阶段	全过程需求较为普及
供给结构	不尽合理，单项较多、全过程综合能力较少	较合理、协调的服务供给结构
供给能力	单项较强，综合较弱，技术应用水平较低	综合能力较强，技术应用水平较高
社会认知度	社会认可度有待提高，需借助宏观政策引导	社会认可度较高

10.2 对策

针对全过程工程咨询面临的挑战，笔者认为应从传统思想观念转变、对咨询服务的价值理解、体制改革和机制创新，咨询服务供给能力提高和完善服务标准制度标准入手解决全过程工程咨询面临的问题（图 3）。

11 结束语

纵观工程咨询的发展历程，可以看到：一是政府宏观政策的持续引导对当前全过程工程咨询的提出和发展起到了积极的促进作用。二是全过程工程咨询也不完全是一个全新的概念，当初工程监理制度“设计”的全过程、全方位的项目管理理念与“19 号文”所倡导的全过程工程咨询服务存在一定的“交集”，只不过后者的内涵更丰富、发展空间更大，全过程工程咨询是工程咨询业持续发展的结果；三是全过程工程咨询的市场需求、咨询企业的服务能力和政府体制机制的改革决定了全过程工程咨询的发展和推进。四是随着我国社会经济的发展、经济增长方式的转变、对建筑产品品质需求的提升，将加快对工程咨询市场发展，同时也将促进工程咨询行业供给侧改革，也为全过程工程咨询服务市场提供了更多的发展机遇。

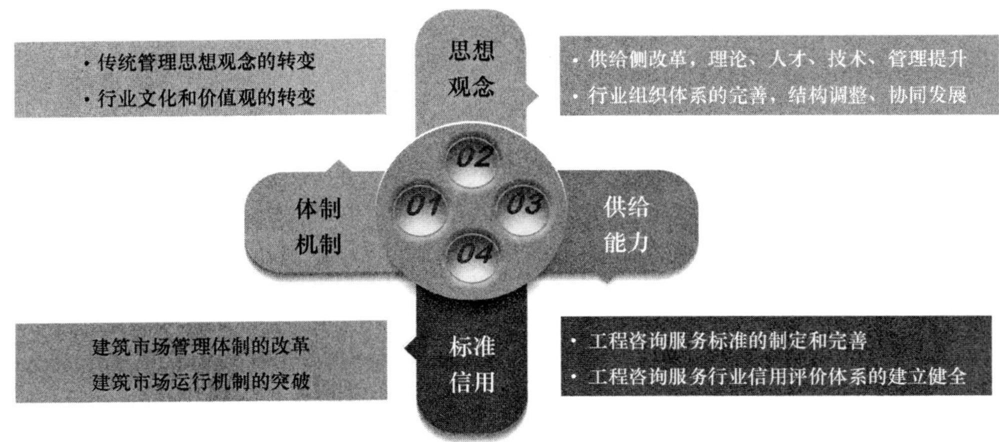

图 3 具体对策措施

数字工地在香港的研究与应用

李　恒　黄　霆　罗小春

（香港理工大学，香港 999077）

【摘　要】云技术、物联网、人工智能和穿戴技术正在改变人类生产和生活的方式，这些技术也正在融入建筑工地，将工地的各种信息数字化并改变传统的项目管理模式。本文主要以香港的工地为背景，介绍数字工地目前的一些研究和应用，包括数字化位置信息、项目进度、建筑活动以及工人状态等。

【关键词】数字工地；实时定位；建筑活动识别；可穿戴设备

Research and Application of Digitalizing Construction Site in Hong Kong

Li Heng　Huang Ting　Luo Xiaochun

(The Hong Kong PolytechnicUniversity, Hong Kong 999077)

【Abstract】Cloud technology, IoT, AI and wearable devices are changing the ways of production and living. These technologies are also being integrated into construction sites to digitize the various information and change the traditional project management. This paper introduces the current research and application of digital construction site in Hong Kong, including location based services, automatically project progress monitoring, and recognizing construction activities and workers' behaviors.

【Keywords】Digital Construction Site; Real Time Locating; Construction Activity Recognition; Wearable Device

1　背景

数字工地是建筑施工行业信息化发展中的一个非常重要的方面，也是目前的热点之一。在大数据和人工智能时代，数据成为了生产资料，而算法成为了生产力。工地由于各种土方开挖、结构施工、安装等建筑活动导致现场每天都发生改变，而施工活动需要大量的材料、人力、设备，同时也产生了温室气体、建筑废料、噪声、粉尘等建筑副产品，所有的这些变化、消耗、移动、活动都产生了大量的信息。

数字工地既是工地信息化发展的高级阶段，也是智慧工地的基础。目的就是将工地发生的事件、行为、活动转化为计算机可以进行计算和分析的数字编码。而智慧工地，则是利用人工智能的方法来自动分析这些数据。智慧更多强调的是背后的算法，而数字强调的是将现实转化为虚拟的过程。数字在此，可以是一个动词，即将工地的各方各面的信息进行数字化。这里涉及如何搭建网络、传递信息，而最重要的是如何数字化工地的各种信息。

数字工地就是借助数字化技术（Digital Technology），利用一定的设备将工地的各种活动和信息，转化为电子计算机能识别的二进制数字“0”和“1”后进行运算、加工、存储、传送、传播、还原的技术。数字工地充分利用数字技术的优势——便捷、实时、有据可查，来提高工地的管理和施工的效率。

本文主要介绍香港地区工地中相关的数字化应用，同时也介绍香港理工大学对数字工地的研究尝试，包括实时定位、图像技术、穿戴设备等。

2 香港地区工地环境

作为发达地区，由于城市土地稀缺，工地往往周边环境限制条件非常多，比如周边建筑密集、交通繁忙、地下管网限制、场地狭小。车辆进入现场往往需要排队，一旦管理不善则会影响场外交通。

工地人员的流动性大，特别是工人按工程进度分专业分阶段分批进出。香港有一套相对完善的工人注册体系，主要是本地工人，有效注册工人超过 40 万。建造业劳动力严重老化，目前年龄 50 岁或以上的建筑工人超过一半。香港对工地聘用的工人有较高的要求，《建造业工人注册条例》（专工专责）条文规定，只有指定工种分项的注册熟练/半熟练技工才可在建造工地进行相关工种分项的建造工作。香港的工业意外正逐年减少，近年来年死亡人数小于 20 人（图 1）。但由于人手短缺，香港建筑工人工资最高的工种——混凝土工人日薪已达 2500 港元，约 2200 元人民币。建筑工人月薪可达 10 万港元以上，相应的建造成本居亚洲之首，大约每平方米 3 万～4 万元，差不多是内地的 10 倍。

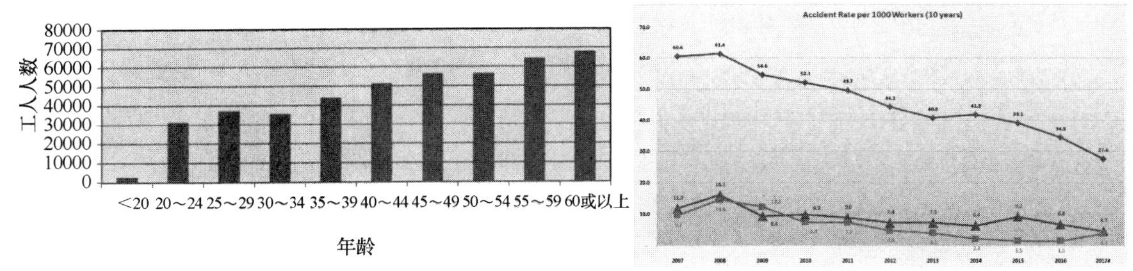

图 1 香港工人年龄分布和每年意外数量

建筑施工现场管理通常是走动式管理，同一场景下既有对人的管理又有对物的把控，既要考虑质量安全又要考虑成本等。政府如劳工署通常会对项目进行不定期的巡检，监管安全施工、绿色施工、文明施工。另外政府鼓励建筑废物分类，尽量把建筑废物回收再用及循环再造。将可重用的惰性建筑废物运往公众填土区，而非惰性建筑废物则会被运往堆填区。对建筑垃圾的倾倒会征收收费，而且需要监控违法的垃圾倾倒。

政府多年来鼓励建筑工业化和 BIM 技术。比如香港房屋署已采用的预制组件包括预制楼梯、预制外墙、预制横梁、预制厕所、预制厨房、预制楼面板、预制内墙、预制沙井、预制天台护墙、预制电线井、预制垃圾槽及排水渠道等。目前预制厂通常在广东省靠近香港地区的几个内地城市，通过过境车辆运送到香港。政府也鼓励承建商采用新技术，包括 BIM、RFID 及各种环保技术。

不过工地普遍的信息化程度还比较低，承建商逐渐在工地上应用移动设备和平板电脑来代替传统的图纸和手工记录。另外不少项目正结合 BIM 模型，利用 RFID、视频监控、无人机扫描等技术，推动信息化的应用和工地的管理。基于这些工地现状，香港理工大学近几年在香港创新科技署和各承建商的研究资金的支持下，展开了基于定位技术的主控式施工管理系统[1]，基于 BIM 云和图像处理技术的智慧建造管理平台[2]等课题的研究和应用。

3 实时定位技术的应用与研究

工地信息发生在场地的不同位置，位置信息是数字工地最基本也是最核心的信息，其主要监控/监测对象包括人（现场施工人员、管理人员等）、材料（预制构件、临时构件等）、机械设备（运输车辆、塔吊等）。位置信息对于工程现场安全管理、进度管理等意义重大，例如：

（1）利用实时位置信息监控车辆往来，提高工程场地利用效率；

（2）利用位置信息，对工作人员进行作业分发，提高人员配置及管理效率；

（3）利用位置信息，对材料进行入场监控和自动化记录，实现工程现场数字化档案记录，节省人力成本，提高效率。

工程项目现场目前常用的位置感知技术包括 GPS、RFID、蓝牙、ZigBee、UWB 等，不同的定位技术可以实现不同的准确度，一般而言，准确度越高技术实现的成本也越高。因为大多数移动设备都配备有 GPS 接收装置，GPS 的使用最为经济。RFID 标签可作为个体的识别，成本不是很高，而且相对于一般的条码具有可读写距离较远，即使被遮挡也能读取。

RFID 技术首先是应用在建筑构件里面，比如在预制构件中采用预埋 RFID 的标签在香港地区已经采用了多年。由于信息的分散，预制构件的生产、运输以及安装过程往往存在大量的人手管理、协调和沟通，容易导致信息的滞后，甚至影响施工进度。利用 RFID 标签可以及时获得构件相关的信息，比如构件的型号、安装日期、安装位置和 4D BIM 模型结合能可视化地展现预制构件的生产安装进度。

建筑工地也进一步利用 RFID 进行人员管理和安全管理。比如在工人安全帽或者安全衣上面粘贴 RFID 标签。一方面，可以用来检测工人是否装备了必需的个人安全装置。另一方面，可以进行人员许可的管理和方便人员的统计。通常在工地入口或者受限制区域安装固定的 RFID 读写器，则可以自动判断有无标签进入了入口或者受限制区域。在工地中受限制的区域包括密闭空间、电梯井、吊运区等（图 2）。

实际使用的时候，RFID 标签实现身份识别的同时，还可以与其他传感器进行配合，自

图 2 工地利用 RFID 进行人员定位

动化地获取更多的数字信息，比如气压、湿度。对于固定位置的 RFID 读写器，得到的状态只是标签在或者不在这个区域，但是没法判断标签是进入或者离开这个区域。在这种情况下可以考虑利用两个读写器进行前后的判断，或者结合光电传感器来实现更复杂的组合判断。

比如挖掘地下管道是一项较为危险的工作，需要由专业人士发出工作许可，对工人每次进入管道的时间也需要限定。有一些工程在地下管道的入口设置 RFID 读写器用来识别进入的工人是否获得了授权，利用光电传感器来判断进入和离开管道，从而触发计时开关。在项目中其他的 RFID 应用场景包括工人出勤、资质管理、吊运区非授权人士闯入的报警、吊钩下降时的报警、移动工作台、临时电箱等需要授权才能使用。

工地车辆则更多地直接利用手机的定位功能通过使用手机应用程序来实现。由于工地场地狭小，需要协调各种运送材料的车辆。有承建商利用手机 APP 来协调和通知不同车辆的到货时间，既不堵塞工地出入口，也能跟踪材料运送的情况。

实时定位技术的应用不仅仅将人材机的位置数字化，而新的数字化的信息也为项目管理提供新的视角。比如传统的风险评估方法通常分别评估风险概率、风险频率或持续时间以及后果的严重程度，最终确定定量的风险评分或定性的风险水平。评估过程是预期的和主观性的，不断改变和复杂的施工场景阻碍了风险评估的实际和有效的应用。

针对新的数字化信息，为了以客观有效的方式评估场地条件变化的安全风险，我们在主控式施工管理系统研究中，通过收集邻近位置的警报，基于施工人员和设备实时位置数据，提出了风险暴露评估的新的定量模型（图 3）。

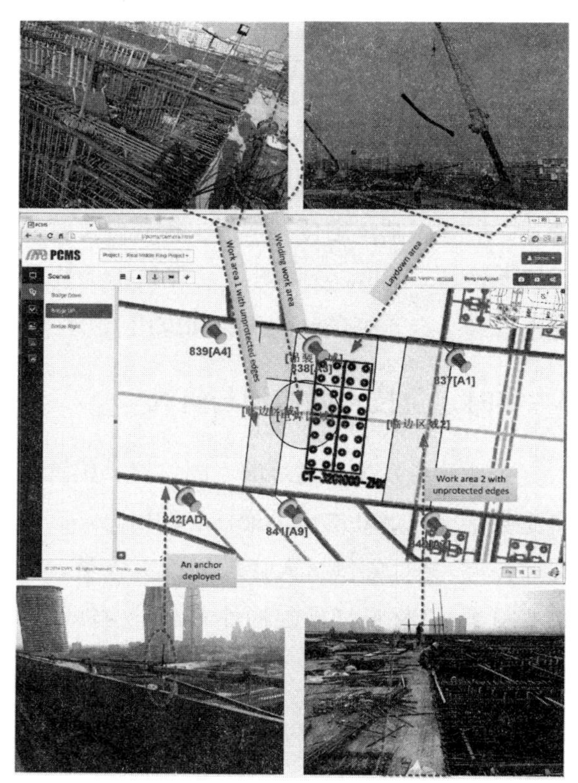

图 3 实时定位系统在试用项目中的布局

我们通过试验测试了和验证模型对评估风险暴露的能力[3][4]。这表明新的位置信息，可以为安全主管人员提供持续和即时的手段来了解工人面临的风险。

由于快速变化和复杂的工作环境导致的事故超过 30%以上。因此有必要有效地审查安全风险控制措施，并考虑快速变化和复杂的工作环境条件。我们的研究尝试引入一种不断审查安全风险控制措施的新方法，其基础是工人对安全隐患的邻近警报的反应。我们的研究引入了三级（即个人风险、风险类型和一般风险）分层贝叶斯模型，其基于工人对特定危害的邻近警报的反应，以考虑快速变化和复杂的工作场所条件来审查安全风险控制措施。提出的模型区分两种不同的接近警告（即作为主要控制措施和次要措施）作为输入观测响应率，考虑到工人对类似风险的反应的先验知识，最终输出个人风险、风险类型和一般风险[5]。

4 基于 BIM 云和图像处理技术的智慧建造管理平台

随着社会的进步，计算机技术、网络技术、图像处理及传输技术的飞快发展，目前的视频监控系统实现了一体化、网络化、数字化、集成化和远程视频监控，其应用的范围也越来越广。目前香港地区在建筑工地重要位置包括塔吊以及吊运区等都安装摄像头。工程人员也随时使用手机拍照记录工程的进度、质量、安全等问题。

如何利用照片或者视频数据，自动进行对象检查和活动识别，是数字工地研究的热点方向。之前的研究主要针对有限类型的物体，例如工人、挖掘机和自卸车或有限类型的施工活动，如土方和混凝土浇筑。大多数的研究使用相对较小的数据集，利用特征值建立分类的检测器。这些方法在特定的设置下有令人满意的表现，但当对象类增加时，则构成了巨大的挑战。2009～2012 年的 PASCAL VOC 对象检测挑战的结果表明，基于手工功能的检查器达到了性能瓶颈。近年来，深度学习允许由多个处理层组成的计算模型来学习具有多个抽象级别的数据表示，大大改善了图像检测的效果。受到深度学习算法的启发，我们尝试通过图像处理技术自动识别工程进度和工地活动。

数据集对于训练和测试深度神经网络至关重要，我们重点分析了建筑工程基础、结构施工阶段，以及室内装修阶段拍摄的图像，共覆盖了 30 余种经常观察到的物体。描述了采用三层（类别、子类别和类型）树视图结构的对象本体。首先，我们将对象分为四个类别：工人、材料/产品、设备和一般车辆。再将类别进一步分子类，例如材料/产品类别进一步分为子类别：混凝土相关、模板相关、钢筋相关和脚手架相关。最后一层由子类别下的类型组成。例如，在混凝土相关材料/产品中有两个类型：混凝土在浇筑和混凝土完成。工人和一般车辆不再进一步划分子类，因为我们不直接基于这些特征来识别他们的活动。

我们使用三个图像源来构建数据集。ImageNet 有大量的图像数据，我们收集了来自 ImageNet 的车辆和设备类中大多数普通物体，例如汽车、挖土机和起重机。另一个重要的图像来源是 Google 图像、百度图像等，我们使用这些搜索引擎搜索与这些建筑材料相关的关键字，如钢筋、模板、脚手架和混凝土的图像。此外，我们还拥有在香港地区四座建筑工地上拍摄的 2000 余幅图像。图 4 显示了它们的一些样品。将总共近万张的这些图像数据用 PASCAL VOC 格式手动标注类别。

经过训练，深度网络模型中对象的平均识

图 4 照片样品

别精度大约在 67%，其中钢筋、模板，正在浇筑的混凝土的精确度较低，大约 25%。可能的原因是这些材料的形状不固定，由专家来定义它们的边界比较困难，因此对它们的标注很容易不一致。相反，模型对挖土机、脚手架等的识别精度超过 90%。这些类别具有相对可分辨的视觉特征，例如，边缘清楚而有稳定的纹理特征。对人员的识别精度居中，大约 60%[2]。

在对象识别的基础上，我们的研究尝试利用图像数据来进行项目进度的自动识别、活动的识别。

对于进度识别，需要有一个参考基准，如何在对象识别的基础上得到项目的进度。目前有一些研究使用大量的现场图像通过三维重构，生成项目现状的点云，然后再将点云和 4D BIM 模型进行比较。将点云和 BIM 模型叠加，利用两者的重合度来估计项目的进度。这种方法有较大的局限性，一方面是 4D 模型中往往没有和施工过程相关的模型，而且项目的计划也比较粗；另一方面是利用图像生成点云，需要大量的图片，而且对应室内模型的精度也不高，一般只适用于结构构件的检测。

以安装窗框为例，窗框一般只有几厘米的宽度，通过点云模型可以识别到窗的开洞，但识别不出窗框是否安装，更加难以识别出窗的具体类型。而利用深度学习网络，经过训练后的网络可以识别得到照片中构件的信息，比如窗洞、窗的类型。再结合位置数据，当知道图像所在的具体房间，则可以自动从图像中判断该房间的某个构件是否安装（图 5）。在进度自动识别的基础上，可以进一步指示项目的采购，下一步的任务，以及结合模型自动统计完成的工程价值、预计的工程价值等。

图 5 室内构件的自动识别

人类活动识别是计算机视觉领域的一个积极的研究课题，具有许多重要的应用，包括人机交互、基于内容的视频索引、视频监控和机器人技术。相关方法可以分为四组：基于形状，时空，随机和基于规则。比如基于形状的方法是通过利用二维或三维的骨骼姿势模型，对姿态进行分类和识别。Vrigkas 等人（2015）根据复杂性将人类活动分为六个级别：（i）姿态；（ii）动作；（iii）人与物或人与人之间的相互作用；（iv）集体行为；（v）行为；（vi）事件。[6]由于人类行为和事件涉及情绪、个性、心理状态和社会角色，属于高级别的活动，利用图像技术，我们排除了这两个层次，并将其余层次扩大到施工设备的活动范围。表 1 显示了我们对建筑活动的分类。

根据活动复杂性的建筑活动分类法　　表 1

活动	定义	例子
姿态	可对应于该对象的动作的身体部分的原始运动	工人：走，站立，下蹲，单膝下跪等 挖掘机：向左或向右摆动，降低或抬高吊臂，关闭或倾倒铲斗
动作	描述可能成为更复杂活动的一部分的某对象的动作	钢筋混凝土工人：搬运钢筋，分选钢筋，使用手动工具或机械装置固定钢筋等 挖掘机：挖土，平地，运土，卸土等
相互作用	涉及两个或更多对象的活动	使用塔式起重机运输预制钢筋笼到工作区域，涉及塔式起重机和工人之间的多阶段相互作用：工人固定绳索，工人指示塔式起重机移动，以及工人指挥就位和卸载
集体行为	一组对象执行的活动	浇混凝土：工人准备混凝土区域；使用起重机和铲斗将混凝土运输到混凝土区域；工人浇筑，振捣和平实混凝土

利用对活动的识别，可以进行很多的分析和研究，比如通过识别机械设备的活动进而分析生产效率。我们在对象识别的基础上，分析对象之间的语义关系和空间关系，并分析活动的模式。我们利用图像，分析了 20 种基础工程和结构工程中的活动模式，如表 2 所示。20 种模式根据它们的组合方式分为四组，第一组是可以通过特定的施工设备，根据它的活动直接指示的建造活动。例如，混凝土搅拌机或混凝土泵车的存在，即刻并有充分的信息显示浇筑混凝土正在进行。另一种情况是不同的大型设备的组合，例如，我们使用一台推土机和自卸卡车来表示土地平整的组合。

活动模式　　表 2

模式	模式	活动
直接由设备		
DE1	推土机 ＋ 自卸卡车	场地平整
DE2	挖土机＋ 自卸卡车	基础开挖
DE3	混凝土搅拌机	浇筑混凝土
DE4	混凝土泵车	浇筑混凝土
DE5	货车	运输材料
直接由材料		
DM1	未成型混凝土	混凝土浇筑
DM2	成型混凝土	混凝土成型
共同由工人和设备		
WE1	工人＋ 挖掘机	安装基础构件
WE2	工人＋ 混凝土斗	混凝土浇筑
WE3	工人＋ 货车	运输材料
WE4	工人＋ 轿车	运载人
共同由工人和材料		
WM1	工人＋ 模板	加工或者搬动模板
WM2	工人＋ 梁板模板	安装梁板模板
WM3	工人＋ 柱墙模板	安装柱墙模板
WM4	工人＋ 楼梯模板	安装楼梯模板
WM5	工人＋ 钢筋	加工或者搬动钢筋
WM6	工人＋ 梁板钢筋	固定梁板钢筋
WM7	工人＋ 柱墙钢筋	竖立柱墙钢筋
WM8	工人＋ 脚手架	安装脚手架
WM9	工人＋ 楼板脚手架	安装楼板脚手架

第二组中的活动模式是直接通过材料来显示活动。例如，如果检测到未成型混凝土，可以立即显示混凝土浇筑正在进行。类似地，建筑材料的关键特性是其视觉特征（例如，颜色和图像强度值），这使它们可以用来进行图像识别。在第三组模式中，建设活动是由工人和

设备共同产生的。一个本组典型的例子是由工人和挖掘机安装基础构件。在这个模式中，挖掘机可以用来举起基础部件，工人指导安装过程和移动组件到位。在第四组中，由工人和材料共同表示正在进行的活动。除了第二组中标识的材料，大部分的建筑材料都不能单独说明与它们相关的建筑活动是什么。在这种情况下，工人的同时出现可以表示该活动正在进行中，例如，固定柱墙钢筋的活动，需要检查到柱墙的钢筋，同时需要检测到至少一个工人。

我们用例子来说明，建筑活动检测的方法，见图 6。左边的图中显示了识别的“类代码＋ ID ＋（检测置信度）”。右边显示了相关网络和活动模式的识别结果。没有工人的网络中的节点，被标记为“类代码＋ ID ＋（总相关性分值）”，有工人的网络节点没有总相关性分值的这部分。我们使用的 0.25 的相关性阈值来划分网络。这意味着，两个对象是相关的，条件是：它们的相关性不低于该值。

在图 6 所示的例子中识别出三种活动。第一活动是竖立柱墙钢筋，它包括两个活动的实体，即，工人－1 ＋ 柱墙钢筋－1（模式 WM7）和工人－3＋柱墙钢筋－1（模式 WM7）。第二活动正在安装脚手架，这是由工人－0 ＋ 脚手架－9 产生的（模式 WM8）。第三活动通过工人－2＋M－柱墙模板－0（模式 WM3），安装柱墙模板。

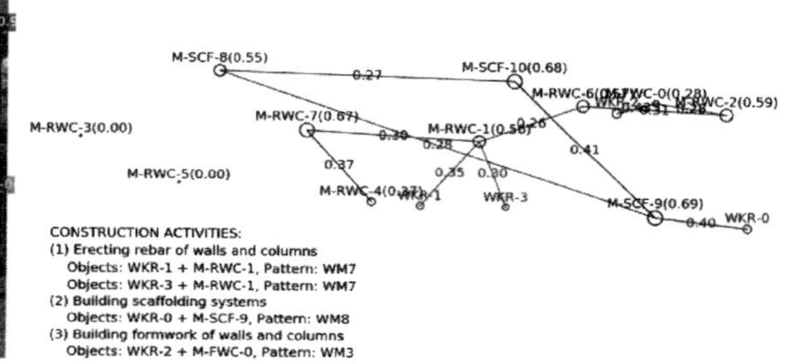

图 6　活动识别的例子

为了评估活动识别效果，研究分四步进行。首先，我们随机选择 200 张图片来自我们在香港建设项目收集的图片。然后，我们手动注释和统计活动。之后，我们用构件的深度学习方法来识别活动。最后，我们评估了方法的召回率和精确度。该评估显示 62.4％的精确度和 87.3％的召回率，这表明该方法具有活动识别的潜力，但仍然有改进的空间。

通过这项研究，我们发现利用图像技术对工地的各种信息可以较好地进行数字化，并通过深度学习的方法，使得工地的进度和很多的活动都变得可以感知和分析。

5　工作状态的感知

随着穿戴技术的发展，不仅仅可以实时监测工作人员的位置，还可以利用各种生理传感器实时监测工人的状态，比如工人的心跳、体温等。针对香港地区工人平均年龄较大，我们开展了预防建筑工人骨骼肌肉损伤和防止跌倒的研究。[7]

建筑工人背部和颈部与工作相关肌肉骨骼疾病（WMSD）是建筑行业的操作性损伤的

前兆。作为 WMSD 的重要风险因素，应主动避免在不安全的操作姿势中的工作时间。我们在研究中开发了一种实时运动警告的个人防护装备（PPE），根据人体工程学有害操作的模式，使工人能够主动管理不安全的操作姿势。该个人防护装置主要是利用穿戴式惯性测量单元，自动监测工人的姿势，根据数据进行实时的分析和警告。一旦检测到危险的操作模式，通过连接的智能手机应用程序自动进行风险评估和警告（图 7）。通过实验室和工地的实验验证，证明这种装置可以在不干扰操作的情况下，帮助施工人员防止 WMSD。[8]

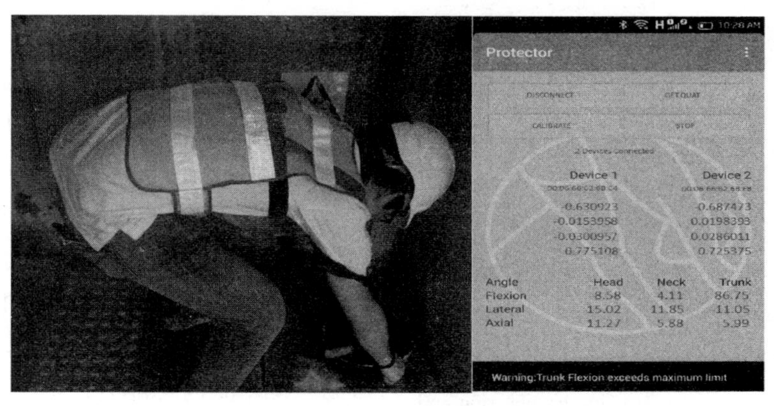

图 7　智能手机应用程序对不安全姿势自动报警

另一项正在进行的相关性研究是基于可穿戴智能鞋垫准确度分析的建筑工人跌倒风险。作为伤亡的重要原因，跌倒事故约占建筑工地事故的 33%。识别与评估跌倒事故的风险因素对预防建筑事故非常重要，其中滑倒、绊倒与失去平衡是建筑工人跌倒的主要原因。智能鞋垫通过高分辨全脚掌压力分析传感器，可以细致地跟踪足部运动情况。同时，可以进行足部运动轨迹跟踪、空间姿态跟踪，识别不同的活动状态，如走路、跑步、上下坡、上下楼。利用这个穿戴设备，可以获得更多的数字化信息，有较大的研究和实用价值。

当然，如果工人不认可穿戴设备带来的价值，那么潜在的好处也不能实现。有研究调查了工人在职业工作条件下，对穿戴技术是否接受的影响因素。研究表明工人对有用性的认知程度，对隐私暴露的考虑，社会文化等因素都会造成影响。[9]随着将来技术的发展，当工人更多地感受到穿戴设备提供的便利时，相关的设备会越来越广泛的被使用。

6　结语

三十多年前，著名作家凯文·凯利在《失控》中预言了网络社会发展的未来，包括移动互联网、云计算、大数据等。人类的生产和生活也将从控制到失控，从他治到自治。然而失控似乎并不是指建筑工地的未来，目前的工地很容易就处于失控的状态，超支延期，质量问题，安全事故，如何才能让工地的管理有效，自治也许是答案。通过物联网技术、视频技术、穿戴技术将工地上的人机料都接入云端，随着人工智能的继续发展，可以做出一个大胆的假设，未来的工地将是 AI 算法比项目经理更了解工地，即使还需要靠工人施工或者工人操作机器，工地很有可能将由 AI 算法代替项目经理，进行网络实时监测和指挥。而工人实现了施工活动的自治，因为强大的 AI 经理使得工人不再有机会犯错。

参考文献

[1] Li, H., et al. (2015). Chirp-spread-spectrum-based real time location system for construction safety management: A case study. Automation in Construction, 55(2015): 58-65.

[2] Luo, X., Li, H., Cao, D., Dai, F., Seo, J., Lee, S. (2017). Recognizing Diverse Construction Activities in Site Images via Relevance Networks of Construction Related Objects Detected by Convolutional Neural Networks. Journal of Computing in Civil Engineering, Under review.

[3] Luo, X., Li, H., Huang, T. and Skitmore, M. (2016). Quantifying Hazard Exposure Using Real-Time Location Data of Construction Workforce and Equipment. Journal of Construction Engineering and Management, 142(8): 04016031.

[4] Luo, X., Li, H., Huang, T. and Rose, T. (2016). A field experiment of workers' responses to proximity warnings of static safety hazards on construction sites. Safety Science, 84: 216-224.

[5] Luo, X., Li, H., Dai, F., Cao, D., Xincong, Y., Guo, H. (2016). A Hierarchical Bayesian Model of Workers' Responses to Proximity Warnings of Construction Safety Hazards: Towards Constant Review of Safety Risk Control Measures. Journal of Construction Engineering and Management, 143(6), 04017006.

[6] Vrigkas, M., Nikou, C., and Kakadiaris, I. A. (2015). A review of human activity recognition methods. Frontiers in Robotics and AI, 2, 28.

[7] W. Umer, H. Li, G. P. Y. Szeto, A. Y. L. Wong. Identification of biomechanical risk factors for the development of lower-back disorders during manual rebar tying. Journal of Construction Engineering and Management, (2016) 04016080.

[8] X. Yan, H. Li, A. R. Li, H. Zhang. Wearable IMU-based real-time motion warning system for construction workers' musculoskeletal disorders prevention. Automation in Construction, 74 (2017) 2-11.

[9] Choi, B., Hwang, S., Lee, S. What drives construction workers' acceptance of wearable technologies in the workplace?: Indoor localization and wearable health devices for occupational safety and health. Automation in Construction, Volume 84, December 2017, Pages 31-41

海外巡览

Overseas Expo

生态校园评估管理系统（ECOCAMPUS）在解决英国大学可持续发展中的作用

Peter Redfern[1]　Hua Zhong[2]

（1. 英国诺丁汉特伦特大学生物科学与技术学院，英国；
2. 诺丁汉特伦特大学建筑设计与建筑学院，英国）

【摘　要】 大学是可持续发展的关键推动力，在推动可持续发展进程中占有重要地位。在英国，大学的规模大小会对环境产生重大影响，因为大学本身就是庞大而极有影响力的组织。然而，大学如何倡导加强管理所有资产和采购决策以减少其对环境的影响并实现碳减排目标是其在实践中最大的挑战。近年来在英国，除了少数几家高等教育机构外，大多数机构在二氧化碳排放源领域 1 和领域 2 的排放量一直低于英国高等教育基金委员会（HEFCE）所设定的行业减排目标。由此可见，制定行业具体的减排目标并不能保证在应对气候变化和节能减排方面能取得成功。然而，在最近的报告（2013/2014～2014/2015）中，那些采用生态校园评估管理系统（ECOCAMPUS）方法的高教机构在领域 1 和领域 2 中的二氧化碳排放量已经下降了约 5%。与此形成鲜明对比的是那些目前没有参与认证管理系统的机构的排放量反而增加了，而且目前正处于全球大学人类与全球发展排行榜（这是一份基于环境和伦理道德绩效排名的英国大学独立排行榜）的底部。

环境管理系统（EMSs）越来越多地被各大机构用来改善环境工作效绩。环境管理系统带来了许多好处，如减少资源使用及其污染，确保遵守相关的环境法规，规避管理风险，提高企业声誉和节约成本。

本项研究的目的是评估英国和中国大学的碳排放管理绩效，并将其与这些大学对环境管理系统的理解与应用程度相关联。这项研究的结果为开发具指导和奖励体系的环境管理系统——生态校园评估管理系统（ECOCAMPUS）提供了基础参考信息。生态校园评估管理系统（ECOCAMPUS）通过以各种不同形式的指导和辅助支持，将建立各大学环境管理系统化解为简单的阶段性步骤来实现，以逐步解决大学减少碳排放所面临的挑战。这个自筹资金计划已经成功运作了十多年。发展至今，生态校园评估管理系统（ECOCAMPUS）已与英国 60 多所大学和高校合作。目前，18 所大学已经达到了生态校园评估管理系统（ECOCAMPUS）的最高阶段白银级，并获得了国际环境管理系统标准 ISO14001 的认证。目前，共有 40 所大学、1 所研究机构和 3 所高校参与了生态校园评估管理系统（ECOCAMPUS）体系的各个阶段。其中有罗素集团五所大学在内，包括剑桥大学、伦敦帝国理工大学、诺丁汉大学、纽卡斯尔大学和伦敦大学学院。生态校园评估管理系统（ECOCAMPUS）计划在英国取得了巨大成功，国际大学越来越多地希望加入该体系。全球大学人类与全球发展联盟排行榜上排名前十的大学中有 7 所是生态校园评估管理系统（ECOCAMPUS）的会员。联盟榜中所有排名前十的大学排放量都在逐步减少。相比之下，排名垫底的 10 家机构均没有参与的生态校园评估管理系统（ECOCAMPUS）认证体系，它们的碳排放量逐年均有所增加。

本文通过确定环境管理系统的优点，特别是在碳管理方面的优势，希望能鼓励机构开发、实施和运营环境管理系统。这将使各机构部门能够更加以身作则地推动可持续发展的进程。

【关键词】 生态校园评估管理系统（ECOCAMPUS）；环境管理；可持续发展；碳管理

The role of EcoCampus in addressing sustainability in UK Universities.

Dr Peter Redfern[1] Hua Zhong[2]

(1. Biosciences, School of Science and Technology, Nottingham Trent University, United Kingdom; 2. School of Architecture, Design and Built Environment, Nottingham Trent University, United Kingdom)

【Abstract】 Universities are key drivers of sustainable development and are well-positioned to contribute to the sustainability agenda. Universities in the UK are themselves large and influential organisations, and because of their size, can have a significant impact on the environment. Their challenge, however, is to practice what they preach and to manage their own estates and procurement decisions to reduce their impact on the environment and meet carbon reduction targets. In the UK, Higher Education (HE) sector Scope 1 and 2 carbon CO_2e emissions have, over recent years, been falling considerably short of the emission reduction targets set by HEFCE in all but a few institutions. Setting sector specific targets, therefore, does not guarantee success in addressing climate change. However, in those institutions adopting the EcoCampus management system approach, Scope 1 and 2 carbon CO_2 emissions have fallen by up to 5% over the latest reporting period (2013/2014 - 2014/2015) . This contrasts with the increase in emissions from those institutions who currently do not have a certified management system and are currently at the bottom of the People and Planet University League Table. (This is an independent league table of UK universities ranked by environmental and ethical performance).

Environmental Management Systems (EMSs) are increasingly being used byorganisations to improve their environmental performance. EMSs deliver many benefits such as reducing resource use and pollution, complying with relevant environmental legislation, managing risks, improving corporate reputation and saving costs.

The aim of this research was to assess the carbon management performance of universities in the UK and China and relate this to the level of uptake of EMSs in these universities. The results of this research informed the development of the EMS support and awardsprogramme called EcoCampus. EcoCampus addresses the challenges faced by universities in reducing their carbon emissions by developing an EMS in simple stages with support in a variety of different forms. This self-financing programme has now been operating successfully for over ten years. During this time, EcoCampus has worked with over 60 universities and colleges in the UK. Eighteen participants have currently achieved the highest phase of EcoCampus and certification to the international EMS standard ISO14001. There are currently 40 universities, one research institute and three colleges enrolled on the various phases of the EcoCampus programme. There are five universities from the Russell Group including Cambridge University, Imperial College London, Nottingham University, Newcastle University and University College London. The EcoCampus programme is highly successful in the UK and there is growing interest from international universities wishing to join the programme. Seven of the top ten universities in the UK' s People and Planet University League Table are EcoCampus members. All the top ten universities in the League Table have shown a reduction in their carbon emissions. In contrast, the ten institutions at the bottom of the League don't have a certified EMS and have increased their carbon emissions.

By identifying the benefits of an EMS, particularly in relation to carbon management, it is hoped that this paper will encourageorganisations to develop, implement and operate an EMS. This should lead to a more sustainable sector able to lead by example.

【Keywords】 EcoCampus; Environmental Management; Sustainable Development; Carbon Management

1 绪论

大气中二氧化碳（CO_2）的浓度全球平均水平已经从280ppm（代表在1000～1800年之间的工业化前大气二氧化碳平均值）（Etheridge 等人，1998 年）上升到超过400ppm，这主要是由于人为制造的温室气体（GHGs）（IPCC，2014 年）造成的。上一次二氧化碳浓度在400ppm左右是在大约300万年前的上新世中期。为了应对二氧化碳浓度的上升，英国在2008年通过了气候变化法案，这是世界上第一个控制气候变化的法规。这一法案要求英国在2050年之前，根据1990年记录的温室气体排放标准（HMSO，2008），在领域1和2温室气体排放的范围内净减少80%的碳排放。该法案还提出了一个中期目标，即到2020年减少34%的碳排放。领域1、2和3温室气体排放作为首要的也是最常用的定义可以在人为温室气体协议、公司财务和报告标准（2004）中找到。领域1排放是机构持有或控制的机构范围内的直接排放，例如，现场燃料的燃烧，而领域2排放则来自于所购买的供电量。领域3的排放是机构活动的结果，是由机构所不持有的资源造成的。机构管理决策者往往不愿意将领域3排放纳入减排目标的一部分，因为难以准确监测商品贸易和服务中的碳排放量，但其意义不应忽视。因为领域3排放对总体碳足迹的贡献意义重大。2012年，奥亚纳咨询公司（Arup）、CenSA和德蒙福特（De Montfort）大学进行了高等教育部门第一个全面的碳足迹计算。利用2005年基准的数据，估计包括领域3在内的所有碳排放占行业排放量的60%以上，其中来自建筑的碳排放占该数字的约30%（Arup，CenSA 和 De Montfort 大学，2012 年）。

英国高等教育基金管理委员会（HEFCE）激励各高教机构对节能减排采取共同一致的目标。2010年，英国的高等教育部门设定了极具挑战性的碳减排目标，总的来说，到2020年，领域1和2的二氧化碳排放量将比1990年减少了34%，到2050年减少了80%。这相当于基于2005 / 2006年基线（HEFCE，2010）减少了43%。这些目标是与《气候变化法案》相符合的（2008年）。高等教育部门的年度能源成本目前约为4亿英镑，相当于每年约3×10^9kg的二氧化碳排放量（《高等教育资产统计报告》，2015年）。随着高等教育部门不断扩大，越来越多的建筑被延长使用寿命，预计其成本和二氧化碳排放量也将会增加。高等教育统计局（HESA）的报告指出，能源消耗作为大学成本的重要因素将持续上升。

英国高等教育基金管理委员会（HEFCE）还要求所有英国大学从2012/2013起（HEF-

CE，2010年）报告其领域3的排放量，包括采购资源的排放量。这将给该行业带来重大挑战（Ozawa-Meida等，2013）。一所大学发现领域3的碳排放量约占整个大学温室气体排放量的79%。由于高等教育部门对环境有很大的影响，因此要求通过英国高等教育基金管理委员会（HEFCE）设定的碳减排目标。

在罗宾逊Robinson等人最近（2015）的一项研究中比较了二十个英国罗素集团大学的碳排放性能。他们设定的2020年实现的平均碳减排目标约35%左右，与英国国家目标是一致的。然而，上述研究得出的结论是，研究期间的排放量除两家机构（帝国理工大学和伯明翰大学），其他所有机构的碳排放反而都增加了。这表明，由这些机构和高等教育基金委员会（HEFC）所设定的目标过于空泛了。

尽管在2005/2006～2009/2010年间，罗素集团的碳排放量有所上升，但最近的数据显示，在同一批大学中，在2014/2015年期间减少了122425kg二氧化碳排放量（表1）。

2005/2006年2009/2010年和2014/2015年之间的领域1和2碳排放总量　　表1

日期	二氧化碳排放量（kg）	变化（%）
2005/2006	856560000	
2009/2010	143824000	+17.9
2014/2015	921389000	−11.7

英国许多大学都不属于在罗素大学集团内，而罗宾逊Robinson等人（2015）的文章并没有包括这些大学，所以结果可能会有所不同。

表2比较了世界上人类与全球发展联盟排名前十的大学的环境表现（此排行榜是英国大学的独立排榜，基于环保和伦理道德表现排名）。排名前十的大学的二氧化碳排放量和排名后十位的大学的变化分别是−5.8%和+5.2%。

总碳排放量在人类与全球发展联盟排名前十位的机构和排在后十位的机构表　　表2

年　份	2013/2014	2014/2015	变化率（%）
排名前10的大学二氧化碳排放量（kg）	138647	130403	−5.80%
排名后10的大学二氧化碳排放量（kg）	25972	27323	+5.20%

在2013/2014年和2014/2015年期间，排行榜上排名前十的大学（其中7所使用了生态校园评估管理系统（ECOCAMPUS）体系）在领域1和2二氧化碳排放总量减少了5.8%。这与在排名垫底的10个机构在领域1和2二氧化碳排放量增加了5.2%的情况形成了鲜明的对比，排名垫底的10个机构没有一个参与生态校园评估管理系统（ECOCAMPUS）体系。根据英国目前的能源价格，仅领域1和2的二氧化碳排放量的减少将相当于平均每个机构节省123554英镑。

中国现在是世界上最大的能源消费国和二氧化碳排放国。据报道，2015年，中国的能源消费量为4.25×10^{12}kg标准煤，比2011年的3.48×10^{12}kg增加了22%。中国的二氧化碳排放量（CO_2，包括所有6个主要温室气体）已达到9×10^{12}kg，占世界总排放量的28%（中国国家统计局，2016）。中国继续持续城市化和现代化建设进程，因此其标准化规模的二氧化碳排放量也在快速增长。

气候变化所带来的挑战是最难以克服的，也会引起高度的焦虑。在中国，年轻人对气候变化的威胁尤其忧虑。Varkey 基金会（2017）最近的一项调查发现，中国有 87%的年轻人（比其他国家高得多）比任何其他问题来说更加关心气候变化的问题。中国的教育部门已在正面地应对解决这个问题，并已带来了一些积极的变化。Li 等人（2015）调查了学生的能源消费模式，证明了：（1）提高学生对温室气体排放的认识；（2）协助校园领域内的环境管理决策会对环境影响起到积极作用。他们得出的结论是，目前的碳排放量（每位学生碳排放量为 3.84t）是由于学生的舒适度和基本需求之间的差异造成的，他们预测随着中国的不断发展，学生的碳排放平均值将仍会小幅上升。

与英国一样，中国的大学也可以通过改变他们的管理方式来帮助减少碳排放，也许更重要的是通过影响学生的生活习惯本身。有限的证据表明，中国大学的能源消耗正在增加。在 2013～2014 年 5 月期间，3 所大学的用电量和天然气能源消费量增长均超过 2%（表 3）。大学 T、H 和 Z 二氧化碳的变化分别为＋2.17%、＋2.17%、＋2.66%。

2013／2014 年和 2014／2015 年度中国三所 985 大学中的碳排放趋势（代表了中国领先的高等教育机构碳排放水平）　表 3

日期	T 大学二氧化碳排放量（kg）	H 大学二氧化碳排放量（kg）	Z 大学二氧化碳排放量（kg）
2013/2014	16726090	14070270	34715900
2014/2015	17299340	14382170	35664840
	+2.17%	+2.17%	+2.66%

中国高等教育机构数量正经历着快速的增长，目前有 2852 所大学，其中有 3647 万名学生（教育部 2016）。大学用能占中国总能源消耗量的 10%左右。

随着英国和中国的高等教育行业机构的持续增长，他们的二氧化碳排放量也会继续增长。从英国来看，有证据表明，拥有环境管理系统的大学在减少碳排放方面比没有采用环境管理的大学更成功。越来越多的机构正在使用环境管理系统，通过分级的步骤来提高他们环境和可持续发展力的效绩（Psomas 等，2011）。环境管理系统被用来管理环境方面，即机构活动的要素与环境相互作用或可与之相互作用的产品或服务（ISO 14001，2015）。它们涉及诸如污染、废物、能源、水、交通、碳排放、法律法规和采购等方面的问题。

随着环境和经济对气候变化的影响变得越来越明显，环境管理系统正在越来越多地被使用（Stern，2007；Stern，2008；UNFCCC，2015）。开发环境管理系统的主要优点是：

（1）协助获得管理和履行法规义务的许可证；

（2）改善与监管机构的关系；

（3）有助于防止执法或民事诉讼；

（4）减少与法律诉讼相关的隐性费用（包括大量管理时间）；

（5）避免通过刑事或民事法庭判处罚款和损害赔偿；

（6）提高运营和流程效率；

（7）降低运营成本和资源利用，从而提高盈利能力；

（8）减少废物处置开支；

（9）赋予该组织一个长期可持续的未来；减少污染，改善环境；

（10）有助于缓解气候变化的影响；

（11）通过满足投资者贷款人和保险公司的环境性能要求，与利益相关者建立关系；

（12）有助于以合理的成本获得保险；

（13）提高组织的内部和外部形象，使其更具市场化性；

（14）有助于吸引和留住优质员工。

尽管环境管理系统具有公认的好处（Fisher，2003），但英国相当多的大学和学院仍然停留在考虑是否实施环境管理系统的阶段，要达到符合 ISO 14001（2015）的环境管理标准，生态管理和审计计划（2016）或英国国标BS 8555（2003）水平，是一个艰巨而昂贵的过程。像其他大型综合组织一样，大学和学院通常必须克服几个阻碍因素，然后才能使用环境管理系统方法来提高其整体环境性能（Dahle and Neumayer，2001）。本研究的主要目的就是调查如何帮助英国的大学建立和运行环境管理系统。

2 目标

本研究的目标是：

（1）了解在英国的高等教育部门对环境管理系统的认知水平；

（2）调查开发环境管理系统的驱动因素；

（3）确定大学在发展、实施和运营环境管理系统方面面临的阻碍；

（4）制定克服阻碍的方案和资源；

（5）监察计划的实施情况；

（6）评估方案的有效性。

3 方法论

第一步是进行广泛的调研，以确定在高等教育部门中使用环境管理系统的情况，建立环境管理系统的驱动因素以及阻碍环境管理系统发展的障碍。研究采取了对英国高等和继续教育的在线调查的形式。该调查的设计和实施旨在优化响应率（Burgess，2001；Bryman 和 Bell，2007），将 27 个问题分为 4 大类，对这项调查的结果进行了分析，并在研究结果部分给出结论介绍。

调查结果用于设计指导方案，以克服环境管理系统采用的阻碍。该方案进行了试点、完善，然后推广到整个高等教育领域。并基于对该方案的现状进行了研究，从而得出了结论。同样，也对高等教育统计局（英国高等教育统计局报告，2015）中在人类和全球发展大学排行榜排名前十和排名倒数第十的大学（人类和全球发展，2017 年）进行数据分析。

4 结果

现有 110 所大学和高校完成在线问卷调查（应当指出，所给出的答复是个人的意见，可能不是他们机构观点的真实反映）。调查征询了 52%的英国高等教育部门意见，约合高等教育和继续教育总人数 18%的人数。

首先，调查旨在发现在机构中使用环境管理系统的程度（图 1）。研究发现，8%的高等教育机构已经有了环境管理系统，59%的机构正在开发使用环境管理系统。同时，15%的大学无意开发使用环境管理系统。其余 18%的大学大多数表示，虽然他们支持环境管理系统，但他们目前缺乏开发环境管理系统的资源。

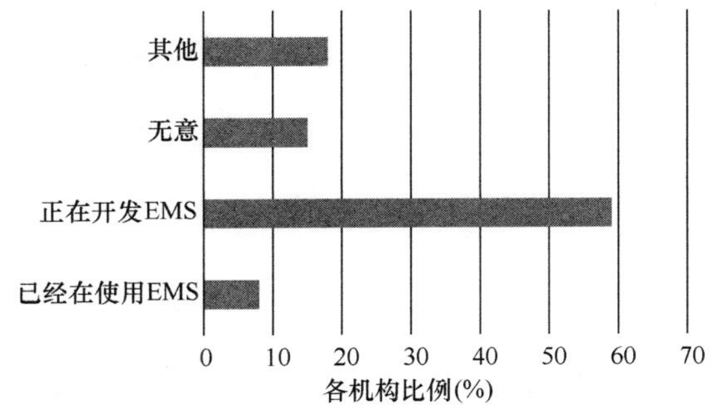

图 1　在高等教育机构中使用 EMSs 的情况

调查还试图发现是什么因素推动了高等教育机构日益增长的对环境管理系统的兴趣。两个最重要的驱动因素是成本节约（20%）和机构声誉（20%）（图 2）。紧随其后的是法规遵从（19%）和促进环境管理（17%）。利益相关者意见（11%）和部门基准（9%），与4%人认为更广泛的社区推动是同样重要的。只有1%的受访者认为是其他因素。

作为调查的一部分，机构也被要求就建立使用环境管理系统的最重要的阻碍发表意见（图3）。除了缺乏人力和财政资源外，缺乏时间和知识是最重要的障碍。

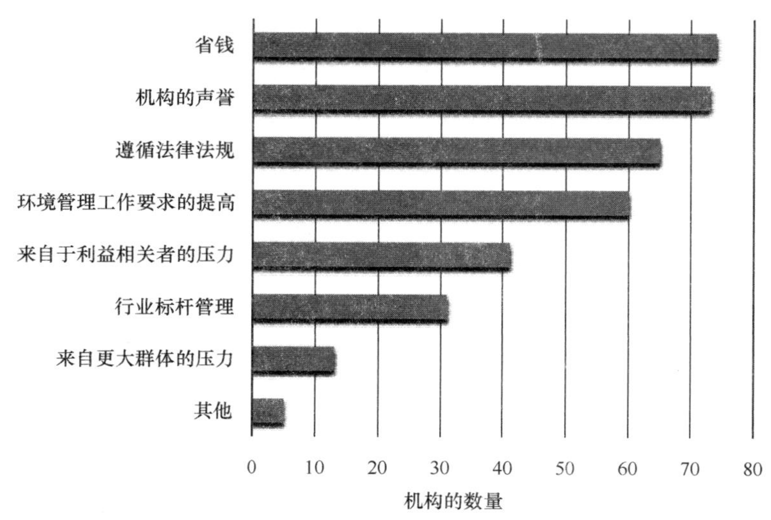

图2　开发环境管理系统的驱动因素

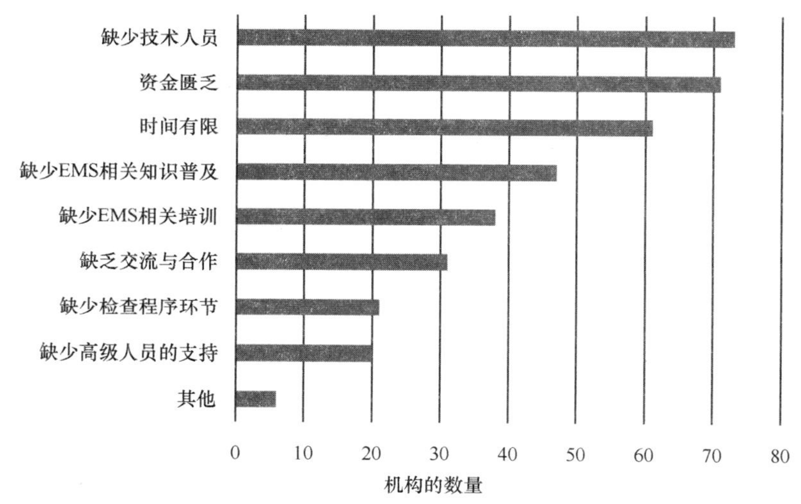

图3　环境管理系统开发的障碍

该调查的结果显示了英国大学环境管理系统的当前水平，发展环境管理系统的驱动因素，以及环境管理系统开发的阻碍。这些结果是用于帮助建立生态校园评估管理系统（ECOCAMPUS）体系知识基础（www.ecocampus.co.uk）。基于上述研究大学和学院将分四个阶段开发、实施、运行和检审核环境管理系统。建立机构环境管理系统的过程可分为一系列步骤进行，使进程不那么令人无从下手。对应不同阶段分设四个奖项（铜级、银级、金牌级和白金级）以助于标准审核和评定成绩，认识到进步并鼓励继续参与。在四个阶段的每一级中，都有许多步骤必须完成，以满足方案的要求，如图 4 所示。

阶段1：开发阶段	铜牌奖
• 领导的方式与能力	
• 机构的环境	
阶段2：实施阶段	银牌奖
• 履行义务	
• 环境特性	
• 规划措施	
• 环境目标	
• 政策方针	
阶段3：运营阶段	金牌奖
• 团体角色，职责与权力	
• 能力与意识	
• 交流合作	
• 文件化信息	
• 运营规划与控制	
• 应急准备与应对措施	
阶段4：检查与修正阶段	白金奖
• 监测，测量，分析与评价	
• 合规评估	
• 不合格与纠正措施	
• 内部审核	
• 管理评审	

图 4　生态校园评估管理系统（ECOCAMPUS）计划的四个阶段，相关的实施步骤和奖励（铜牌奖，银牌奖，金牌奖和白金奖）

生态校园评估管理系统（ECOCAMPUS）还设计了培训材料和研讨会，为负责建立环境管理系统的大学负责人员提供相关技能，使这些学校享有最佳的实践机会。并且开发了一系列软件工具来协助建立环境管理系统，运行和审核系统最具挑战性的方面，使整个流程尽可能简单高效。

最初，生态校园评估管理系统（ECOCAMPUS）计划在由英国高等教育基金委员会资助的 10 家机构进行试点。这项试点研究用于优化方案中的经验值部分。由于生态校园评估管理系统（ECOCAMPUS）受到业界的好评，它于 2005 年开始作为一个自筹资项目推出，一直在成功地独立运作。

自推出以来，生态校园评估管理系统（ECOCAMPUS）已与 60 多所大学和学院合作。参与机构中的 18 家已达到了生态校园白金阶段和国际环境管理系统标准 ISO14001 认证。这些大学包括：阿斯顿大学、巴斯温泉大学、伯克贝克学院、伯明翰市立大学、伯恩茅斯大学、坎特伯雷基督教大学、伦敦城市大学、格拉斯哥卡利多尼亚大学、纽卡斯尔大学伦敦经济与政治学院癌症研究所、诺丁汉特伦特大学、斯旺西大学、曼彻斯特城市大学、东英吉利大学、布拉德福德大学、赫特福德大学、雷丁大学、南安普敦大学和伍斯特大学。目前仍有 40 所大学、1 所研究所和 2 所高校在生态校园评估管理系统（ECOCAMPUS）平台上进行管理：18 所在白金奖阶段；7 所在金牌奖阶段；11 所在银牌奖阶段；4 所在铜牌奖阶段，还有 3 所才刚刚加盟。这 40 所大学包括英国顶尖大学联盟罗素集团的剑桥大学，伦敦帝国大学，诺丁汉大学，纽卡斯尔大学和伦敦大学学院。

5　结论

调查结果显示，目前英国只有 8%的高等教育机构拥有环境管理系统，59%的机构正在开发使用环境管理系统。2006 年，校园环境卓越联盟（Bryman and bell，2007 年）和高等院校环境管理体系状况基准调查（C2E2，2006）进行的一项类似的调查发现，在美国有接近 16%的高等教育机构拥有环境管理系统，这已是英国数量的一倍。在美国，有 25%的学校在开发使用环境管理系统，14%的大学表示他们目前没有建立环境管理系统的意图，而英国 15%的大学目前没有考虑建立环境管理系统，只有不到 38%的受访学校表示他们对建立环境管理系统感兴趣，而 8%的受访学校对“您所在机构的环境管理系统的现状是什么?”这个问题的回答是“不清楚”。2005 年，Saveal、Carson 和 Delclos 在美国就美国高校采用环境管理系统的调查（Saveal 等人，2006 年）发现超过 50%的被问卷者有很好的发展环境方案，约有 30%的被问卷者认为，他们按照 ISO14001 系列标准实施了环境管理系统。

综上所述，本研究的结果，以及英国、美国和中国的其他研究表明，在高等教育部门中，环境管理系统的知识被越来越多的了解。然而，由该部门确定的环境管理系统建立有明显的障碍。调查中发现缺乏人力和财政资源，时间有限和缺少相关知识是主要阻碍。根据调查结果和与英国高等教育基金委员会机构的讨论，得出生态校园评估管理系统（ECOCAMPUS）是为克服这些障碍而量身定做的。生态校园评估管理系统（ECOCAMPUS）已经非常成功地帮助各个加入这个项目的机构发展一个切合自身的环境管理系统，这种量身定做带来的好处，正如绪论所述。

在整个项目中，参与的机构给予了广泛的反馈意见，而这可以更进一步用来改进和发展项目。以适应环境立法和有关方面的意见的不断变化，保持生态校园评估管理系统（ECOCAMPUS）符合国际环境管理系统标准是一个可持续发展的过程。有证据表明，环境管理系统为环境保护政策、计划和实践三者整合到一个机构中提供了一个良好的框架（Morrow and Rondinelli，2002）。在大学和学院中应该提倡这种方法以减少对环境的影响。这最好是通过以一种有逻辑性的和高效的掌控环境管理系统的方式来实现。通过改善自身环境性能和基于他们的特性采取的政策，可以使各机构成为最佳实践的范例，并做出真正的改变。运营环境管理系统还可以节省机构资金，提高运营效率，提高知名度。表 2 所示的数字表明，每个机构的碳排放量和财政节省相当于大约 123554 英镑。生态校园评估管理系统（ECOCAMPUS）项目非常成功地帮助大学和学院建立各自的环境管理系统，并有效地改善其环境和可持续发展绩效。

大学和学院应通过采取相应措施提高自己的环境性能，为学生树立榜样。英国的高等教育部门每年有大约二百万名学生。因此，高等教育部门可以对学生的知识、理解和可持续发展原则产生重大的影响。这些学生中的许多人将成为未来的决策者，他们受到的教育会影响他们在个人生活和未来职业中保护环境的愿望。可持续发展教育应该是全面的、跨学科的，虽然这并不是生态校园评估管理系统（ECOCAMPUS）的核心，但它确实具有提供体验式学习的作用，使学生能够解决现实世界的问题，并获得专业知识、技能和经验。在许多地方（Ferreira 等，2006；Sammalisto 和 Brorson，2006 年）已经强调了大学、社会和商业之间可以通过在大学内的环境管理系统来建立桥梁。生态校园评估管理系统（ECOCAMPUS）已被用于多个学习课程中，使学生能够了解到环境管理的跨学科性质，以及未来雇主日益需要的人才、工作流程和实践方面的知识等。大家普遍认为，无论个人和机构都应该能够更好地了解我们日常决策与所在地和全球环境之间的因果联系，并在此的基础上做出明智的决策。因此，许多教育机构已成为《哥白尼等宪章》的签署单位（《哥白尼宪章》，1994 年），并致力于解决课程、研究和业务管理方面的可持续发展问题。

生态校园评估管理系统（ECOCAMPUS）

目前正在调查开发如何进一步帮助教育行业将可持续发展教育纳入课程，例如通过提供整个机构可用的可持续发展在线模块来实现。

生态校园评估管理系统（ECOCAMPUS）有能力帮助英国和国际上的所有教育机构使用管理系统方法提高其环境性能。可以帮助他们减少资源消耗，减少污染，遵守相关的环境立法，降低管理风险，提高其声誉，节约成本，减少总领域 1 和 2 范围内的二氧化碳的排放。

事实证明机构和国家制定具体的碳减排目标并不能保证实现节能减排。但是，在采用生态校园评估管理系统（ECOCAMPUS）办法的机构与目前没有认证管理系统的机构排放的排放量进行的对比中，领域 1 和 2 范围内的二氧化碳当量的排放量下降了约 5%。生态校园评估管理系统（ECOCAMPUS）方法为机构提供了提高其环境性能所需的系统架构和工具。

在未来，希望生态校园评估管理系统（ECOCAMPUS）能够帮助英国和国外的其他机构实现他们的碳减排目标，基于在大学课程中嵌入可持续发展的原则使学生能够对可持续发展作出贡献。

6 致谢

作者感谢在建立开发生态校园评估管理系统（ECOCAMPUS）过程中，许多个人和机构给予的建议和帮助。最初的生态校园评估管理系统试点项目是由环境运动联盟（ENCAMS）和英国高等教育基金委员会（HEFCE）资助，由诺丁汉特伦特大学与 10 所高等教育机构和 Loreus 有限公司合作完成的。

参考文献

[1] Arup, CenSA and De Montfort University (2012). Measuring scope 3 carbon emissions: Supply-chain (procurement): Report to HEFCE on sector emissions by Arup, CenSA and De Montfort University. Cheltenham: HESA. http://www.hefce.ac.uk/pubs/rereports/year/ 2012/scope3carbon/, 2017-6-19.

[2] Bryman A, Bell E (2007). Business Research Methods. 2nd ed. New York: Oxford University Press BS 8555 (2003). Environmental management systems. Guide to the phased implementation of an environmental management system including the use of environmental performance evaluation. http://shop.bsigroup.com/ProductDetail/?pid=000000000030077920.

[3] Burgess T F (2001). Information Systems Services, Guide to the Design of Questionnaires Edition 1.1 University of Leeds.

[4] C2E2 (2006). The 2006 Benchmark Survey of the State of the Environmental Management Systems at Colleges and Universities. Report to the Campus Consortium for Environmental Excellence. http://c2e2.org/Documents/OriginalC2E2Documents/2006_EMS_-Report.pdfm, 2017-6-19.

[5] Climate Change Act (2008). http://www.legislation.gov.uk/ukpga/2008/27/contents, 2017-6-19Copernicus Charter (1994). The University Charter of Sustainable Development of the Conference of European Rectors (CRE), Genèva.

[6] Dahle M, Neumayer E (2001). Overcoming barriers to campus greening: A survey among higher educational institutions in London, UK. International Journal of Sustainability in Higher Education, 2(2): 139-160.

[7] Etheridge D M, Steele L P, Langenfelds R L, Francey R J, Barnola J M, Morgan V I (1998). Historical CO_2 records from the Law Dome

DE08, DE08-2, and DSS ice cores. In Trends: A Compendium of Data on Global Change. Carbon Dioxide Information Analysis Center, Oak Ridge National Laboratory, U. S. Department of Energy, Oak Ridge, Tenn. , U. S. A.

[8] EMAS-The Eco-Management and Audit Scheme (2016). http: //eur-lex. europa. eu/legal-content/EN/TXT/? uri = CELEX: 32009R1221, 2017-6-19.

[9] Ferreira A J D, Lopes MA R, Morais J P F (2006). Environmental management and audit schemes implementation as an educational tool for sustainability. Journal of Cleaner Production, 14(9-11): 973-982.

[10] Fisher R M (2003). Applying ISO 14001 as a business tool for campus sustainability: A case study from New Zealand. International Journal of Sustainability in Higher Education, 4(2): 138-150.

[11] GHG Protocol Corporate Accounting and Reporting Standard (2004). World Resources Institute and World Business Council for Sustain-able Development. http: //www. ghgprotocol. org/corporate-standard, 2017-6-18.

[12] Higher Education Estates Statistics Report (2015). http: //www. aude. ac. uk/documents/highereducation-estates-statistics-report-2015, 2017-6-19.

[13] Higher Education Funding Council for England (2010). Carbon management strategies and plans: A guide to good practice. HEFCE, Bristol. http: //www. hefce. ac. uk/pubs/year/2010/201002/, 2017-6-19.

[14] HMSO (2008). http: //www. legislation. gov. uk/ukpga/2008/27/contents, 2017-6-19.

[15] IPCC (2014). Climate Change 2014: Synthesis Report. Contribution of Working Groups I, II and III to the Fifth Assessment Report of the Intergovernmental Panel on Climate Change. IPCC, Geneva, Switzerland, 151.

[16] ISO 14001 (2015). Environmental management systems. Requirements with guidance for use. https://www. iso. org/obp/ui/ # iso: std: iso: 14001: ed-3:v1:en, 2017-6-19.

[17] Li X, Tan H, Rackes A (2015). Carbon footprint analysis of student behaviour for a sustainable university campus in China. Journal of Cleaner Production, 106: 97-108.

Ministry of Education (2016). Bulletin of National Education Statistics.

[18] Morrow D, Rondinelli D (2002). Adopting corporate environmental management systems: Motivations and results of ISO 14001 and EMAS certification. European Management Journal, 20 (2): 159-171 National Bureau of Statistics of China (NBSC) (2016). http: //www. stats. gov. cn/tjsj/ndsj/2016/indexeh. htm, 2017-6-19.

[19] Ozawa-Meida L, Brockway P, Letten K, Davies J, Fleming P (2013). Measuring carbon performance in a UK University through a consumption-based carbon footprint: De Montfort University case study. Journal of Cleaner Production, 56: 185-198.

[20] People and Planet (2017). https: //peopleandplanet. org/university-league, 2017-6-19.

[21] Psomas E L, Fotopoulos C V, Kafetzopoulos D P (2011). Motives, difficulties and benefits in implementing the ISO 14001 Environ-mental Management System. Management of Environmental Qual-ity: An International Journal, 22 (4): 502-521.

[22] Robinson O, Kemp S, Williams I (2015). Carbon management at universities: A reality check. Journal of Cleaner Production, 106: 109-118.

[23] Sammalisto K, Brorson T (2006). Training and communication in the implementation of environmental management systems (ISO 14001). A case study at the University of Gävle, Sweden. Journal of Cleaner Production, 29.

[24] Savely S M, Carson A I, Delclos G L (2007). A survey of the implementation status of environmental management systems in U. S. colleges and universities. Journal of Cleaner Production, 15 (7): 650-659.

[25] Stern N (2007). The Economics of Climate Change: The Stern Review. Cambridge: Cambridge University Press. Stern N (2008). Key Elements of a Global Deal on Climate Change. London School of Economics and Political Science.

[26] TheVarkey Foundation (2017). http://www.varkeyfoundation.org, 2017-6-19
UNFCCC (2015). http://unfccc.int/documentation/documents/advan-ced _ search/items/6911.php? priref = 600008831, 2017-6-19.

家庭住宅能源转型对城市能源规划的适应性影响

Benachir Medjdoub　Moulay Larbi Chalal

（诺丁汉特伦特大学建筑设计学院和建筑环境学院，英国）

【摘　要】 家庭住宅大约消费30%的地球能源，并且释放约17%的二氧化碳。因此对其提出一些有效地减少二氧化碳排放的政策是很有必要的。这些政策与世界城市人口的迅速增长息息相关。同时，这些政策反过来也将促进城市发展对自然环境的尊重从而造福下一代。但是，大部分现有的专业知识着重于通过建筑物理学来提高建筑物的保温性能，而很少注重研究社会和行为方面。事实上，这些方面才更应该被重视，因为它们导致全英国能源消费变化的4%到30%。基于此前提，本研究的目的是调查在英国家庭转型对能源消费模式的影响。为了实现这一研究目标，我们应用了统计手段（例如逻辑回归）对官方调查数据群进行分析研究，这些数据是18年以来对英国超过5500多个家庭每年追踪记录得到的。这项研究有助于为不同的家庭类型预测未来10～15年的能源转型模式。此外，它能帮助我们分析在天然气和电力能源使用方面的消费模式与家庭之间的关系。调查结果表明，家庭住宅的生命周期内家庭转型显著影响其能源消耗。这种影响在大方向是积极的，但作用规模不大。最后，我们提出"EvoEnergy"模型来论证将这样的概念纳入有效可持续能源决策对能源消耗范围预测的重要性。

【关键词】 城市能源规划；家庭转型；智慧城市；能源预测；家庭户预测；严肃游戏

Impact of Household Transitions on Domestic Energy Consumption and Its Applicability to Urban Energy Planning

Benachir Medjdoub　Moulay Larbi Chalal

(The School of Architecture, Design, and The Built Environment, Nottingham Trent University, UK)

【Abstract】 The household sector consumes roughly 30% of Earth' s energy resources and emits approximately 17% of its carbon dioxide. As such, developing appropriate policies to reduce the CO_2 emissions, which are associated with the world' s rapidly growing urban population, is a high priority. This, in turn, will enable the creation of cities that respect the natural environment and the well-being of future generations. However, most of the existing expertise focuses on enhancing the thermal quality of buildings through building physics while few studies address the social and behavioral aspects. In fact, focusing on these aspects should be more prominent, as they cause between 4% and 30% of variation in domestic energy consumption. Premised on that, the aim of this study was to investigate the effect in the context of the UK of household transitions on household energy consumption patterns. To achieve this, we applied statistical procedures (e. g. , logistic regression) to official panel survey data comprising more than 5500 households in the UK tracked annually over the course of 18 years. This helped in predicting future transition patterns for different household types for the next 10 to 15 years. Furthermore, it enabled us to study the relationship between the predicted patterns and the household energy usage for both gas and electricity. The findings indicate that the life cycle transitions of a household significantly influence its domestic energy usage. However, this effect is mostly positive in direction and weak in magnitude. Finally, we present our developed urban energy model "EvoEnergy" to demonstrate the importance of incorporating such a concept in energy forecasting for effective sustainable energy decision-making.

【Keywords】 Urban Energy Planning; Household Transitions; Smart Cities; Energy Forecasting; Household Projection; Serious Gaming

1 简介

英国住宅能源消费占全国能源的 27%，其二氧化碳排放量约占 19%（DECC，2015a）。因此，城市规划者必须采取适当的措施，不仅要满足所需的二氧化碳排放目标，也要确保建设环境以一个可持续的方式发展（CIA，2015）。这有助于在全球范围内研究探索复杂能源可持续性问题的各种解决方案。采取这些措施可以使专业知识得到进一步延伸。但是，绝大多数措施只解决了建筑物保温性能和暖通空调系统的问题，较少关注社会和行为方面。这在最近几年英国政府采取的措施本质上表现明显。这些政策主要集中在住宅改造方面，如绿色交易评估（DECC，2015a）。然而，考虑到 70%的英国住宅基金在 2013 年已经基本停售，能源规划者们需要考虑新的备选方案。一种可能性是解决社会和行为方面，特别是考虑到这些因素导致英国能源消耗变化的4%～30%（Brounen 等，2012；Gill 等，2010；Mansouri 等，1996；Sonderegger，1978；Van Raaij 和 Verhallen，1983）。请注意的是行为方面超出了本项研究工作的范围。请参考 Frederiks 等（2015）和 Steg 和 Vlek（2009）的评论。本项研究没有强调能源使用者在行为等方面的问题。

总体来说，本研究侧重于社会方面所决定的社会经济因素对能源消耗的影响（例如收入）。通过这种方式，可以根据每种情况实施正确的策略，并在实施之前和之后测定策略效果。许多学者在文献中强调了这些因素的影响（Bartiaux 和 Gram-Hanssen，2005；Druckman 和 Jackson，2008；Genjo 等，2005；Guerra Santin 等 2009 年；Santamouris 等，2007；Wiesmann 等，2011；Zhou 和 Teng，2013）。例如，Longhi（2014）研究了英国社会家庭经济状况及其程度对家庭能源特征的影响。不过，到目前为止，还没有研究考虑到家庭转型在家庭能源使用模式方面的影响。为此，我们的研究旨在弥合这一差距，调查英国家庭转型对天然气和电力消耗数量变化的影响，以及界定社会经济和人口因素对这些转型的发生和本质方面的影响。我们相信将这种新知识融入城市能源规划不仅提高了对能源消耗的预测，也有助于制定针对居民家庭生命周期的各个阶段的有效政策。这些将通过“EvoEnergy”模型来论证。“EvoEnergy”模型是我们基于家庭转型概念的最具价值潜力的应用之一。

2　文章结构

按照研究项目的逻辑顺序，本文严格围绕七大部分展开。在第 3 部分中，本文将对方法论的选择进行详细讨论。第 4 部分重点描述从 1991～2008 年发生的转型模式，这些数据来源于被调查的英国家庭。第 5 部分探讨人口和社会经济因素对家庭转型的影响，并以此预测未来 10 年的转型模式。第 6 部分研究在家庭燃气和电力消费的范围里预测演化模式。此外，用数据映射预测未来五年年轻单身家庭的转型格局。最后，在第 7 部分讨论了城市能量模型“EvoEnergy”及其运作方式。

3　方法论

在研究中，我们采用了一个定量研究的方法，主要是二次数据分析。更具体地说，我们使用英国人家庭群组调查（BHPS）数据来解决研究问题。该官方群组数据包括 1991～2008 年每年接受采访的 5500 多户家庭社会经济、人口、健康状况、消费模式和社会关系（ISER，2016）。拥有复杂的动态关系的性能是研究应用这些数据的主要原因。

为了达到本研究的主要目的，我们认真围绕三个阶段构建研究设计。在第一阶段，现有的转型模式 BHPS 数据集中的年轻单身家庭，使用统计学描述性和分析性进行探索技术，如交叉表。相反，第二阶段是采用随机效应或固定效应逻辑回归模型确定重要的社会经济以及人口因素对家庭转型的影响。但是，被用来确定研究方法所使用的模型的 Hausman 测试，其零假设表明任何一个随机模型都是合适的（Greene，2012）。最后，阶段 3 包括使用点双联相关分析来研究效应、数量在能源和转型之间的联系。

数据筛选过程要比数据分析更为重要。首先，由于 1991～2008 年的能源价格差异很大，我们决定将能源消耗转换成等量 kWh。更准确地说，这是在官方通货膨胀索引的帮助下实现的国内天然气和电力指数，即零售价格指数（RPI）（DECC，2015b）。之后，将全部收入和能源消耗变量，如租金家庭年收入全部使用归一化平方根变换，除了年电消耗量使用 log 10 变换。在上述变换之前，使用标签法“异常标签规则”来检查和删除所有连续变量中的异常值（Hoaglin 等人，1986）。不过，所有被删除的极端值都被预测为多个估算值。

4 1991～2008 年年轻单身家庭的转型模式

图 1 是一个多行图表，表示在 1991～2008 年期间 BHPS 数据中各类家庭数量的总体变化。简单来说，很明显可以发现年轻单身家庭数量有所减少。此外，有孩子和老人的家庭数量增加。另一方面，单亲家庭仍然比例相当稳定。通过分析这些数据可以发现现存的隐藏性家庭转型。因此，我们利用了堆叠条形图（图 2），以帮助密切研究超过 5 年、10 年和 15 年年轻单身家庭的内在转型模式的家庭。从 1991～1997 年，年轻单身家庭的初始人数比例下降了 60%。另一方面，没有孩子家庭的比例、有孩子家庭、单身老人家庭分别达到 84%、51%和 26%。这可以解释为每年年轻

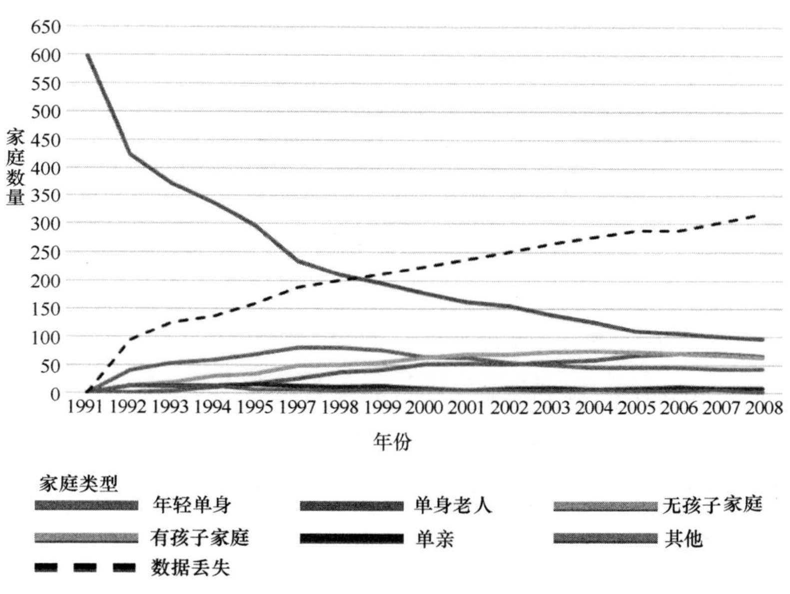

图 1　1991～2008 年间 BHPS 数据不同家庭类型的数据变化

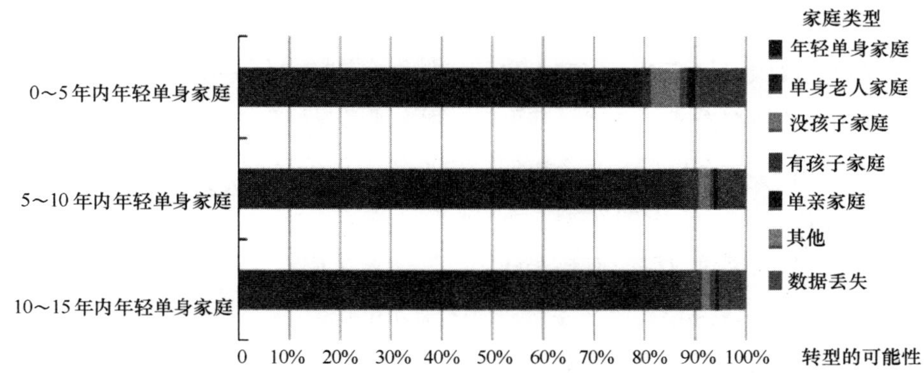

图 2　5 年、10 年、15 年内年轻单身家庭与其他家庭类型转型可能性

单身家庭中有 20%移居其他家庭类型，其中 6%是没有孩子的家庭，1.8%是单身老人家庭，剩下的 4%是有孩子的家庭、单亲和其他家庭的总和。如果没有从另一种家庭类型过渡为年轻单身家庭类型，考虑到 20%的年度转型，年轻单身家庭的比例将会下降更大。例如，研究表明约 6.5%没有孩子的家庭过渡到年轻单身家庭。

从 1997～2002 年，年轻单身家庭数量和没有孩子家庭数量下降了 35%和 32%。相反，单身老年家庭与有孩子家庭分别有 100%和 40%的比例增加。年轻单身家庭的衰减比例不高并与上一期相一致，为下降 7.5%年度转型率。此外，单身老人家庭数量的增加，是由于每年都有向单身老人家庭过渡的其他家庭类型，这种过度比例在 1.75%～3.48%之间。同样，有孩子家庭数量的比例约 93%，因为几乎没有对这种家庭类型过渡的影响。尽管在这段时期，其他家庭类型的过渡率有所下降。

最后，在 2002～2008 年间，除了没有孩子的家庭和年轻单身家庭比例分别下降了 20%和 74%，没有其他明显的变化。因此，在数量趋于稳定之前，2002～2004 年期间有孩子家庭数量是增加的趋势。

5　人口和社会经济因素影响家庭转型

本研究的因变量是利用二元逻辑回归来帮助确定社会经济和人口因素如何影响家庭人口演变从而来预测未来的转型模式。所以，我们为这 10 年的数据提出了 40 个模型，每个模型代表一个特定的家庭的特定年份的转型。不过，在本文中，我们只研究过渡到没有孩子的家庭未来 5 年和 10 年的家庭类型。

如方法部分所述，我们将使用固定效应和随机效应模型。首先，固定效应模型使用公式（1）。

$$\log\left(\frac{P_{it}}{1-P_{it}}\right)=\mu_t+\beta x_{it}+yz_i+\alpha_i \quad (1)$$

P_{it}是 $y_{it}=1$ 的概率，z_i表示一组变量描述家庭，这样做与时间无关。相反，x_{it}描绘了矢量随着时间和个人而变化的变量。β 和 y 是系数向量，μ_t是截距，可以随时间变化。α_i表示基于 z_i家庭类型差异随着时间的推移趋于稳定。一些代数被应用于方程式（1）并假设 y_{i1}和 y_{i2}的独立性为任何家庭 i 及其 α_i值，z_i和 α_i将从等式（2）中省略。这将消除因变量和自变量相同者的得分（Allison，2006）。

$$\log\left(\frac{\Pr(y_{i1}=0,\ y_{i2}=1)}{\Pr(y_{i1}=1,\ y_{i2}=0)}\right)=(\mu_2-\mu_1)+\beta(x_{i2}-x_{i1}) \quad (2)$$

另一方面，随机效应逻辑回归模型结果独立于假设协变量，等式（3）包含随机接受 $\zeta_j\sim N(0,\psi)$。

$$\mathrm{log}it\{\Pr(y_{ij}=1\mid x_{ij},\ \zeta_j)\}=\beta_1+\beta_2x_{2j}+\beta_3x_{3ij}+\beta_4x_{2j}x_{3ij}+\zeta_j \quad (3)$$

应该考虑到 y_{ij}对于任意家庭类型 j 在任何给定的时间都满足独立的伯努利分布式，其定义见等式（4）。

$$\pi ij\equiv\Pr(v_{ij}\mid x_{ij},\zeta_j)$$

$$\mathrm{log}it(\pi ij)=\beta_1+\beta_2x_{2j}+\beta_3x_{3ij}+\beta_4x_{2j}x_{3ij}+\zeta_j$$

$$y_{ij}\mid\pi_{ij}\sim\mathrm{Binomial}(1,\pi ij) \quad (4)$$

最后，应用 Hausman 测试以选择正确的模型类。零假设 H_0 为随机效应模型是合适的，而替代假设 H_1 表明固定效应型号是合适的。

5.1　没有孩子的家庭的结果

表 1 和表 2 说明了逻辑回归模型预测在未来 5 年和 10 年过渡到没有孩子的家庭。总的来说，显而易见的是重要的自变量的类型和数量在两个模型中不一致。此外，模型的自变量解

释了在第5年和第10年分别是22%和15%（过渡到没有孩子的家庭）依赖因素的总体变化。

5.1.1 五年

首先，第一个家庭类型转型模型（1）显示，有孩子家庭和单亲家庭的优势比分别为4.230和6.343。根据最近关于英国离婚的报道和威尔士（ONS，2013a），这可以归因于通常单亲家庭在离婚之前已经分开2～3年，从而开始一个新的关系。类似的发现由美国的Bramlett和Mosher（2012）报道。分析这些变量，对于住在专门建造和改建公寓里而且没孩子家庭的优势比在5年内是7.456和8.086。这可以归结于以下原因，50%的英国同居夫妇选择生活在一起至少5年生孩子，因此他们选择住在公寓里（Goodman and Greaves，2010）。同样的，住在半独立屋的家庭优势比为1.856，也很高。这项研究被认为是有效的，因为这些户型很受没有孩子的中等收入家庭欢迎（ONS，2015a；WhatPrice，2017）。户主年龄不仅有一个显著正效应，并且对优势比也有影响（1.1）。使用年龄组变量来代替时间，深入研究发现26岁和36岁的家庭成员组成没有孩子的家庭的优势比为1.745。事实上，这符合出生英格兰和威尔士的父母特征报告，这表明夫妻在他们的第一胎孩子诞生的平均年龄是31.6岁（ONS，2015b）。

未来5～10年没有孩子家庭的转型模式 **表1**

变　量	5年转型模式		10年转型模式	
	优势比	95%CI	优势比	95%CI
家庭类型特征				
有孩子家庭	4.230** (1.617)	1.97～9.07	2.891 (2.264)	0.623～13.4
户主年龄	1.1** (0.0285)	1.08～2.82	1.551** (0.0767)	1.40～1.708
户主婚姻状况				
从未结婚	1.986 (0.977)	0.75～5.20	0.900 (0.8798)	0.58～4.62
已离婚	0.659 (0.318)	0.26～1.7	—	—
分居状态	6.343* (4.667)	1.49～26.8	0.4158 (0.3825)	
雇佣模式和社会经济地位				
高级专业人士	0.455* (0.164)	0.22～0.92	0.304** (0.135)	0.12～0.72
普通专业人士	0.560 (0.187)	0.29～1.07 0.17～0.53	0.269** (0.119)	0.11～0.63
普通非体力劳动员工	0.431* (0.198)	0.17～1.06 0.15～0.69	0.491 (0.286)	0.156～1.53
工头和技术人员	0.384** (0.184)	0.15～0.98	0.226 (0.184)	0.05～1.11

续表

变　量	5 年转型模式		10 年转型模式	
	优势比	95%CI	优势比	95%CI
半熟练工人	0.227* (0.132)	0.106～1.89	0.450 (0.331)	0.08～1.44
有员工的小经营者	—	—	0.105 (0.126)	0.01～1.10

注：CI：置信区间；括号内为标准偏差。* 表示置信水平为 90%，** 表示置信水平为 95%，*** 表示置信水平为 99%。

未来 5～10 年没有孩子家庭的转型模式　　表 2

变　量	5 年转型模式		10 年转型模式	
	优势比	95%CI	优势比	95%CI
居住和使用权类型				
住在专门设计的公寓	7.456** (4.214)	2.46～22.57	0.7568 (0.7241)	
住在半独立式房屋	1.856* (0.573)	1.08～3.400	0.463 (0.284)	0.75～4.68
住在改建的公寓	8.086** (5.987)	1.89～34.5	1.6932 (2.1283)	
住在有抵押贷款的房子	0.517 (0.179)	0.262～1.019	0.551 (0.239)	0.235～1.29
当地政府出租屋	0.129* (0.118)	0.021～1.778	0.0632 (0.0850)	0.0045～0.88
个人出租屋	0.317* (0.197)	0.093～1.072	0.425 (0.358)	0.08～2.22
家庭收入				
依靠养老金	4.254** (2.292)	1.479～12.22	1.7955 (1.6206)	
年收入总之平方根	1.005 (0.00329)	0.998～1.001	—	—
工资总收益平方根	0.988** (0.00407)	0.979～0.9955	0.997* (0.00456)	0.98～1.005
全职工作	0.459** (0.151)	0.241～0.875	1.4626 (0.6469)	
观察值	1251		669	
PID 数量（家庭）	125		99	
模型类型 McFadden's R^2	固定效应 0.22	—	固定效应 1.150	

注：CI：置信区间；括号内为标准偏差。* 表示置信水平为 90%，** 表示置信水平为 95%，*** 表示置信水平为 99%。

相比之下，对于来自不同社会经济阶层的家庭来说，高级专业人士、普通非体力劳动人员、工头和技术人员以及半熟练工人过渡到没有孩子的家庭的优势比在未来 5 年分别下降了 54.5%、56.9%、61.6%和 77.2%。这可能是因为大约 45%来自这些社会经济阶层的家庭会根据经济稳定状况抚养至少 1～2 个孩子（Whiting，2010）。除此之外，全职工作的家庭，在 5 年内成为没有孩子的家庭的优势比下降了 54.1%。这可以用两种不同的方式解释。第一种说法是提供全职工作的家庭收入更加稳定（JRF，2005）。因此，他们更愿意也会准备生孩子。第二种说法，可能与这样的事实有关：一些准父母（计划有孩子）选择兼职工作来避免付出平均每年保育费 11000 英镑的高昂费用（NTC，2014）。确实如此，那些独立抚养孩子的女性中有 55%左右选择兼职工作（ONS，2014 年）。正如预期的那样，与任期模式相关的变量的优势比，即从地方政府到私人业主分别为 0.129 和 0.317。这些调查结果与英国最近的自置居所和租赁的官方报告达成了完美的一致（ONS，2013b）。最后，每年的平方根福利收入显著，但效果较差，而家庭年总收入的 log 10 值显得微不足道。

其他不重要的变量包括：其他家庭类型，单亲，丧偶，离异，从未结婚，住宅的大小。此外，社会经济阶层即：农民小户、有员工的小经营者、小个体户、普通专业人士。

5.1.2 十年

与 5 年模型相比，本模型考察了未来 10 年的有孩子家庭转型的可能性，通过这些我们发现一些变量是无关紧要的，即从未结婚和半熟练的体力劳动者。这反过来表明在超过 10 年的时间里，数据没有收集到从未结婚的、不熟练的体力劳动者家庭的转型情况。另一方面，家庭成员年龄再多增大一岁，10 年内成为没有孩子家庭的优势比将升高 55%。相反，高级和普通专业人士在 10 年内成为没有孩子家庭的优势比分别降低 69.6%和 73.1%。然而，工资收益总和平方根的优势比却相对较稳定（下降 0.3%）。

最后，养老金、全职工作、住在专门设计的房子、住在改建的房子、单亲、离婚、丧偶、住在有抵押贷款的房子、住在私人出租房、住在当地政府出租的房子里这几项对研究而言没有统计学上的意义。

6 家庭转型对家庭年用电和天然气消耗的影响

使用点二系列相关来确定预测的家庭转型变量和能源消耗变量之间的关系的大小与方向。即使它被认为是一个独特的 Pearson 乘积矩相关的例子，点二系列相关可以通过任何统计软件包来处理，例如 SPSS，R 或 Stata（Kornbrot，2005）等。式（5）说明了相关系数 r_{pb}的计算。

$$r_{pb}=\frac{\overline{Y}_1-\overline{Y}_0}{S_y}\sqrt{\frac{N_1N_0}{N(N-1)}} \tag{5}$$

Y_0和 Y_1是编码 0 和 1 的观测方式；N_0和 N_1是观测次数，分别编码 0 和 1；N 是总数观察；S_y为标准偏差观察值。

6.1 结果

为简化目的，本研究只解决没有孩子的家庭对年度能量消耗的影响。表 3 描述了家庭年消耗能源与没有孩子家庭数量变量之间的相关矩阵。首先，在 10 年中由此产生的相关性并不显著。更准确地说，这适用于 log10（年度电力消耗量），第 9 年和第 10 年家庭转型数量之间的相关性，年度天然气消耗量平方根和第

6 年家庭转型数量之间的相关性。不过，除了第 6 年，这些影响的方向在 99％的置信水平上主要是积极的。

没有孩子家庭的转型对家庭年用电和天然气消耗的影响　　表 3

	CN1 年	CN2 年	CN3 年	CN4 年	CN5 年	CN6 年	CN7 年	CN8 年	CN9 年	CN10 年
log10 年度电力消耗量	0.11**	0.093**	0.098**	0.094**	0.08**	−0.034**	0.04**	0.03**	0.02	0.008
显著性（双侧）	0.000	0.000	0.000	0.000	0.000	0.005	0.000	0.006	0.074	0.538
年度天然气消耗量平方根	0.114**	0.091**	0.068**	0.057**	0.05**	−0.09**	0.013	0.001	−0.008	−0.010
显著性（双侧）	0.000	0.000	0.000	0.000	0.000	0.000	0.290	0.930	0.553	0.419
N	6700	6700	6700	6700	6700	6700	6700	6700	6700	6700

注：CN：没有孩子的家庭；* 表示置信水平为 90％，** 表示置信水平为 95％，*** 表示置信水平为 99％。

6.2　对比单身老人家庭转型模式的能源数据估算

我们提出的概念是在家庭的生命周期内预测能源消耗与不同的家庭模式的相关性。所以我们在图 3 中给出了其变化的示例，5 年后年轻单身家庭在向其他类型过渡的能源使用模式。

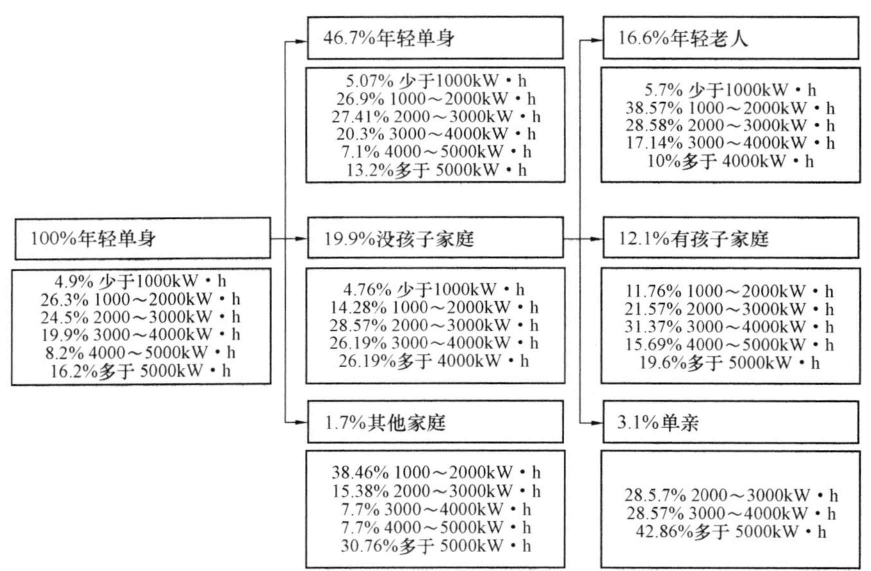

图 3　年轻单身 5 年内转为其他类型前后的预计电力消耗

总体而言，分析结果表明在 5 年以后，从年轻单身到没有孩子家庭、孩子家庭、单亲、单身老人以及其他家庭的转变概率分别为 19.9％、12.1％、3.1％、46.7％ 和 1.7％。对于大多数在 5 年内过渡到单身老年人家庭的，其中 67.5％应该是每年的电力消耗在 1000kW・h 和 3000kW・h 之间。另一方面，那些成为没有孩子的家庭的，分别有 4.76％，42.85％和 26.19％预计电力消耗分别小于 1000kW・h，1000～3000kW・h，4000kW・

h。对于大多数转型到与有孩子家庭的（53%），他们的电力使用应该在2000～4000kW·h之间，而19.6%应该消耗的多于5000kW·h。对于家庭过渡到单亲家庭的，约57%应该使用在2000～4000kW·h范围内，而其余应使用多于每年5000kW·h的电力。有趣的是，那些5年后仍为单身家庭的，并且每年的电力消费在1000～4000kW·h之间为大多数，他们应该平均增加1.02%。相反，对于那些消费4000～5000kW·h，或者5000kW·h以上，预计减少分别为1.1%和3%。

7 EvoEnergy城市能源模式

7.1 概述和功能

EvoEnergy模式是由诺丁汉特伦特大学的创意与虚拟技术实验室与诺丁汉能源公司薪金联合提出的。EvoEnergy背后的主要意图是为规划者在其可持续能源规划决策中提供支持能源的集成智能平台，特别是给出严格的二氧化碳排放减少目标。更具体地说，该平台的预期作用如下：

（1）确定住宅区中具有减排二氧化碳潜力的区域；

（2）帮助城市规划师选择基于每个场景最有效的策略（例如，改造和技术升级）；

（3）评估能源使用/实施一些二氧化碳排放量措施后的效果；

（4）预测从单一消费者的能源使用情况，到未来十年的城市水平，以及家庭的社会经济情况及其生命周期内的人口转变。

另外，这个平台的另一个目标是吸引年轻团体，鼓励他们减少能源消耗。由于这些原因和其他对有关在城市规划中游戏平台兴趣和认可的与日俱增（Skelton，2013），我们决定用一个知名的游戏引擎托作为EvoEnergy的主要平台。我们是第一个利用游戏引擎支持城市能源规划决策的，这是对我们掌握知识的最好应用。然而，住宅在EvoEnergy中的三维建模是根据的建筑物CityGML标准制作的。CityGML是国际标准，用于表示、存储和共享三维城市模型数据。它提供了管理不同3D对象的几何、语义和拓扑描述的标准机制。CityGML超过其他3D城市模型的优势在于其灵活的细节处理（LOD）（Krüger和Kolbe 2012）。

7.2 主要部件

鉴于上述情况，EvoEnergy包括四个主要模块，如图4所示。第一个模块，即被称为“住宅物理和热力特性”，包括物理信息，如住宅年龄，类型和大小。此外，它包括有关的信息例如住宅HVAC系统的性质（例如组合锅炉），HVAC控制，绝缘，SAP评级和账单。第二部分被称为“家庭社会经济特征”包含人口和社会经济信息，包括以下因素：不同的收入类型（如养老金），家庭人数，儿童抚养，

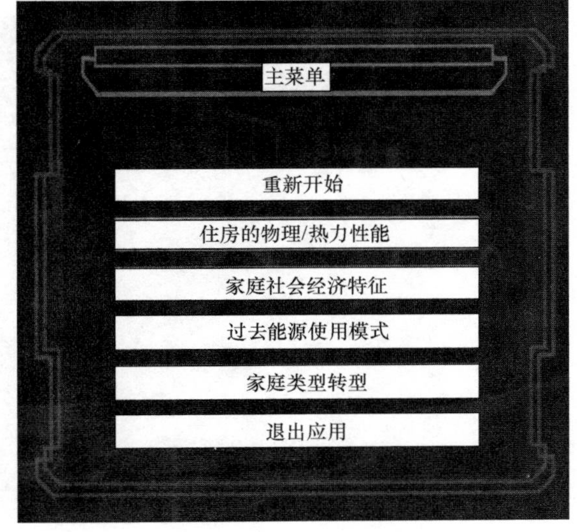

图4 EvoEnergy的主要组成

户主年龄，婚姻状况，家庭类型，教育水平，社会经济阶层，工作任期模式等。应该指出的是这两个模块设计用于互补保持整体系统的完整性。第三个模块可以根据不同的时间节点对特定的家庭咨询过去的能源使用情况趋势（例如每月）。此外，它允许在不同期间或不同用户之间的比对。最后，第四个模块，这是“家庭过渡”模块，允许预测未来转为不同家庭类型的概率。此外，它能够基于物理和社会经济模块来估计年度天然气和电力消费数据以及预测家庭转换类型。

7.3 工作方式

一旦应用程序启动，一个 3D 模型会显示在特定的区域（图 5）。用户可以选择穿过这个区域，选择特定的住宅或从现有数据库执行查询，直接输入一个给定的地址和住宅邮政编码。一旦用户徘徊在一个特定的房子，它将用红色选择框突出显示。而且，家庭能源使用史的汇总以及基本的社会经济概况将会弹出（图 6）。

图 5 Sneinton 住宅区在 EvoEnergy 中的 3D 模型

图 6 一个特定的家庭能源使用和社会经济情况的汇总的鼠标暂停界面

对于进一步的细节和操作（例如，编辑和预测），用户需要访问主菜单，其中包含前面描述的四个模块。启动前两个模块（物理和社会经济），广泛的有关家庭的信息从主数据库中检索出来（图 7）。但是，用户无法选择也不能编辑除非他们拥有这样做的权限密码。了解所选乘客的能源使用历史，必须使用第三个模块。一旦访问，它可以选择两种不同的范围，即月度和季度；确定所包含的时间段（过去一年，过去 5 年等）；以及进行不同住宅的比较（图 8）。在这种情况下将能源模式与具有相似物理性质的住宅模式家庭特点进行比较是非常有用的，因为这样可以帮助确定家庭对能源消耗影响。目前，我们正在收集扩充智能化数据库进入这个模块，以便可以达到 15 分钟的时间分辨率这样更精细的粒度。

第四个模块，结合了家庭生命周期转型的概念，只要点击一下不同的家庭剪贴画就可以提供预测人口转变的概率和在时间线滑块上表示具体的预测年份，如图 9 所示。反过来，可将基于能源的使用社会经济特征所得到的预测结果用来追踪家庭能源使用情况。最后，城市能量预测子模块允许在给定的时间段（例如，5 年）内将有未来转型模式之间和不同家庭年能源模式进行有意义的比较，如图 10 所示。

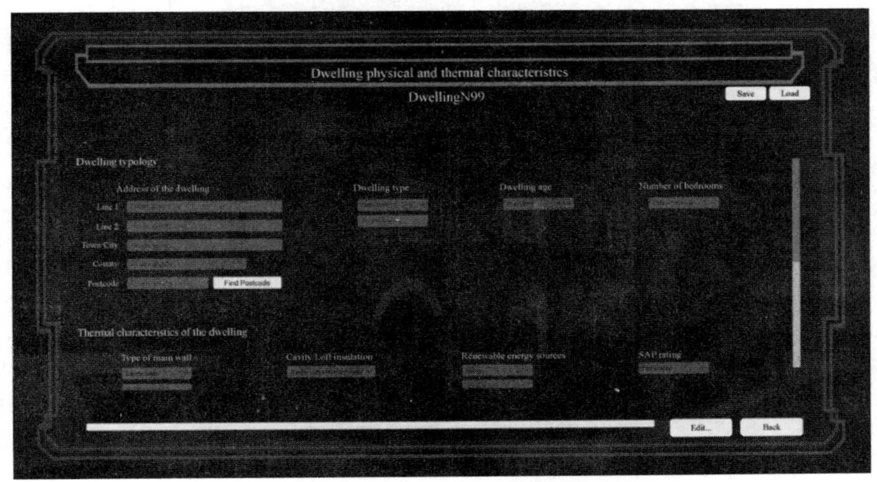

图 7　EvoEnergy 的物理模块截图

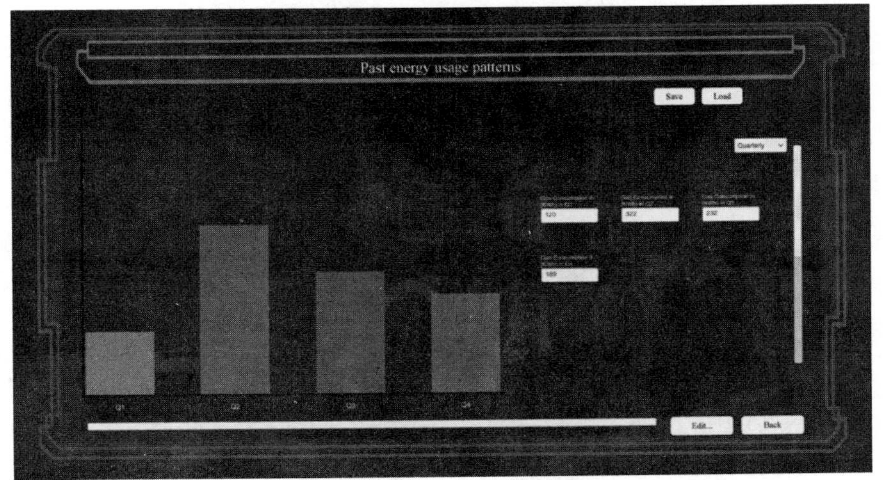

图 8　EvoEnergy 的过去能源使用模块

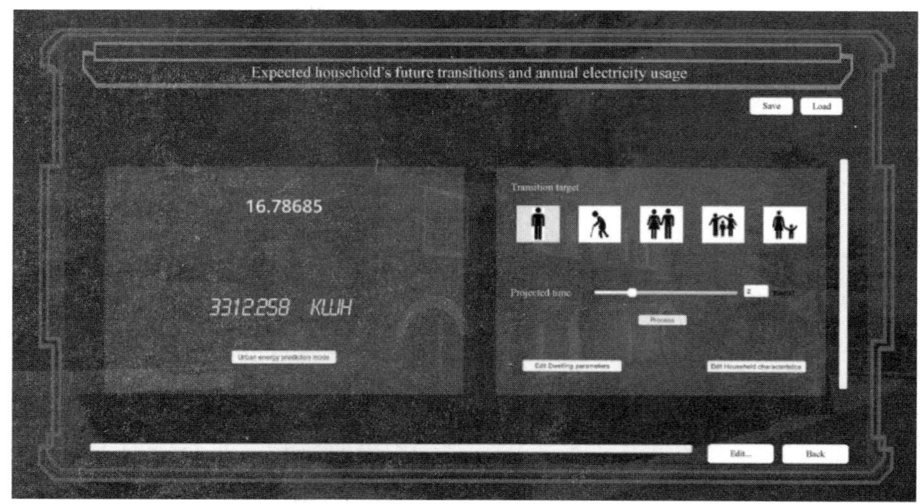

图 9　家庭生命周期内的转型和能源使用情况模块（居住模式）

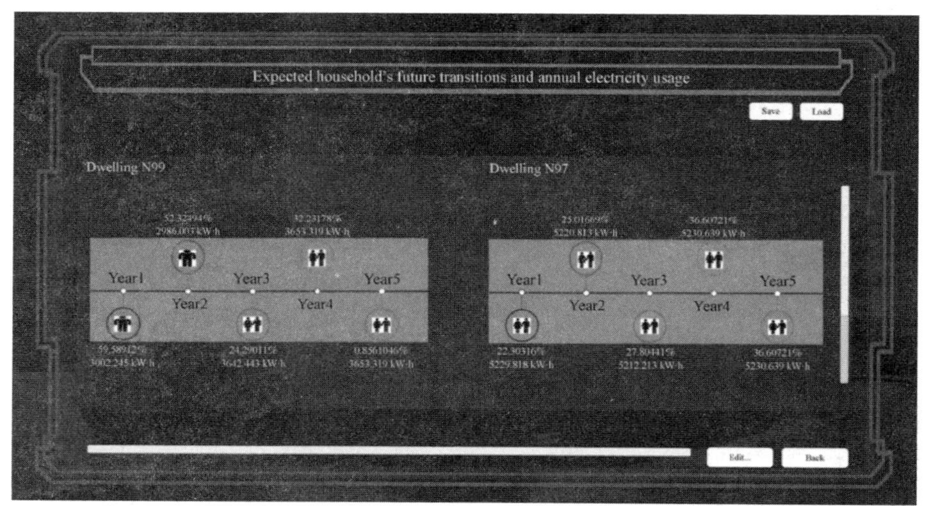

图 10　家庭生命周期内的转型和能源使用情况模块（城市能源模式）

8　结论

同时，我们研究了新的关于 10 年内家庭人口进化和家庭能源消耗模式演变的性质和程度的内容。首先考察了在 1991～2008 年之间 BHPS 数据集中年轻单身家庭转型机制。这些为在分析人口和社会经济因素之前，提供与家庭类型过渡机制相关的理解。不过考虑到这个研究的探索性和大量的家庭过渡模型（40 个模型），不太可能在这里报告每一个模型情况。相反，我们专注于没有孩子的家庭在未来 5 年和 10 年的家庭转型情况。在此阶段上，点二系列相关系数的分析显示家庭转型和能源使用模式之间有着微弱关联。但是，除了转换到单亲家庭的情况在本文没有论述，这些关联对于家庭转型和能源使用模式来说都是积极的。这与英国最近的官方报告显示一致，由于收入低，这些家庭中很大的一部分生活在燃料贫困线之下（DECC，2015c）。

我们认为我们的研究是创新地将家庭生活

周期的强大概念融入城市能源规划之中。除此之外，我们认为这不仅将在新市区会加强人口的进程也能使城市规划人员从单一消费到城市整体来预测以及监测住宅能源消费情况。反过来，这将有助于更智能地管理分销渠道。为了支持这些论据，我们提出了智能城市能源模型EvoEnergy，强调其组成部分，并解释其方式方法。这个工具是诺丁汉的Sneinton区500个家庭的模型标准，使用后产生了令人非常满意的预测结果。但是，这并不意味着它不能用于更大的社区。事实上，这是可行的，只不过在包括处理时间和数据存储方面有挑战。由于这些原因，工具将进一步发展，以在诺丁汉地区全面使用城市分区方法。除此之外，我们将考虑到能源供应地区的评估，特定区域的供应是否足够。最后，我们方法的优点是其家庭群组数据可以面向不同国家使用，比如德国等。

参考文献

[1] Allison P D (2006). Fixed effects regression methods in SAS. Thirty-first Annual SAS. https://www.researchgate.net/profile/Paul_Allison/publication/228767539_Fixed_effects_regression_methods_in_SAS/links/0fcfd50e5de875b37b000000.pdf.

[2] Bartiaux F, Gram-Hanssen K (2005). Socio-political factors influencing household electricity consumption: A comparison between Denmark and Belgium. ECEE 2005 Summer Study, 1313-1325.

[3] Bramlett M D, Mosher W D (2012). Cohabitation, marriage, divorce, and remarriage in the United States. Vital health statistics, 23(22): 1-32.

[4] Brounen D, Kok N, Quigley J M (2012). Residential energy use and conservation: Economics and demographics. European Economic Review, 56(5): 931-945.

[5] CIA (2015). The world factbook. https://www.cia.gov/library/publications/the-world-factbook/fields/2212.html.

[6] DECC (2015a). Energy Consumption in the UK (2015). https://www.gov.uk/government/uploads/system/uploads/attachment_data/file/449102/ECUK_Chapter_1_-_Overall_factsheet.pdf.

[7] DECC (2015b). RPI: fuel & light: electricity (Jan 1987 = 100) - Office for National Statistics. https://www.ons.gov.uk/economy/inflationandpriceindices/timeseries/dobx.

[8] DECC (2015c). Annual Fuel Poverty Statistics Report Druckman A, Jackson T (2008). Household energy consumption in the UK: A highly geographically and socio-economically disaggregated model. Energy Policy, 36(8): 3177-3192.

[9] Du R Y, Kamakura W A (2006). Household life cycles and lifestyles in the United States. Journal of Marketing Research, 43(1): 121-132.

[10] Frederiks E R, Stenner K, Hobman E V (2015). The socio-demographic and psychological predictors of residential energy consumption: A comprehensive review. Energies, 8(1): 573-609.

[11] Genjo K, Tanabe S I, Matsumoto S I, Hasegawa K, Yoshino H (2005). Relationship between possession of electric appliances and electricity for lighting and others in Japanese households. Energy and Building, 37(3): 259-272.

[12] Gill Z M, Tierney M J, Pegg I M, Allan N (2010). Low-energy dwellings: The contribution of behaviours to actual performance. Building Research and Information, 38(5): 491-508.

[13] Goodman A, Greaves E (2010). Cohabitation,

marriage and child outcomes. http://www.ifs.org.uk/comms/comm114.pdf.

[14] Greene WW H (2012). Econometric analysis. 97.

[15] GuerraSantin O, Itard L, Visscher H (2009). The effect of occupancy and building characteristics onenergyusefor space and waterheating in Dutch residential stock. Energy and Buildings, 41(11): 1223-1232.

[16] Hoaglin D C, Iglewicz B, Tukey J W (1986). Performance of some resistant rules for outlier labeling. Journal of the American Statistical Association, 81(396): 991-999.

[17] ISER (2016). British Household Panel Survey (BHPS) - Institute for Social and Economic Research (ISER). https://www.iser.essex.ac.uk bhps.

[18] JRF (2005). The effect of parents' employment on outcomes for children \ JRF. https://www.jrf.org.uk/report/effect-parents-employment-outcomes-children.

[19] Kornbrot D (2005). Point biserial correlation. Wiley StatsRef: Statistics Reference Online.

[20] Krüger A, Kolbe T H (2012). Building Analysis for Urban Energy Planning using Key Indicators on Virtual 3D City Models - the Energy Atlas of Berlin. In: International Archives of Photogram- metry, Remote Sensing and Spatial Information Sciences, XXII Congress of the International Society for Photogrammetry and Remote Sensing (ISPRS), Melbourne.

[21] Longhi S (2014). Residential energy use and the relevance of changes in household circumstances. ISER Working Paper Series Mansouri I, Newborough M, Probert D (1996). Energy consumption in UK households: Impact of domestic electrical appliances. Applied Energy, 54(3): 211-285.

[22] NCT (2014). Barriers remain for parents returning to work. https://www.nct.org.uk/press-release/barriers-remain-parents-returning-work ONS (2013a). Divorces in England and Wales: 2013. http://www.ons.gov.uk/people population and community /birthsdeaths and marriages/divorce/bulletins/divorcesinenglandandwales/2013#children-of-divorced-couples.

[23] ONS (2013b). Home ownership and renting in England and Wales -detailed characteristics.

[24] ONS (2014). Families in the labour market. http://webarchive.nationalarchives.gov.uk/20160105160709/http://www.ons.gov.uk/ons/dcp171776_388440.pdf.

[25] ONS (2015a). Chapter 5: Financial wealth, wealth in Great Britain, 2012 to 2014. http://webarchive.nationalarchives.gov.uk/20160105160709/http://www.ons.gov.uk/ons/dcp171776_428639.pdf.

[26] ONS (2015b). Births by parents' characteristics in England and Wales: 2014. http://www.ons.gov.uk/peoplepopulationandcommunity/births deaths and marriages/ livebirths/bulletins /birthsbyparentscharacteris- ticsinenglandandwales/2014 Santamouris M, Kapsis K, Korres D, Livada I, Pavlou C, Assimakopoulos M N (2007). On the relation between the energy and social characteristics of the residential sector. Energy and Building, 39(8): 893-905.

[27] Skelton C (2013). Soft City Culture and Technology: The Betaville Project. Springer Publishing Company, Incorporated Sonderegger R C (1978). Movers and stayers: The resident's contribution to variation across houses in energy consumption for space heating. Energy and Building, 1(3): 313-324.

[28] Steg L, Vlek C (2009). Encouraging pro-environmental behaviour: An integrative review and

research agenda. Journal of Environmental Psychology, 29(3): 309-317.

[29] VanRaaij W F, Verhallen T M M (1983). A behavioral model of residential energy use. Journal of Economic Psychology, 3(1): 39-63.

[30] WhatPrice (2017). Advantages and disadvantages of UK house types. http://www.whatprice.co.uk/building/uk-house-types.html.

[31] Whiting S (2010). Socio-demographic comparison between those UK families with up to two children and those with three or more. Population Matters. http://populationmatters.org/documents/family_sizes.Pdf.

[32] Wiesmann D, Lima Azevedo I, Ferrão P, Fernández J E (2011). Residential electricity consumption in Portugal: Findings from top down and bottom-up models. Energy Policy, 39(5): 2772-2779.

[33] Zhou S, Teng F (2013). Estimation of urban residential electricity demand in China using household survey data. Energy Policy.

日本建筑业生产率提高及工业化现状

古阪秀三　韩　甜

（立命馆大学，日本）

【摘　要】本文针对生产率和工业化进行了概念阐述，并对存在的问题提出了见解，介绍了日本两次提高建筑业生产率的运动，总结了提高建筑业生产率措施。

【关键词】生产率；工业化；建筑生产

Japan's Construction Industry Productivity and Industrialization Status Quo

Furusaka Shuzo　Han Tian

（Ritsumeikan University，Japan）

【Abstract】In this paper，the concepts of productivity and industrialization were elaborated，and the existing problems were put forward. The paper introduced two campaigns in Japan to improve the productivity of construction industry and summarized the measures to improve the productivity of construction industry.

【Keywords】Productivity；Industrialization；Construction Production

1　简介

目前，许多国家都意识到标题这个问题的重要性。对于多年来一直同各个国家进行技术交流的笔者来说经常思索以下几个问题，那就是："提高生产率"、"工业化"是必须在构筑了成熟的建筑生产[1]①体系及培养了优秀的技术人员的基础上进行，而且在提高生产率之前，必须进行安全管理以及保证工程质量。这些问题都需要我们进行深层次的理解（图 1）。

① 建筑生产是日本建筑业普遍采用的一种说法。主要内容包括从项目规划开始到项目竣工后维护管理的整个过程中，对工程项目的管理。类似与国内的工程管理。

目的

- 生产率改善
- 建筑技术革新
- 装配化/工厂生产化
- 单元化

- 安全
- 高品质
- 高水平工作

- 法律法规 /产业结构
- 教育体系
- 建筑生产系统
- 优秀技术人员 /优秀技术工人

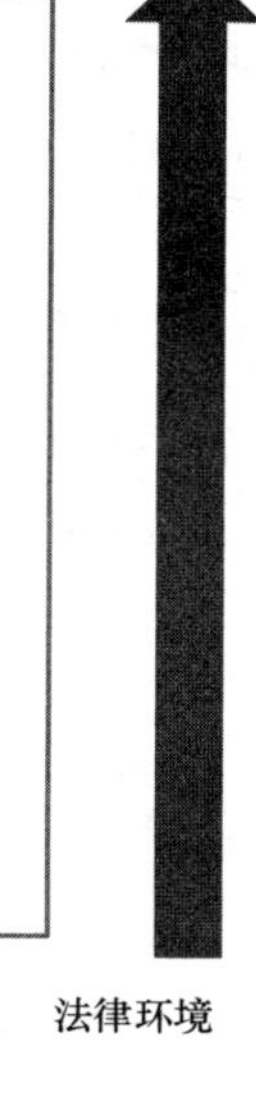

法律环境

图 1　法律环境与目的

2　关于提高生产率和工业化等问题的一些见解

首先，关于本文研究的“提高生产率”、“工业化”等，市面上有许多相关的见解与主张，在这里，以国际通用语为中心进行用语的相关整理[2]。

2.1　劳动生产率与研究层次

(1) 生产率是指投入量与产出量的比，在建筑产业中通常把劳动生产率等于附加价值除以从业人数。

(2) 建筑产业的生产性的高低，从生产性的研究层次的不同视角来看存在一定的差异。

1) 产业层次：从建筑产业整体来看。

2) 企业规模的产业层次：从资金的层别来看。

3) 企业层次：从个人企业来看。以职工一个人的完工量等作为指标。

4) 企业内部门层次：从每个企业内部的分公司之间，各部门之间来看。

5) 每个现场层次：从每个现场来看，超大规模以及小规模等。小规模占绝大多数，一般生产率较低。

6) 各分项工程层次：从钢筋工程，模板工程，土石方工程等来看。

PCa (Precast Concrete)① 也可被看作是主体工程的生产率提高。

2.2　工业化

通常，工业化被看作是前面所讲的研究层次的 5)、6) 或者工地现场的工业化程度。然而，ECE (Economic Commission for Europe,

① PCa：在工厂预制好在工地现场进行组装的混凝土部件。英文翻译为 Precast Concrete Panel。PC 是指 Prestressed Concrete Panel，也可被翻译成预应力混凝土，本文中为了避免造成混淆，前者表示为 PCa、后者则表示为 PC。

欧洲经济委员会）对建筑生产工业化做出了不同的定义，具体 6 项内容如下：

（1）生产的连续性；

（2）产品的标准化；

（3）生产过程的整合化或集约化；

（4）工程的高度组织化（现场作业的组织化、特定工种作业的工厂生产化、整体作业的工厂生产化）；

（5）机械代替手工作业；

（6）与生产活动一体化的有组织的研究及实验。

也就是说，为了提高生产率，必须进行广义的工业化。

2.3 生产设计、Buildability、Constructability

如果将工业化作为具体的推动项目进行的要素，可以表示为生产设计、Buildability、Constructability。生产设计主要源于日本，Buildability 源于英国、Constructability 则源于美国。三者各自不同，但是推动项目合理化的目的都是一致的。

首先，就生产设计来进行一下说明。笔者将生产设计定义为："在设计阶段从如何便于制作、经济性和质量安定性等观点出发，对设计进行调整，从而使得施工具有可操作性和实施性。具体而言，就是从有利于生产的结构与施工方法的选定、适当材料的选择、结构的简单化与标准化，以及资材与人力的可调配性等方面进行研究"。首先，生产设计是在设计阶段进行的工作。每个工程项目的具体生产设计承担者依据工程项目的实施策略以及相关者的能力情况而不同。就设计施工而言，也许会有承担施工的人员参与进来。

生产设计活动的基本项目如图 2 所示。"有利于生产的结构与施工方法的选定"，它涉及结构施工方法的选择，进而对这些方法的可靠性、取材的便利性等进行论证的问题。"尺寸精度的设定"是确定设计质量的问题，包括尺寸公差及替代特性的规定。"适当材料的选择"是对选择材料的可靠性和保证性方面的要求。"结构的简单化、规格化和标准化"包含部品和部件的标准化、标准品和规格品的利用以及可重复利用特性的意思。在"市场上的出售品及规格品的采用"中包含有对备货时间（lead time）的论证以及市场状况的了解。

生产设计的基本项目与活动内容

1.有利于生产的结构施工方法的选定
(1)结构施工方法的选择
(2)可靠的要求
(3)可操作性的论证
2. 尺寸精度的设定
(1)设计质量的确定
(2)尺寸误差的规定
(3)替代特性的规定
3. 最适合材料的选择
(1)材料选择
(2)可靠性与保证行的要求
4. 结构的简单化/规格化/标准化
(1)零件与材料的标准化
(2)标准品与规格品的利用
(3)可重复使用性的运用
5. 市场销售成品与规格品的采用
(1)备货时间计划表
(2)市场供给状况的了解

图 2 生产设计与施工能力的技术

例如钢筋混凝土结构，主体结构工程的预制化及工业化产品的采用就是生产设计的典型例子。在设计阶段，对于这些做法所采用的部位、连接方法以及施工规程等的质量、工序以及成本等进行综合论证研究。在钢结构中，根据市场状况钢结构骨材的备货时间需要花费相当长的时间，因此必须制定周密的工程计划。

3 日本的两次提高生产率运动

日本的提高生产率运动大体上可以分为两个部分。第一次提高生产率运动从 20 世纪 70

年代后期开始贯穿了整个80年代，第二次运动发生在日本泡沫经济之后。

3.1 第一次提高生产率运动

第一次提高生产率运动，从20世纪70年代后期开始贯穿了整个80年代，最大的原因是：①国内的建筑业投资大幅度提高；②建筑业的迅速发展导致了建筑业从业人员的人手不足；③全国各地不断发生污染问题，因此需要跟周围居民说明情况。另外，工地现场发现文物、有关部门进行开挖等影响了工期的情况也屡有发生。因此，设计方就要进行大幅度的设计变更，为了缩短工期而积极开发出了一种叫作复合施工法（后述）的建筑方法。这种工法的开发主要依靠优秀的技术人员及现场从业工人。上面所说的生产设计需在设计方和施工方的积极协作的基础上才能很好地完成。下面主要介绍生产设计的过程。

1. 复合施工法的合理化和多工区同期施工化的系统工法①

复合施工法是将地面、墙体采用PCF（Precast Concrete Form）的方式进行合成建造，从而达到节省材料的目的，使材料使用达到合理化。在许多RC、SRC等大型建筑中，为了达到省力的目的，从而利用PCa・PCF等工法确定预制部位，事先扎好钢筋框架，使用大型模板、系统模板，然后确定现场现浇混凝土的部位，使这种组合达到最优化。与此同时，现场作业组在达到一定熟练程度之后可以采用多工区同时施工等工程计划手法，也可以运用多样化的复合施工法及系统化施工法等工法。另一方面，住宅项目中在长期耐用的基础上追求空间的可变性、设备保养得便利性等，因此就需要追求主体工程的简易化、标准化，并且在这些的基础上进行主体工程、内装工程、设备安装工程的工业化。

2. 混合结构的复合施工法[3]

20世纪80年代初，梁柱等部位采用先进技术进行最优化组合，使得复合施工法在混合结构中得到了全面开发。当时开发出来的RC柱和S梁的建设方法，预应力高强混凝土的柱子与抗挖系数较强的铁骨梁集合，充分发挥RC结构和S结构的长处，从而达到节约成本和缩短工期的作用。这种钢筋铁骨的复合施工法，一直沿用至今。

3. 提高生产率的技术种类的概要和研究课题

（1）外部化——PCa化、单元化、零件化

工厂运作是否被考虑到提高生产率中。

PCa的价格和质量与传统工法的比较：单就价格来讲，PCa肯定会比传统工法要贵。然而，就质量的安定性来讲，只能达到一个合格点。传统工法非常依赖于现场工人的施工技术，在现场工人施工技术维持较高水平的时期，传统工作做出的工程一定会比PCa做出的质量要高，然而在施工技术不断降低的目前来说，PCa的质量就会比传统工法要好。

（2）内部化——机械化、机器人化、施工方法、VE（Value Engineering）

如果不使用机器人、起重机等通用机械的话会影响劳动率。许多企业之间如果不随机应变，相互租赁的化将无法维持。

（3）标准化、规格化——CAD化、加工专用生产线、固化对策

主要是（1）、（2）的促进条件。

① 传统木制结构住宅与装配式住宅：前者是指在工地现场采用传统的加工、组合方式来建造的住宅。后者则是指从主体机构等建筑部分都采用装配式建筑手法来进行建造的住宅。

4. 实例

（1）混合结构

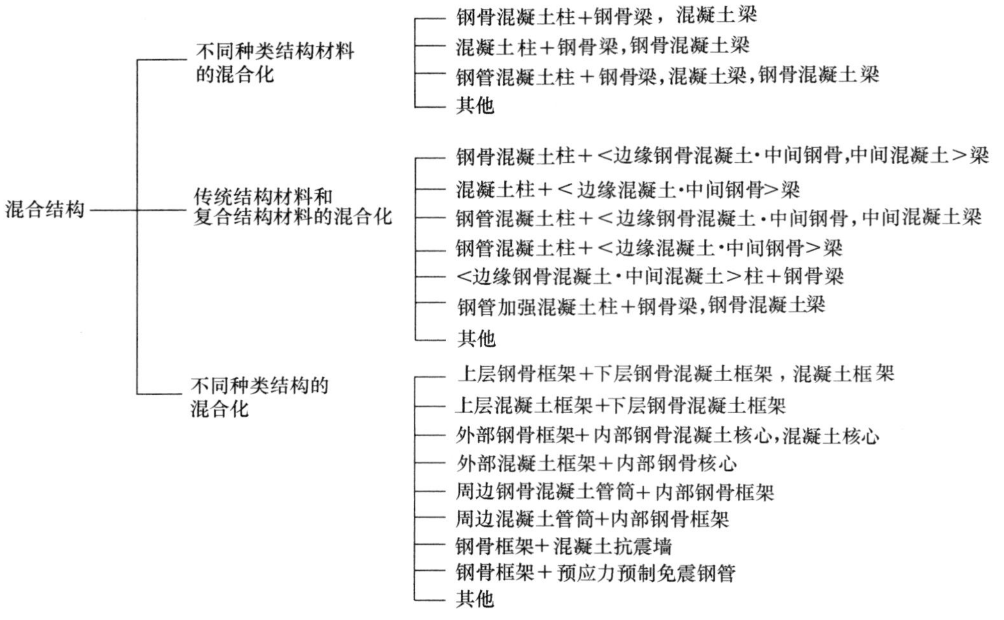

图 3　混合结构的形态分类

（2）缩短工期的实现方法

1）作业顺序的改良——效率化、机械化、VE 化、机器人化。

2）内部并行作业的活用——工区/作业区分割、逆作法施工工法，2 层同时施工。

3）外部并行作业的活用——PCa 化、事先组合工法，单元化、零件化。

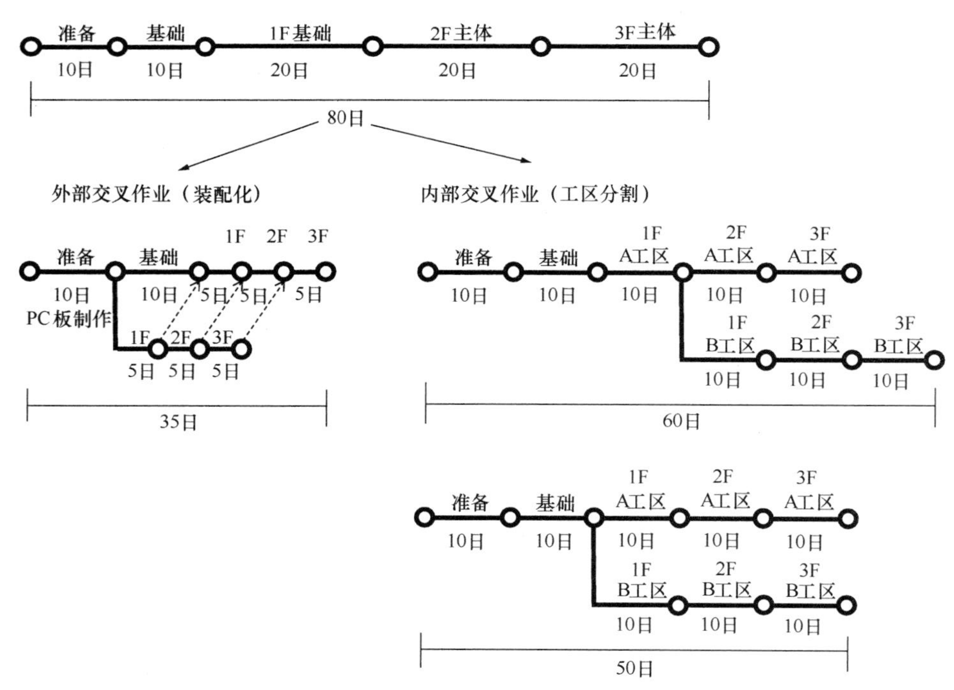

图 4　内部并行作业（工区/作业区分割）及外部并行作业（PCa 化）的实例

3.2 第二次提高生产率运动

第二次运动发生在日本泡沫经济之后，也就是目前被普遍熟识的提高生产率。在这里将具体介绍一下目前被普遍熟识的提高生产率运动。

目前日本国内建设现状是：①国内的建设业投资量减少了一半；②主要建筑活动已经由新建工程向维护修缮工程过度；③熟练技术工人陆续退休，而年轻的从业人员减少从而造成人手不够。下面就这些情况进行介绍。

1. 针对从业人员和管理人员不足而做出的对策[3]

施工合理化需要高密度的施工管理。目前的施工现场，比以前工期更短，现场配置的技术人员及管理人员的人数却比以前减少了。大多数的产品性能与品质确保系统依赖传统工法，传统工法本身就需要合理化。

2. 对于库存不断增加的市场的对策[3]

到目前为止，对于新建工程的施工技术体系已经基本建立起来。而对于改建、重建等已有房屋的对策，却会因为施工条件的不同而大相径庭。因此，需要重新建立与之相对应的施工技术体系。

3. 强化在国际市场的竞争力[3]

伴随着国内市场的缩小，为了让日本固有的施工技术在海外工程中能够灵活运用，就需要提高项目管理的能力。特别是，在使用通用施工技术的工程中与当地施工单位的竞争非常困难；然而在具有高度并且特殊设计性能、施工条件要求的工程当中，就需要强化包括工程管理在内的设计施工一体化综合对应能力。

4. 提高生产率的技术/见解的种类的概要与研究课题

（1）多样化的招标合同方式：设计与施工的协作已经业主的参与。

（2）BIM（Building Information Modeling）的活用带来的供应链：由日本各大企业孤立的BIM系统中挣脱出来；从规划阶段就开始的IPD（Integrated Project Delivery）。

（3）设计的完全自由化向在合理范围内的自由化过度：向考虑到整个生产设计后的设计活动转变；基于职能性之上的设计者责任的意识。

（4）传统工法和复合施工法的利弊的验证：独栋住宅市场一般包含传统木质结构住宅和装配式住宅的机构/生产系统/质量/生产性的比较和向一般建筑市场的渗透。

（5）设计施工一体化与传统式设计施工分离方式的生产性以及实践性的比较：对于新发展的设想。

4 小结

2016年，日本国土交通部召开了“建筑产业政策会议”，会议中主要讨论基础的建筑业相关法律制度等。笔者作为其中的一员参加了讨论，并且与6月30日完成了《建筑产业政策2017＋10》[4]的编纂。其中，建筑产业政策的其中之一“通过业界内外协作来提高生产率”也被刊登了出来。另外，“处理国民各种各样的需求来推动建筑产业的发展，从建筑生产系统整体到每个企业、个人所采取的措施，以及每个阶段为了提高生产率的实现而采取的措施都需要我们去推动发展”被分成了9个课题刊登了出来，如下：

（1）明确建筑产业各个参与者的作用和职责；

（2）杜绝建筑生产每个流程发生的返工、延期；

（3）谋求施工人员的最合理配置以及

活用；

（4）杜绝建筑工程的繁忙与空闲的交替发生；

（5）推进建筑生产各个流程的 ICT（Information and Communication Technology）化；

（6）书面文件的简约化；

（7）缓解周边产业人手不足的影响；

（8）推动建筑企业的生产率提高；

（9）促进活跃领域的扩大而带来的收益率强化。

我们从中可以非常明显感觉到，建筑产业已经从繁重型技术向轻巧型技术的开发多度，并且这种意念非常强烈。

参考文献

[1] 古阪秀三，韩甜. 建筑生产(中文版). 中国建筑出版社，2012.

[2] 古阪秀三. 提高施工工作的生产力，日本建筑研究所 RC 结构小组讨论报告. 日本建筑研究所，1990.

[3] 建筑社会制度委员会. 建筑生产建筑技术 30 年，第 30 届日本建筑研究所(东京). 日本建筑研究所(30 周年规划材料)，2014.

[4] 建设业政策委员会. 建设行业政策 2017＋10. 大成出版社，2017.

典型案例

Typical Case

基于全面信息化的上海中心大厦工程建造管理研究与实践

龚 剑 房霆宸

（上海建工集团股份有限公司，上海 200080）

【摘　要】 上海中心大厦高632m，现为中国第一、世界第二高楼，工程综合管理与施工难度极大。本文结合信息化工程管理重难点，从信息化工程管理体系建设、信息化管理团队建设、信息化管理标准构建、基于信息化技术的工程管理实施、基于信息化理念的工程施工难题破解等方面详细阐述了信息化管理技术的应用情况。信息化的工程管理方法应用，显著提高了工程施工工效，解决了难题，丰富了现代工程管理内涵，成为践行信息化管理的典范工程。

【关键词】 上海中心大厦；工程建造全过程；信息化管理

Construction Management Research and Practice of Shanghai Tower Based on Overall Information Technology

Gong Jian　Fang Tingchen

（Shanghai Construction Group Co. LTD，Shanghai 200080）

【Abstract】 Shanghai Tower with 632 meters high，is the tallest building in China and the world's second-tallest building，and of which the comprehensive management and construction is extremely difficult. By combination with the key points and difficulties of information engineering management，this paper expounded the application of information management technology in detail from the following aspects：the construction of information engineering management system，the construction of information management team，the construction of Information management standard，the implementation of engineering management based on information technology，and the solution of engineering construction problems based on informatization concept. The application of information engineering management methods, which promotes the work efficiency remarkably and solved a lot of difficult problems. At the same time, it enriches the connotation of modern engineering management, and gains more new experience for the information management of super high-rise buildings.

【Keywords】 Shanghai Tower; the Whole Process of Project Construction; Information Management

1 工程概况

上海中心大厦位于陆家嘴金融贸易区中心，是一座集办公、商业、酒店、观光为一体的摩天大楼，与上海环球金融中心、金茂大厦成“品”形布置。大楼高 632m，现为中国第一、世界第二高楼。总建筑面积约 58 万 m^2，地下 5 层，地上 127 层（图 1）。建筑造型独特，外观宛如一条盘旋升腾的巨龙，盘旋上升，形成以旋转 120°且建筑截面自下朝上收分缩小的外部立面。桩基采用超长钻孔灌注桩，结构为钢混结构体系。竖向结构包括钢筋混凝土核心筒和巨型柱，水平结构包括楼层钢梁、楼面桁架、带状桁架、伸臂桁架和组合楼板，顶部设有屋顶皇冠。工程建造极为复杂，综合管理与施工难度前所未有[1]。鉴于此，首次在工程建设全过程综合应用了信息化管理技术，由总承包项目部牵头先后组建了 15 支专业团队，运用信息化、数据化、参数化和模型、模拟等先进数字化手段，实现了一体化深化设计、一体化加工制作、一体化施工管理的预期效果和突破，成为践行信息化施工管理的典范工程[2]。

图 1 上海中心大厦效果图

2 信息化管理重难点

上海中心大厦工程施工工期紧、创新技术应用多、施工技术难度高、高空作业和立体交叉作业面多、危险性较大工程多、分包队伍多、施工人员杂，信息化施工技术管理难度大，其主要管理重难点为：

2.1 数据协同管理难

工程基于欧特克公司的 Revit、Navisworks 等系列软件构建信息资源整合平台。但工程各参与方众多，均需根据自身需要采用不同的信息化软件进行建模模拟分析，导致生成的信息数据种类与格式多样，存在着通用性不足、重复工作难以避免以及数据筛选、数据格式转换与数据匹配工作繁重等问题。而对于该问题的解决，既无相应成套软件支持，也无类似经验可借鉴，难以确定统一的数据交互标准，项目协同管理难度大。

2.2 数据信息交互传递难

工程规模庞大，涉及设计、顾问、监理、施工、供应商、分包商等众多参与单位，各参与方之间的信息传递路径极为复杂，图纸、说明书、分析报表、合同、变更单、施工进度表等文件管理和数据信息量巨大，责任归属划分难，难以进行数据交互传递和高效管理。

2.3 理念转变和团队建设难

工程建设时，基于信息化管理的工程建设理念尚未普及，从业主、监理、施工、供应商到分包商等 BIM 管理体系所涉及的众多单位均无成熟的经验和团队开展，理念转变需要时间适应，团队建设需要在工程建设中学习、磨合和提升方可达到预期效果。

3 基于信息化的工程管理体系建设

构建了以上海中心大厦项目部 BIM 工作室为核心的项目信息化管理体系，其中上海建工集团股份有限公司及其各子公司、总承包各管理部门、同济大学、软件公司作为管理支持单位，为项目提供技术、人力、物力、软件、理论指导等方面支持；业主、同济大学设计院、各专业分包单位作为协同管理单位，协同开展项目信息化管理工作，并负责相关沟通协调工作。高效而科学的信息化工程管理体系的建立，确保了各项工作的顺利开展（图 2）。

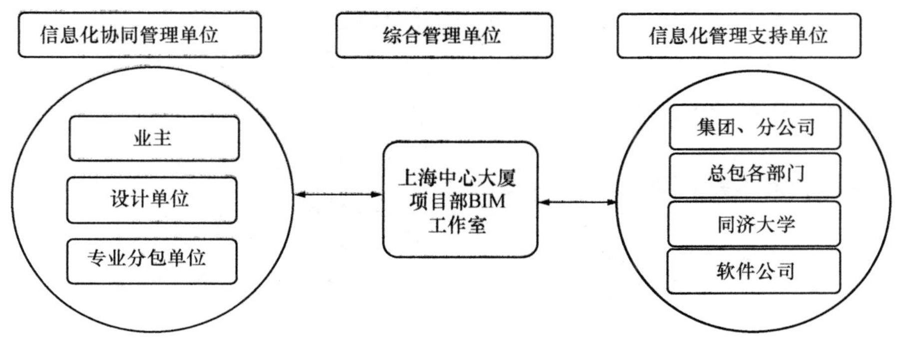

图 2 项目信息化管理体系图

4 信息化管理团队建设

在工程建设初期，项目总承包单位上海建工集团就从集团本部和各子公司抽调精英人员组建了上海中心大厦项目部 BIM 工作室，全面负责项目的信息化管理体系的建立、实施、维护和管理，负责与信息化管理支持单位、协调管理单位的沟通联络动态工作，动态调整和优化项目信息化管理方案。BIM 工作室主要分为技术组和应用组，其中技术组主要负责与业主、设计、分包等信息化协同管理单位之间的沟通协调，建筑、结构施工模型的创建和维护，各分包模型的筛选、处理和汇总，信息化管理系统的软硬件设施的维护，网络化管理平台的建立和维护，数据信息资料的动态跟踪、收集和优化调整，同时负责信息化管理新技术的专业培训和学习；应用组主要负责与相关支持单位之间的沟通协调，负责工程施工进度和施工方案的模拟、校核和优化，依据设计图纸复核模型精确度，并依据信息化模型进行工程施工的三维演示、环境效应分析、工程实物量统计、成本控制管理等方面的工作。此外，还明确了土建、钢结构、幕墙、电梯、机电、装饰装修等分包单位必须指定相对应的 BIM 工作人员，与总包 BIM 工作室对接，明确分工与职责，在总包 BIM 工作室的统一领导下开展相关工作，并根据工作需要动态调整信息化管理工作人员组织体系和数量。

在组建信息化管理团队的同时，根据信息化管理工作需要，配置了大量的专用计算机，并辅以服务器及相应工作站；购置了 Revit Architecture、Revit Structure、Revit MEP、Ecotect、Navisworks、Inventor、Design Review、3DSMAX、MAYA、ROBAT、CamelBuzzsaw 等信息化软件；在实际操作中，定期与不定期地组织软件代销商对相关工作人员进行脱产培训。信息化软硬件设备的配置和培训有效保证了上海中心大厦信息化管理工作的顺利进行。

5 信息化管理标准体系构建

协同项目各参与方及分包公司建立了统一的模型创建标准，统一命名规则、统一模型分类规则、统一专业要求，明确共享平台运作模式，并在实际工作中动态予以调整和改进。如为便于管理和识别，本项目的模型文件统一按以下要求命名：专业 — 区域（可选）— 楼层（可选）— 子专业（可选）— 特性（可选）— 版本，每个标识一般不超过三个中文字符，之间用"—"符号连接；再如针对模型附加信息，规定模型的内容应不仅仅包含几何形体，同时应该含有构件的附属信息，信息内容应包括各专业机械、设备模型需要包含的产品出厂日期、安装日期、电子版产品说明书（文件链接）、各类合格证扫描件（文件链接）；结构构件应该包含产品出厂日期、安装日期、设计变更信息（电子文件链接，可选）以及其他与构件相关的日期和电子版单据链接；未涉及上述两种情况的，应经总、分包协商共同确定附加信息的内容。信息化管理标准体系的建立，从根本上解决了工程项目数据交互和建模标准统一性的不足，避免了大量的重复建模和数据转化工作，显著提高了信息化管理工作效率。

6 基于信息化技术的工程管理实施

6.1 基于 BIM 的深化设计管理流程

基于项目总承包管理流程和 BIM 技术特征制定了基于 BIM 的深化设计管理流程，对流程中的每一个环节涉及 BIM 的数据都尽可能地进行了详尽的规定。本工程深化设计管理流程主要包括以下 6 个主要步骤：制定深化设计实施方案和细则、深化设计交底、深化设计样板、深化设计会签、深化设计报批和审核以及深化设计成果发布，具体如图 3 所示。

6.2 基于 BIM 技术的多专业深化设计协同管理

上海中心大厦建筑形式复杂，钢结构、幕墙、机电、二结构等各专业高度集成，多专业深化设计管理难度大。鉴于此，通过采用 BIM 技术，充分发挥其参数化建模、可视化设计、多专业协同等特点，有效地帮助项目部组织各专业分包单位，完成包括方案优化、细部分析、碰撞检测以及补充细化工程出图等深化设计工作。基于 BIM 技术的多专业深化设计协同管理有效改善了施工图纸质量，提高了深化设计的工作效率。此外，基于 BIM 技术的多专业深化设计管理应用，可及时发现问题，通过设计协调会议予以解决，或上报业主协调，尽可能在深化设计阶段将问题解决，同时在解决碰撞问题的基础上，可以很好地帮助实现现场构件工厂化预制等先进工艺，减少了因设计因素而产生的现场返工[3]。在本工程建设过程中多专业深化设计协同工作颇有成效，通过碰撞检测、协调、设计修改及模型更新、再次碰撞检测等多次循环，直至分析至“零碰撞”，发现了大量的碰撞问题和设计矛盾，及时将问题解决在深化设计阶段，减少了各专业冲突造成的返工，保证了工期并减少了经济损失，极大提升了工程总承包的管理效率[4]（图4、图5）。

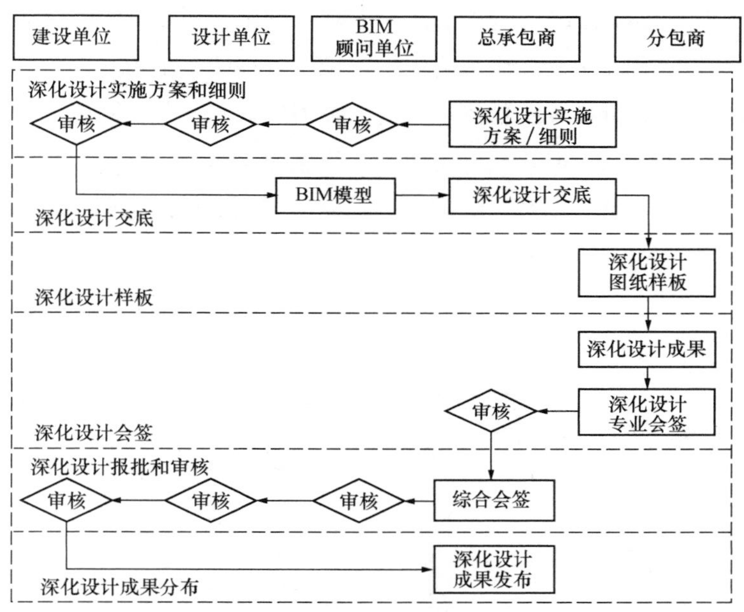

图3 基于BIM深化设计管理流程

图4 钢结构与外幕墙支撑碰撞

图5 外幕墙支撑与内幕墙板块碰撞

6.3 基于 BIM 的施工出图和精细制造

采用基于 BIM 技术的一体化深化设计工作模式和施工出图，可自动生成深化图纸，使整个工程存在整体关联，解决了节点、系统细部深化设计难题，保证图纸的整体一致性，极大降低了出错概率，从源头上确保了设计效果的实现。基于 BIM 参数化深化设计所出的工厂预制构件加工图，很大程度上减少了人为因素导致的误差，有效提高构件的加工精度，实现了精细制造。同时，由于 BIM 具有自动成图功能，针对不同变化只需修改参数，提高了工作效率，减少了工作量。如图 6、图 7 所示。

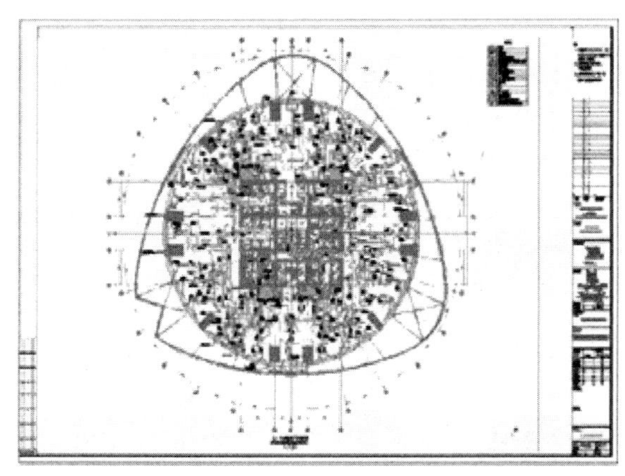

图 6　基于 BIM 的工程出图示例

图 7　复杂牛腿加工细节出图

6.4 基于 BIM 的施工进度编写、审核、对比和优化

基于深化设计自动生成的施工出图和三维建模软件 Revit 建立的 BIM 施工模型，构建合理的施工工序和材料进场管理，编制详细的施工进度计划，制定出施工方案。同时根据制定好的施工进度计划，采用 Navisworks 实现施工过程的三维仿真模拟，通过对比分析可以提前发现和避免实际施工中可能产生的机电管线碰撞、构件安装错位等问题，进而更好地指导现场施工和优化形成最佳施工方案，从整体上提高建筑的施工效率，确保施工质量，消除安全隐患，并有助于降低施工成本和时间消耗。如图 8、图 9 所示。

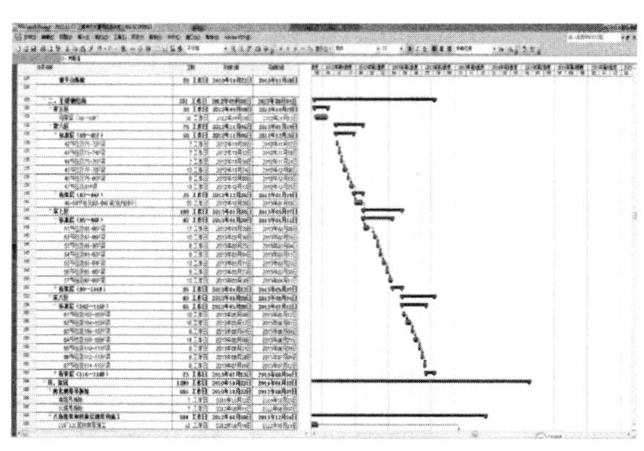

图 8　项目部分施工进度计划图

图 9　施工过程模拟效果图

6.5 基于多维度可视化模拟的施工方案模拟与现场施工

基于虚拟仿真技术，在三维模型基础上，给建筑模型以及大型施工机械设备、场地等施工设施模型附加上时间效应、经济效应、环境效应，生成4D、5D模型，模拟各关键要素对现场施工的影响，在虚拟环境下发现施工过程中可能存在的问题和风险，避免因资金、材料环境等关键影响要素对施工进度产生影响。同时将建筑从业人员从复杂抽象的图形、表格和文字中解放出来，以形象的三维模型作为建设项目的信息载体，方便了建设项目各阶段、各专业以及相关人员之间的沟通和交流，减少了建设项目因为信息过载或者信息流失而带来的损失，提高了作业人员的工作效率。

6.6 基于物联网技术和二维码技术的工程材料设备运输信息化管理

构建了以物联网和二维码管理技术为核心的材料设备运输信息化管理系统，实现了材料设备从下单采购、运输仓储到现场施工管理的可视化智能管理。根据货物采购运输方式，结合现场内垂直运输情况，生成包括该货物的材料编码、名称、规格、数量、使用部位、出货日期、生产厂家、供应商名称（运送日期、运输方式、耗时）等的二维码信息，用于材料进出各级仓库、运输和使用的管理。通过使用该系统，使现场二级仓储无材料积压，各施工单位能合理地分配使用电梯，使整个材料运输的过程能快捷、流畅地进行；同时，该系统的应用实现了数据采集自动化，避免手工输入带来的错误，从而提高数据录入的效率和准确性，将大量纸质记录转化为电子数据，方便日后查询管理，减轻工作人员的汇总难度，提高数据的统计效率并提供报表分析和打印功能，提高工程质量和管理水平。

6.7 基于工程项目的三维可视化协同管理平台建设

构建了“基于工程项目的三维可视化协同管理平台”，将沟通工作通过BIM平台完成，将BIM技术的应用点集成到网络平台。通过本平台，各参与方和分包单位可以在网页上浏览图纸、模型、方案、施工模拟、施工进度等，并可在模型上进行批注、测量、讨论等操作，节省了沟通成本。此外，本协同平台不改变传统的工作流程，各参与方通过平台的协同管理方式，得到自己需要的相关资料、图纸、模型，并在网页端针对相应的问题进行沟通，同时平台会对所有人员的操作进行记录，不仅做到同步更新，而且有据可循，显著提升了工程的管理水平。

6.8 基于信息化技术的质量安全管理

针对工程质量安全管理中的难题，开发研制出总承包“一呼百应”质量安全管理系统。该系统由企业EDS基础数据管理端、CMSC电脑客户端以及CMSM移动应用端三大部分组成，解决了企业基础数据建立维护、电脑终端和移动终端互通互联、信息采集处理的问题。项目各单位可根据现场实际情况，利用移动通信终端对现场情况进行登陆、图纸下载、数据采集和上传。项目各参建方可通过移动终端现场拍照、上传、梳理施工问题，会议集中讨论解决处理问题，通过系统及时生成会议纪要和报告等书面文件。“一呼百应”质量安全管理系统的应用，有效保证了项目高质量的安全建造。具体如图10、图11所示。

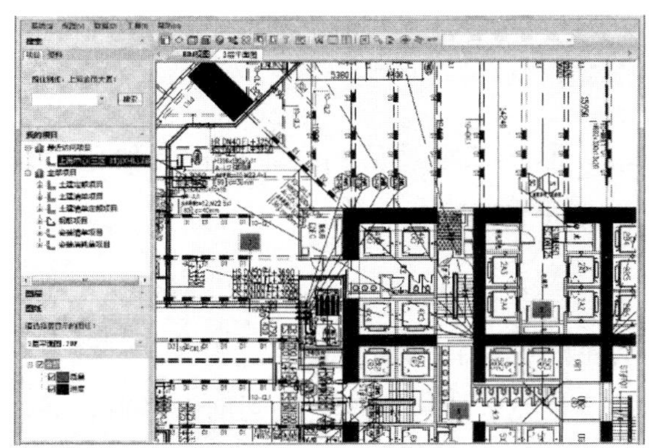

图 10　CMSC 电脑客户端

图 11　EDS 基础数据管理端

7　基于信息化理念的工程施工难题破解

在本工程建造过程中，信息化技术得到普遍应用。信息化的工程管理方法，显著提高了施工功效，解决了大量施工难题：

（1）首次在软土地基 400m 级超高层中应用超长后注浆钻孔灌注桩工艺技术。通过钻机装备技术提升，人工造浆、除砂净化泥浆、正反循环泥浆工艺、双控桩底注浆技术方法的综合应用，解决了超大承载力桩基施工难题。

（2）首次在超高建筑工程中运用套铣接头新工艺的地下连续墙施工技术。解决了面积 3 万 m^2、深度 33m 的超大超深基坑施工难题，实现了主楼 121m 圆形自立基坑顺作，裙房基坑逆作的高效分区施工，达到工期、经济、环保的最优目标。

（3）创造了建筑工程超大体积混凝土一次连续浇筑国内外新纪录。综合运用低水化热、低收缩混凝土裂缝控制技术，实现了高强 C50、超长 121m、超厚 6m、体量 6 万 m^3 大体积混凝土一次连续浇筑，解决了主楼基础底板大体积混凝土浇筑裂缝控制难题。

（4）创造了实体工程超高泵送混凝土高度世界新纪录。综合运用性能指标协同控制的超高泵送混凝土技术，实现了 C60 混凝土实体泵送高度 582m，C45 混凝土实体泵送高度 606m，C35 混凝土实体泵送高度 610m，验证性地将 C100 混凝土泵送到 547m，120MPa 混凝土泵送至 620m 高度。

（5）建立了新型智能模块化整体钢平台模架技术体系。发明了集钢平台系统、脚手架系统、模板系统、支撑系统、爬升系统于一体的全新整体钢平台模架技术，实现了模块化标准件集成及智能化控制的绿色施工；新型模架装备提高了工效，降低了劳动强度，全封闭作业环境提高了立体安全防护性能，降低了作业场声、光、尘对环境的影响，装备综合周转使用率可达 90％以上，解决了超高空高效安全建造装备技术难题。

（6）创新采用了下降式悬浮空间平台技术方法。开发了支撑外幕墙的柔性悬挂钢结构下降式安装作业平台技术以及玻璃幕墙变形协调自适应滑移支座技术，解决了 2 万多块大小不一曲面玻璃幕墙的节点变形控制和精确安装难题。

8　结语

上海中心大厦工程建造综合技术水平反应

了当今世界超高层建筑的最高水平，其工程建造全过程中应用信息化技术应用更是广受社会各界关注和借鉴，引领了国内外超高层建造技术的发展。信息化管理技术的应用有效提高了施工功效，解决施工与工程管理难题，保证了工程按时高品质完成，实现了工程建造综合效益最有。经计算，由于信息化管理技术的应用，上海中心大厦外幕墙加工图数据转化效率提升50%，复杂构件测量效率提高10%；钢结构加工效率提高，安装近10万t钢材，仅有2t的损耗；基于BIM进行构件精细化预制，大量减少焊接、胶粘等危险或有害作业，实现70%管道制作预制率，由于BIM技术的全面应用，预计工程节约资金将超过1亿元人民币。与此同时，工程先后荣获美国绿色建筑LEED铂金级认证、国际桥梁与结构工程协会“2016年度杰出结构奖”、世界高层建筑与都市人居学会“2016世界最佳高层建筑奖”、2016美国建筑奖“年度设计大奖”、2016世界著名建筑杂志《建筑实录》“125年来最重要的125座建筑”、2016法国世界最大房地产展会“最具人气奖”、安波利斯“2015摩天楼建筑大奖第一名”、中国钢结构金奖等多项国内外知名奖项；获上海市科技进步一等奖2项、上海市技术发明一等奖1项；授权专利100余项，其中发明专利35项；国家级工法6项等。社会经济效益显著[5,6]。

参考文献

[1] 龚剑，周虹．上海中心大厦结构工程建造关键技术[J]．建筑施工，2014(2)：91-101.

[2] 贾宝荣．BIM技术在上海中心大厦工程中的探索应用[J]．施工技术，2014，43（增刊）：254-258.

[3] 丁烈云，龚剑，陈建国．《BIM应用・施工》[M]．同济大学出版社，2015：21.

[4] 龚剑．数字技术破解“上海中心”建造难题[J]．建筑，2017，(1)：10-13.

[5] 葛清，张强，吴彦俊．上海中心大厦运用BIM信息技术进行精益化管理的研究[J]．时代建筑，2013，(2)：52-55.

[6] 赵斌．信息化技术在上海中心大厦项目建设管理重的应用[J]．建筑技术，2015，46(2)：138-143.

从分贝到声景指标：管理我们的声环境

康　健

（哈尔滨工业大学建筑学院，哈尔滨　150001）

【摘　要】 在欧盟，有8000万公民正遭受着过度的环境噪声，常规降低“声级”的降噪方法并不总是能够改善生活质量。随着“声景研究”领域的不断深入，可以采用学科交叉的方法通过考虑声环境感知来解决这个差距。然而，声景系统非常复杂，将它们作为环境设计的基础进行测量，则需要对该学科进行根本性改变。本文探讨了从噪声控制到声景营造的运动中发展“声景指标”的必要性，它充分反映了人的舒适度的水平，其影响让人联想到贝尔在一个世纪前创造的分贝尺度单位。通过分析城市开放公共空间的声景设计，本文讨论实现这一目标的相关步骤，包括通过捕获声景来对其进行表征，建立综合数据库，根据数据库确定关键因素及其对声景质量的影响，开发、测试和验证声景指标。本文亦并展示了声景指标在声环境管理中的适用性。

【关键词】 噪声；声景；管理；声音；环境；声景指数

From dBA to Soundscape Indices: Managing our Sound Environment

Kang Jian

(School of Architecture, Harbin Institute of Technology, Harbin 150001)

【Abstract】 While in the EU alone 80 million citizens are suffering from excessive environmental noise, the con-ventional approach, i. e., reduction of ‘sound level’, does not always deliver the required improvements in quality of life. The growing field of ‘soundscape studies’ is addressing this gap by considering the sound environment as perceived, in context, with an interdisciplinary approach. However, soundscapes are hugely complex, and measuring them as a basis for environmental design requires a step change to the discipline. This paper explores the need for developing ‘soundscape indices’, in the movement from noise control to soundscape creation, adequately reflecting levels of human comfort, the impact of which will be reminiscent of that of the Decibel scale created by Bell Systems a century ago. By analysing the soundscape design of urban open public spaces, the coherent steps for achieving this are also discussed, including characterising soundscapes by capturing sounds-capes and establishing a comprehensive database; deter-mining key factors and their influence on soundscape quality based on the database; developing, testing and validating soundscape indices; and demonstrating the applicability of the soundscape indices in the management of our sound environment.

【Keywords】 Noise; Soundscape; Management; Sound; Environment; Soundscape index

1 引言

欧盟关于未来噪声政策的绿皮书中显示，世界卫生组织已经表明8000万欧盟公民正承受着无法忍受的环境噪声水平（Berglund et al，1999），且交通噪声的社会成本可达GDP的0.2%～2%。目前对于噪声问题而言，传统的解决方法即降低其“声级”，但此举却并不总能提高人们的生活质量。而声景研究则是一种通过学科交叉来感知声环境的新策略，并且是一个可解决当前噪声问题且不断发展的领域。但是，声景是一个十分复杂的系统，若将其作为环境设计的基础，则需对相关学科进行根本性的改变。

由此可见，发展“声景指标”（SSID）十分必要，因为它可以充分反映人们的舒适感。因此本文将从四方面来探讨如何将研究重心从分贝转换到声景指标，即：回顾从噪声控制到声景营造这一过程的飞跃；解决从“分贝型”研究方法转化为声景指标研究的需求；通过分析在城市开放空间中的声景设计实例提出声景指标的发展与应用框架；最终讨论了声景研究方法与声景指标之间重要的相关意义。

2 从噪声控制到声景营造

从收到的投诉数量来看，来自交通（公路、铁路、航空）、工业、建筑、公共工程和社区等的噪声是环境问题的主要来源。由于城市化进程与基础设施建设的飞速发展，噪声问题逐渐全球化，尤其是在发展中国家。噪声会对人们造成一系列潜在的不良影响，包括听力损伤、惊吓与防御反应、耳部不适、心血管疾病、干扰交流与睡眠等。并且这些健康影响可能导致社会障碍、生产力下降、学习成绩下降、工作场所和学校缺勤人数增加、毒品滥用和事故率提高（Berglund *et al*，1999；Wilhelmsson，2000），以及财产损失等经济影响。

2002年出版的《欧盟环境噪声评估与管理指令》（*END*）推动了一系列重大举措。指令中降低噪声水平一直是全球范围内所有其他现行法规和政策的重中之重，目前正花费在此的费用已达数十亿欧元。然而，尽管近几十年来降噪方面进行了大量的研究和实际工作，但降低声级并不总是可行且成本过高，更重要的是不一定会改善生活质量。以城市开放空间为例，研究表明当声压级低于某值（65～70dBA）时，人们的声舒适度主观评价与声压级并无关系，声音种类、使用者特点与其他因素才起着重要作用（kang，2007）。此外，考虑整体声环境，而不仅仅是噪声来源（特别是交通噪声），会随着安静型机动车的发展而变得更加重要，这也是 *END* 引导下的重大行动之一。研究还发现，环境噪声的烦扰度只取决于大约 30%的物理层面因素，例如声能量等（Guski，1997）。*END* 还呼吁对“安静的地区”采取行动，即对特定类型的声景进行保留。人们正在探索“安静区域地图”，但如何对其进行评判、使用及如何将其纳入设计尚不明确。因此，尚需采取一种新的方法来评估声环境质量。

与噪声控制工程不同，声景营造关乎耳朵、人类、声环境和社会之间的关系，并且涉及一系列学科，包括声学、美学、人类学、建筑学、生态学、民族学、通信学、设计学、人文地理学、信息学、地平线、法律、语言学、文学、媒体艺术、医学、音乐学、噪声控制工程哲学、哲学、心理学、政治学、宗教研究、社会学、技术和城市规划等。声景在政策以及规划、设计过程方面也具有重要的现实意义。尽管 20 世纪 60 年代声景的概念就已经被提出，最近 *END* 关于设立安静区域的行动才真正使得研究人员和从业人员对这一问题给予极大关注。在最新的大型国际会议上，例如国际噪声控制工程大会（Internoise）、欧洲规划学院协会年会（AESOP）、国际声学大会（ICA）、国际噪声与公共卫生大会（ICBEN）以及欧洲噪声控制会议（Euronoise）等，也对此开展了一些具有针对性的议题，并且与之相关的若干国家研究项目也正在进行。人们对于该领域的实践兴趣也越来越浓，例如，伦敦管理局正在积极推动实际的声景示范项目（Kang，2009），在柏林、斯德哥尔摩和安特卫普等其他城市也采取了类似的行动（Kang and Schulte-Fortkamp，2016）。针对此的研究网站也被建立，例如，英国工程和物理科学研究理事会资助的 NoiseFutures 联盟（http：//noisefutures. org/），汇集了 65 名来自不同的学术背景和经历的政策制定者以及顾问的贡献；关于欧洲城市景观和声景观的 EU-COST 联盟（http：//soundscape-cost. org/），汇集了来自 23 个国家和 7 个欧洲以外的合作伙伴组织，该联盟涵盖科学、工程、社会科学、人文与医学等学科；以及 WUN（World-wide University Network）环境声学联盟。国际标准化组织（ISO）也开展了相应的工作，在出版的 ISO 12913-1：2014《声学-声音-第 1 部分：定义和概念框架》中，声景被定义为“特定场景下，个人或群体感知、体验或理解的声环境。”由此可见，“声景”不同于“声环境”，因为它涉及知觉的建构而不仅仅是一种物理现象。

声景研究代表了环境噪声领域的模式转变，它结合了物理、社会和心理学方法，并将环境声音视为“资源”而不是“废物”。在目前仅基于噪声的研究和政策中，许多问题已经暴露出来，这一模式转变十分迫切。然而，目前的声景研究仍处于对问题的描述和识别阶段，并趋于零散，仅集中在如对住宅区声景的主观评价等少数特殊情况下。目前的知识体系和对标准化方法和指标的需求在科学期刊的特刊（如美国声学学会杂志（Schulte-Fortkamp and Kang，2013）、欧盟项目（如：www. fp7sonorus. eu）以及上述联盟最近举办的一些研讨会（kang，2015）中均有说明。

在从噪声控制到声景营造的进步中，对声景质量进行标准化评价成为了重要的一环。声景发展的关键驱动因素体现在三方面（Kang，2007；Kang，2009）——声景的评价与理解、设计以及预测，这些都需要进一步的发展：

（1）声景评估：虽然人们对此进行了大量的科研工作，但对于声景的感知仍需要进一步研究，特别是关于各种声音对压力水平的影响是积极还是消极的。对于声景评价与理解，采用标准化的指标来比较不同声景之间的差异是非常必要的。

（2）声景设计：现今对整体声景设计的各种技术需求是公认的并且广为存在的，且远远超出了对噪声控制的需求。声景的设计应从声源、传播路径和接收者的角度出发，并应融入总体可持续环境的设计之中。因而在声景设计中，运用标准化的声景指标作为基准是至关重要的。

（3）声景预测与声景地图：虽然在*END*的影响下欧盟正在大力发展噪声地图，如现在超过10万居民的城市群以及主要道路、铁路和机场等现在必须有噪声地图，但与此同时，考虑使用者所感知的正面及负面声音，并对整体的声环境进行预测从而形成声景地图的需求也十分迫切（Aletta and Kang，2015）。由此可见，发展声景指标十分必要。另外，随着三维可视化工具在城市设计中逐渐被应用，运用三维声学动画同时考虑城市声源、空间及时间等影响因素也是十分重要的。

3 从dBA到声景指数

声音有三种基本物理指标：（1）声功率：声能从振动源传播到介质的速率；（2）声强：声能垂直于指定方向传播的平均速度；（3）声压：由声波引起的大气静压的增量变化。用于测量声音的最早和最常用的科学指标是分贝（dB）。最早和最常用的测量声音的指标是分贝（dB），它是贝（B）的十分之一，由贝尔电话实验室所定义，以量化在1英里长的标准电话电缆中的音频等级的降低。分贝是一种对数单位，它表示声压、声强或声音功率相对于参考值的量级。分贝对于声级的评估十分具有实用性，因为人们的感知程度与指数量级的变化是呈线性相关的，例如声强的倍增会使人们感觉到强度增加大致相同的数量级。这种对数性质使得声压（声强或声功率）可由人们方便感知的数字来表示其大小。

在给定分贝的情况下，人们对不同频率的声音会感受到不同的主观响度。自20世纪30年代以来（Fletcher and Munson，1933），学者通过对纯音在自由场中进行主观对比测量，已经研究出了几种不同版本的等效响度级，其单位是方（phon）。在许多情况下，响度和噪度是两种独立的感知属性。在实验室主观实验的基础上，确立了等噪度曲线（Kryter，1970）。噪度最初是用于评估飞机噪声的，但目前也被用于评价其他类型的噪声。

为表示整体的声级，通常需要单一值来体现，不同频率声音的声级需要组合起来。在考虑了典型人群对等响度级的不同声音的反应，并对每个频率的声级进行调整后，建立了几种计权网络。在不同的计权系统中，A计权产生的分贝值称为dBA（通常是Leq，为时域上的等效连续声级），在几乎所有国家或国际条例中最为常用。然而人们对于A计权声级的有效性却一直争论不休（Pamanen，2007）。许多研究表明，dBA与人的感知相关性不高，它作为噪声烦扰度指标的适用性一直受到质疑（Hellman and Zwicker，1987）。例如，dBA

最初是在较低的声级上模拟人耳反应，因此其适用范围较为有限。此外，对低频噪声问题的投诉也越来越多，《低频噪声学报》（journal of low frequency noise）已经有大量研究显示 dBA 不能提供正确的指导作用。目前针对 dBA 的问题展开了两方面的研究：不同噪声源的声级调整研究，如铁路噪声；以及某些噪声源的社会心理噪声感知模型（Kang，2007）。然而，这些研究仍然专注于噪声，而不是出于对整体环境的人们所想要的和不想要的声音进行考虑。

心理声学研究是对 dBA 的进一步发展，它起源于工业产品领域，以更好地设计产品声质量为目标。在一开始（即 20 世纪 80 年代），它只是表示声音不只有大小这一特征（Blauert and Jekosch，1997），它还与产品质量概念相关，声音质量被定义为“在特定技术目标和（或）任务范围内的声音的全面性”。声质量有三个主要方面：（1）“刺激—反应”的兼容性，这是声音的功能方面；（2）声音的愉悦度，这是基于从各种声音属性以及个人偏好和经验中产生的瞬间整体印象；（3）声音或声源的识别性。心理声学因素，包括响度、波动强度或粗糙度、清晰度和尖锐度（Zwicker and Fastl，2007），都成功地被用于声音质量评价。心理声学指标可以用仪器进行预测，尽管仪器还远远不能够模拟人类在各个方面对于声音的感知和评价（National Instruments，2014）。并且产品音质通常考虑单一声音，而环境声学的特征是声源的多样性与动态性，因而心理声学指标的使用也就变得更加复杂（Fastl，2006）。

人们普遍认为对声环境的评估不应仅依靠物理指标，基于“人的反应不应等同于声学测量”（Andringa *et al*，2013），个人体验也应纳入考虑的范围内。据报告显示，即使地方当局执行所有的环境噪声规范，但社区投诉仍不断。实际上，虽然传统的噪声控制方法只是旨在降低声级，但声景的方法认同声音本质的重要性，声音也可能是“想要的”以及“不需要的”。因此，随着从单纯的降噪到声景研究的必然趋势，发展声景指标成为了目前的迫切需求，从而可以对声环境进行分类，以便进行规划或环境评估。这将使人们能够以充分反映舒适度水平的方式来对整体声环境质量进行评估。

4 设计声景：以城市公共开放空间系统为例

为了设计新的声景或研究既有的声景，必须使用适当的评价系统来描述可设计的方面。以城市开放公共空间为例，其声景系统包含四方面内容（Kang，2011），如图 1 所示，即：每种声音的特征，空间的声学效应，使用者的社会及人口统计因素，以及其他物理与环境条件。

在每个声音的特征方面，应考虑声压级（SPL）、频谱、时间条件、声源位置、声源运动情况以及心理和社会因素等一系列特征：

（1）对于声压级而言，应考虑稳态声压级和统计声压级。

（2）对于频谱而言，如果音调成分显著，则考虑窄带频谱十分有用，并应注意到任何具有差异的低频部分，因为它们产生的影响近年来受到了广泛的关注。

（3）对于随时间的变化而言，声级高的声音在开始时被认为是更响亮的，这可能是由于声音开始时所产生的过渡作用引起的。此外，对时间条件的描述还应包括声音的产生、声序列以及时间变化，例如声音的开始与停止、增加或减少、延长及缩短等。与此同时，对声音的感知也会随着其持续时间的变化而产生差异，如声音的持续时间越短，给人的感觉就越尖锐。同时声音的脉冲特性，包括声级的峰值以及上升和下降的时间也应被考虑。

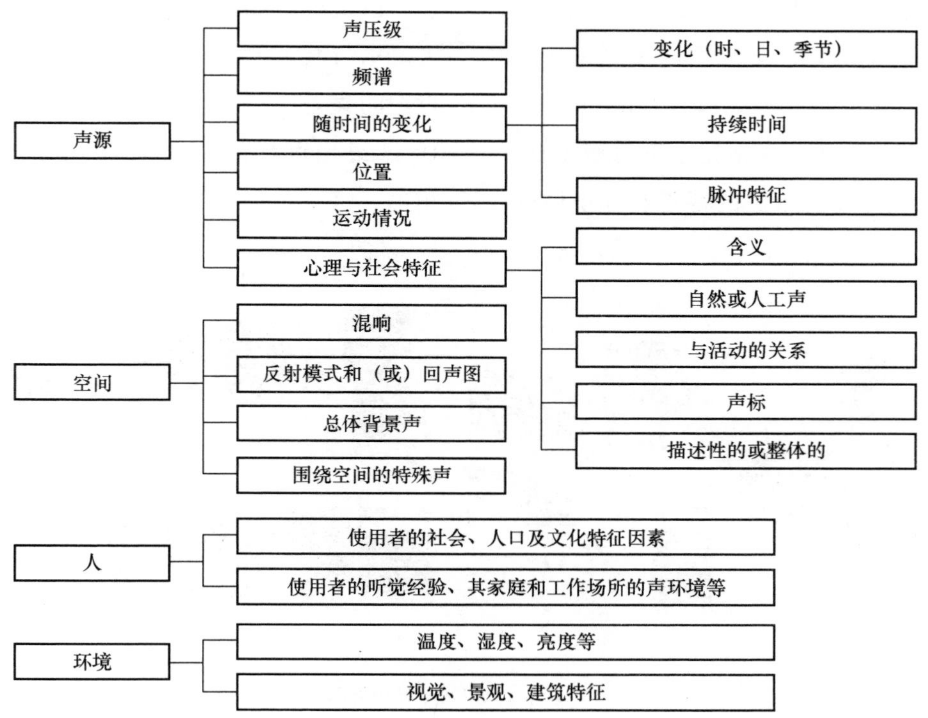

图 1　描述城市开放公共空间可设计方面的体系（Kang，2007）

（4）声源的位置和运动情况亦十分重要。人们通过声音来估计距离是一种与生俱来的能力，并且听觉系统还能够从各种声学事件中来探测声源距自身的距离以及其速度、运动方向，甚至大小和重量等细节信息。

（5）声音的另一个方面是其心理和社会特征。声音可以自然出现或被听者的意愿选择出现。在描述声音的心理和社会特征时，有必要区分自然和人工的声音，以表明声音与活动的关系，并以此确定某声音是否为某地的声标。

对空间的声场和声学效应而言，相关因素包括空间形状、边界材料、街道或广场的附属品以及景观要素等。除了混响、反射模式和（或）回声图外，还应检查空间可能存在的声音缺陷，如回声和声聚焦等。并且总体背景声和围绕空间的任何特殊声源也应被考虑，例如，当人从安静的环境向一个相对嘈杂的空间移动时，其对声音的评价将与从嘈杂空间向安静空间移动的不同。

对于使用者的社会及人口因素而言，需考虑其性别、年龄、居住地（即当地居民或来自其他城市）以及文化和教育背景。并且使用者的听觉经验、其家庭和工作场所的声环境也十分重要。

对其他物理与环境条件而言，应考虑温度、湿度、风、日照、亮度和眩光，以及视觉环境、景观和建筑特征等因素，因为它们与声环境的感知有着强烈的互动关系（Kang，2007）。

5 案例研究：谢菲尔德 Gold Route 水景的声景研究

谢菲尔德 Gold Route 路线上的一系列水景是一个典型的案例，如图 2 所示（Kang 和 Hao，2011;，2012；Kang 和 Schulte-Fortkamp，2016）。这是从火车站到城市的整体改善的一部分，包括改善市民的视觉和环境体验。本项目包括一系列具有创新性的水景，每一个都有不同的声音特征，其设计目的是为了吸引人流并唤起人们对城市遗产的兴趣。本系列展示了声景在塑造文化遗产中所扮演的重要角色，以及将其纳入城市中心的重要性。事实上，水与城市的成功发展直接相关，其在 12 世纪的集镇发展、14 世纪的钢铁工业，以及 19 世纪到近代的工业革命中均扮演着核心角色。

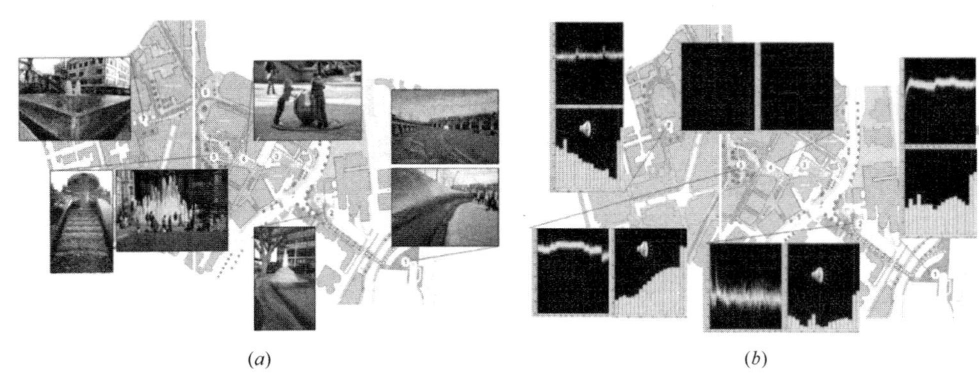

(*a*) (*b*)

图 2 谢菲尔德 Gold Route 路线

（*a*）水景及城市；（*b*）在 1m 处测量的 Gold Route 不同地点的水景声级与频率随时间的变化，包括：①羊角广场；②霍华德街和哈拉姆花园；③千年画廊和冬季花园；④千禧广场；⑤和平花园；⑥镇大厅广场和萨里街；⑦巴克斯池

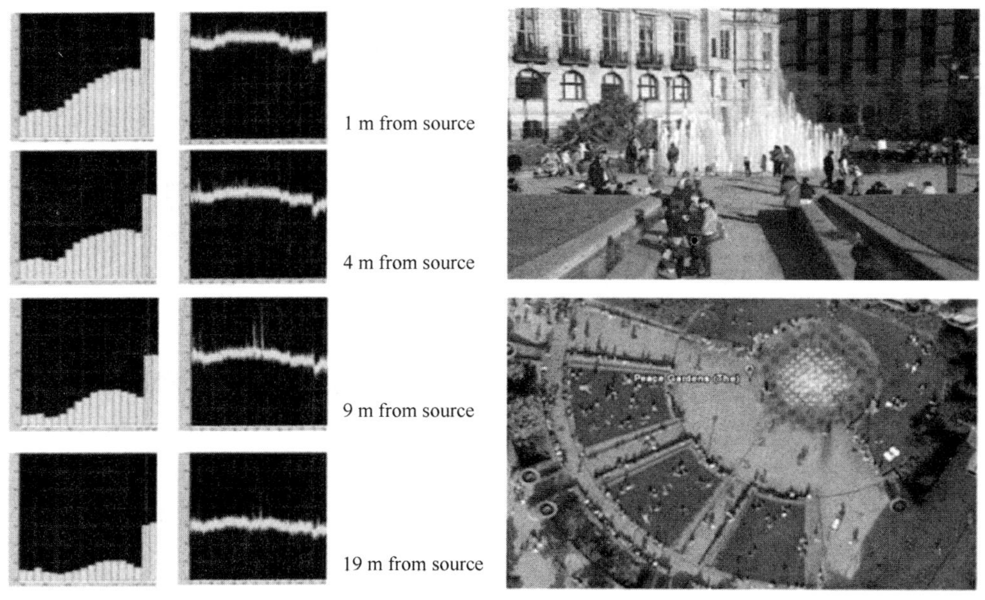

图 3 距 Gold Route 上的和平花园中的主喷泉不同距离时声景的变化

对不同类型水特征的特点进行了综合研究，对心理声学因素进行了分析，并对人们对水的感知进行了实地问卷调查。一系列频谱分析中显示了沿 Gold Route 距离声源间隔分别为 1m 等距的不同位置的时间与频率变化。并通过对测量结果进行分析来证明其丰富性和多样性。如图 3 所示，在相对较短的距离（即 20m）范围内，不同声景的频谱和动态范围相当可观，并展示了这些变化所提供的设计潜力。

Sheaf 广场的水为人们提供了一场“音乐会”，并营造了众多的声景体验，在频谱和动态范围内都有很大的变化。其中一个有趣的声景元素来自阻隔交通噪声的不锈钢屏障，同时它提供了人们喜爱的流水声。水在吸引注意力方面的作用也是十分重要的。除了水的各种声音，它的视觉效果也对声景起着至关重要的作用，与千禧广场上那些无声装置的功能类似（见图 2）。

对心理声学因素的分析，包括响度、粗糙度、尖锐度和波动强度等，也说明了心理声学的多样性。一系列实地问卷调查显示，该地区的人们对水声有明显的偏好，并且十分引人注意，有趣的是，它们并不是所有声音中最响亮的。

此案例研究表明，使用不同的声音元素（例如本案例中的水景）创造高文化价值的空间来提高到访者的愉悦感，并减少噪声烦扰度十分重要。这再次显示了声景研究方法可提供的附加价值，而这些价值是不可能通过纯粹的噪声控制策略实现的。

6 声景指标的发展与应用：研究框架

人们对不同声景的感受与体验有差异已被证实（Kang，2007；Guski，1997；Kang，2009），而决定其感受的则是一些基本因素。在前人研究的基础上，这些基本因素可归纳为三方面，即：生理或生物因素、心理因素、物理或心理声学以及其他类别的附加情境因素（例如视觉，文化）（Aletta *et al*，2016）。

最近受到关注的生理或生物因素被证明对声景质量有相当大的影响（Medvedev *et al*，2015），但在这方面的相关研究是极其有限的。物理或心理声学因素，如 LAeq、L90、响度和尖锐度等已被证明其实用性，但不够充分。在这里，LAeq 是一个 A 计权等效连续声级，而 *Ln* 是在指定的测量周期中超过 *n*%的噪声水平。换句话说，如果在一个给定的时间间隔 *T* 内得到的 *N* 个测量的声压级，并且将它们按照升序排序，那么 *Ln* 则是第（$100n/N$）个声压级。根据惯例，L1、L10、L50 和 L90 分别用于给出最大、侵入、中值和背景声级的近似值（Kang，2007）。情境和心理因素的影响对声与声景的关系十分重要（Terroir *et al*，2013），例如，声源的含义与产生、偶然事件的规律性、安静期的次数和持续时间、视觉感知的绿植量（Watts *et al*，2013）、“声标”的存在及其历史价值（例如“大本钟清晰可听区域”已被提出用于伦敦市中心），以及使用者的社会、人口和行为因素及其期望（Yu and Kang，2008）。

对上述因素综合作用的研究目前是相当有限的。一种方法是发展一些更为复杂的因素，如“坡度”，是指声音事件到达感知耳朵的频率以及它们是如何从背景噪声中产生的（Memoli *et al*，2008）。这些感知因素为声景在数值（即数量）上或逻辑上（即“是/否”）的评价提供了可能性。另一种方法是发展整体声景质量的中间指标，即评价声景的某一方面，诸如仪式感、活跃度、安静感和愉悦度等一些以心理声学和心理因素为基础的指标（Axelsson *et al*，2010）。

虽然声景指标的产生是由于声景质量和生理或生物、心理、物理或心理声学、情境之间存在的趋势或关联，值得注意的是，在多种决定因素的情况下，声景指标的建立可能会变得十分复杂。虽然已经进行了一些小规模的研究，特别是在物理或心理声学以及心理学方面，但这些研究结果不能直接用于对声景指标的综合调查。为了得出声景指标，一些广泛的、跨学科的、非常规的、连贯和系统的方法十分必要。

为满足对这些方法需求，确定影响声景质量的决定因素，以及对这些因素如何影响声景进行研究，并提出可信且具有广泛应用的声景指标则显得非常重要。图 4 显示了一个模型框架，可以看出声景指标可以采取单一或一组的形式。前者可以是 SSID（声景指标）＝f（物理因素）＋f（心理因素）＋f（生理因素）＋f（情境因素）……在这里，SSID 可以是一个单一的数值指标，也可以是一种可能性的模糊指标。如果确定因素之间存在复杂的相关性，那么 SSID 也可以用计算机模型来计算，而不是上面的分析或经验公式。如果是后者，SSID 将基于一组公式或计算机模型，它反映了多个属性，例如主观响度、声喜好、活跃度等。对于单一或一组指标，都应考虑两种情况，即在设计阶段和使用后评价阶段。对前者而言，所有内容都应在设计阶段提供，可根据以往或现有的调查数据来引入一些感知因素。

发展声景指标对达到从噪声降到声景营造的更广泛的目标非常重要，可以以充分反映人的舒适程度的方式来评估声音环境的质量，需要解决的基本问题包括：

（1）什么是声音特征，在什么情况下需要声景指标？

（2）声音质量的决定因素（即心理，物理/心理声学，生理/生物）是什么，以及它们是如何影响声景质量的？

（3）得出声景指标的步骤是什么？

（4）声景指标可以在什么框架下被应用，并同时考虑到声景的预测、设计和标准化？

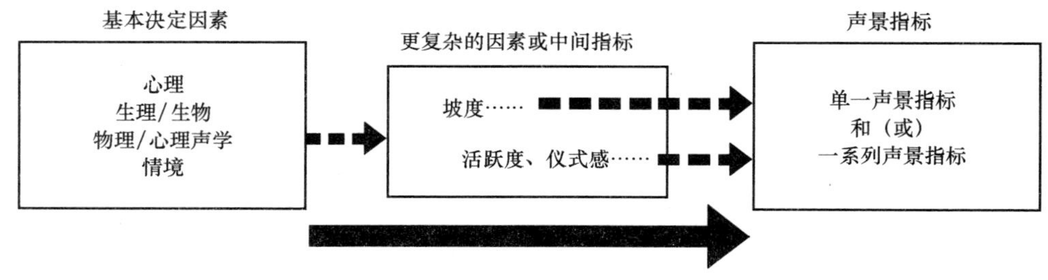

图 4　声景指标的模型框架

7　意义和潜在影响

声音指标的发展将是向前迈出的重要一步，这将取代数十年来在声音相关法规和标准中使用的 dBA。鉴于英国每年噪声影响的成本为 70 亿～100 亿英镑（defra. gov. uk），继续使用与生活质量关系不密切的 dBA 系统的成本将会很大，而在西欧，每年有 100 万人因交通噪声（who. int/；eea. europa. eu）而丧失健康生命。

这样的发展将大大提高声景的科学技术，通过对建筑、计划、景观、声学、工程、心理学、社会学、生理学、生物学、听觉感知和认知相关的新兴科学思想的交叉培养，将医学、生物声学、生理学方法整合到声景研究中，将使该领域远远超出当前的技术水平（Brown et al，2011；Kang et al，2016）。

声景指标（SSID）的发展将支持声景的实施，通过整合规划政策，更好地对声环境进行管理。与基于分贝的设计相比，可对环境进行更有针对性的改进。在规划新的生活和娱乐领域以及重塑老旧区域方面，有助于创造一个更令人愉悦和宜居的环境。实施的声景设计的优势包括：

（1）健康：研究表明，安静区域和具有恢复性的声景可以有益于心理健康。随着老年人口的增加，人们需要防止人体机能的退化的环境。良好的声景设计或再设计也是为儿童提供充实和健康的学习环境的先决条件。

（2）经济：有吸引力的声景可以提高房地产价格，为经济投资创造具有吸引力的环境，通过提供具有恢复性的城市空间来弥补达健康所消耗的医疗成本。

（3）文化：声景是“感知地方”的重要指标，它考虑到不同人的感知与评价，而不仅仅是噪声水平，并支持城市结构中的文化多样性。声环境质量有助于人们对地方的独特性进行识别，同时声景研究还将有助于对声学保护和恢复的理解。

8 结论

通过回顾从噪声控制到声景营造的飞跃，可以清楚地发现从 dBA 型措施到声景指标这一需求的转变，并且城市开放公共空间的系统研究以及对典型声景设计实例的分析可以证明声景设计是至关重要的。

本文提出了开发和应用声景指标的框架，并建议采取协调一致的步骤以实现此目标：通过捕捉声景和建立综合数据库来归纳声景特征；基于数据来确定影响声景质量的关键及影响因素；开发、测试和验证声景指标；并展示了声景指标在声环境管理中的适用性。

参考文献

[1] Axelsson Ö，Nilsson M，Berglund B (2010). A principal components model of soundscape perception. Journal of the Acoustical Society of America，128(5)：2836-2846.

[2] Andringa T C，Weber M，Payne S R，Krijnders J D D，Dixon M N，Linden R，de Kock E G L，Lanser J J L (2013). Positioning soundscape research and management. Journal of the Acoustical Society of America，134(4)：2739-2747.

[3] Aletta F，Kang J (2015). Soundscape approach integrating noise mapping techniques：A case study in Brighton，UK. Noise Mapping，2(1)：1-12.

[4] Aletta F，Kang J，Axelsson Ö (2016). Soundscape descriptors and a conceptual framework for developing predictive soundscape models. Landscape and Urban Planning，149：65-74.

[5] Blauert J，Jekosch U (1997). Sound-quality evaluation—A multi-layered problem. Acta Acustica United with Acustica，83(5)：747-753.

[6] Berglund B，Lindvall T，Schwela DH (1999). Guidelines for Community Noise. WHO Repor.

[7] Brown A L，Kang J，Gjestland T (2011). Towards standardization in soundscape preference assessment. Applied Acoustics，72 (6)：387-392.

[8] Fletcher H，Munson W A (1933). Loudness，its definition，measurement and calculation. Journal of the Acoustical Society of America，5 (2)：82-108.

[9] Fastl H (2006). Psychoacoustic basis of sound quality evaluation and sound engineering. In: Proceedings of the 13th International Congress on Sound and Vibration. Vienna, 324-345.

[10] Guski R (1997). Psychological methods for evaluating sound quality and assessing acoustic information. Acta Acustica United with Acustica, 83(5): 765-774.

[11] Hellman R, Zwicker E (1987). Why can a decrease in dB(A) produce an increase in loudness? The Journal of the Acoustical Society of America, 82(5): 1700-1705.

[12] Kryter KD (1970). The Effects of Noise on Man. New York: Academic Press.

[13] Kang J (2007). Urban Sound Environment. London: Taylor & Francis Incorporating Spon.

[14] Kang J (2009). Understanding and improving soundscape quality. In: Proceedings of TRANQUIL SPACES——From Understanding Perceptions to Practical Protection. London.

[15] Kang J (2011). Noise management——Soundscape approach. In: Nriagu JO, ed. Encyclopedia of Environmental Health. Burlington: Elsevier, 174-184.

[16] Kang J, Hao Y (2011). Waterscape and soundscape in Sheffield. In: Proceedings of Meeting of the COST Action TD0804 on Soundscape Examples inCommunity Context. Brighton.

[17] Kang J (2012). On the diversity of urban waterscape. In: Proceedings of the Acoustics 2012 (Joint Meeting of the French Acoustical Society and UK Institute of Acoustics). Nantes.

[18] Kang J (2015). Designing and planning soundscape. In: Proceedings of 3rd International Conference on Management Technology for Environmental Noise and Vibration Control. Beijing.

[19] Kang J, Aletta F, Gjestland T T, Brown L A, Botteldooren D, Schulte-Fortkamp B, Lercher P, van Kamp I, Genuit K, Fiebig A, Bento Coelho J L, Maffei L, Lavia L (2016). Ten questions on the soundscapes of the built environment. Building and Environment, 108: 284-294.

[20] Kang J, Schulte-Fortkamp B (2016). Soundscape and the Built Environment. London: Taylor & Francis Incorporating Spon.

[21] Memoli G, Licitra G, Cerchiai M, Nolli M, Palazzuoli D (2008). Measuring soundscape improvement in urban quiet areas. In: Proceedings of UK IOA Conference. Reading.

[22] Medvedev O, Shepherd D, Hautus M (2015). The restorative potential of soundscapes: A physiological investigation. Applied Acoustics, 96: 20-26.

[23] National Instruments (2014). Measurement of Sound Quality. http://www.ni.com/white-paper/1256/en/, 2016-12-15.

[24] Parmanen J (2007). A-weighted sound pressure level as a loudness/ annoyance indicator for environmental sounds——Could it be improved? Applied Acoustics, 68(1): 58-70.

[25] Schulte-Fortkamp B, Kang J, eds. (2017). Special issue on 'Soundscape and its Applications'. The Journal of the Acoustical Society of America, 141(6).

[26] Terroir J, De Coensel B, Botteldooren D, Lavandier C (2013). Activity interference caused by traffic noise: Experimental determination and modeling of the number of noticed sound events. Acta Acustica United with Acustica, 99 (3): 389-398.

[27] Watts G, Miah A, Pheasant R (2013). Tranquillity and soundscapes in urban green-spaces——Predicted and actual assessments from a questionnaire survey. Environment and

Planning B: Urban Analytics and City Science, 40(1): 170-181.

[28] Wilhelmsson M (2010). The impact of traffic noise on the values of single－family houses. Journal of Environmental Planning and Management, 43: 799-815.

[29] Yu L, Kang J (2008). Effects of social, demographical and behavioral factors on the sound level evaluation in urban open spaces. Journal of the Acoustical Society of America, 123 (2): 772-783.

[30] Zwicker E, Fastl H (2007). Psychoacoustics——Facts and Models. Berlin: Springer.

BIM 模式下新加坡总承包项目精益建造管理模式探索①

邓铁新[1]　薛小龙[2,3]

（[1]中建南洋，新加坡，089315，[2]广州大学工商管理学院，广州　510006，
[3]哈尔滨工业大学管理学院，哈尔滨　150006）

【摘　要】本文从公司层面对大型总承包项目（EPC）的 BIM（建筑信息模型）技术在精益建造中的应用总结经验，针对现存问题，提出了进一步优化的措施方案，供下一步研究和实践，同时也提供给市场领先的建造公司作为选择 BIM 云的决策作为参考。

【关键词】BIM 模型；BIM 云；EPC 精益建造

Case Study on Singapore EPC Project Lean Construction Based on BIM

Deng Tiexin[1]　Xue Xiaolong[2]

（[1]China Construction（SP）Development Co. Pte Ltd，Singapore　089315，
[2]School of Management，Guangzhou University，Guangzhou　51006；
[3] School of Management，Harbin Institute of Technology，Harbin　150001）

【Abstract】This paper summarized current BIM application on Singapore EPC projects. BIM and related APP，Cloud technology were widely used in EPC lean construction and raised productivity of progress，quality，safety，staff KPI management. Case study on EPC project to improve the site management by considering cost data security which enable the construction firm to use without damage the company interest. Also case study on the collaboration design for the APP in order to improve logistic，quality，safety，man power management further. In the end，suggested solution and possi-

① 国家自然科学基金"BIM 技术跨组织协同创新机制研究（71671053）"。

ble improvement works to be done for the lean construction based on BIM.

【Keywords】 BIM；BIM Cloud；EPC Lean Construction

1 新加坡 BIM 模式下总承包项目管理的背景简介

1.1 BIM 建模技术

BIM 施工模型是将建筑、结构、机电等模型进行综合的模型，LOD[1,2]（建模精细等级）达到 400，是将工艺参数与影响施工的属性联系起来，以反映施工模型与设计模型之间的交互作用。施工模型的各个构件要和施工计划高度吻合，才能有可重用性，继承性，一致性，实现虚拟施工过程各阶段和各方面的有效集成。只有建立精确可用的施工模型，完成这重要的基础工作才能实现模型的有效应用。新加坡市场常用的建模工具 Autodesk Revit，Tekla。新加坡市场上大型的建筑公司都已经建立了公司层面的 BIM 族库，BIM 技术和 LOD 技术标准。

1.2 BIM 4D（施工模拟）

BIM 4D 是将 BIM 模型和项目计划进行有机连接，有效地整合整个工程项目的信息并加以集成，实现施工管理和控制的信息化、集成化、可视化和智能化。BIM 模型存储了建设项目的几何、物理、性能、管理信息，事实上称为实际项目的 DNA，在此基础上的 BIM 4D 及应用能为项目参与方提供传统 CAD、效果图等无法实现的价值[6]。事实上，发展商对 BIM 模式下的项目全生命周期应用更加关注，而且相较承包商也更愿意在 BIM 上进行投入。

1.3 新加坡市场常见的 BIM 云

主流为 Autodesk 360，Finalcad，Novade，Aconex，Hubble，Conject，CMS（国内 EBIM 在新加坡注册的品牌），其他 Revizto，BIM Anywhere，Takla BIMsight. 特点：一般按项目交年费，价格昂贵，如果没有政府资助，一般中小建筑公司不会主动采用。

1.4 新加坡建筑市场和总包管理模式

新加坡政府从 2016 年开始，一方面通过征收高额劳工税削减外劳，另一方面政府对应用 BIM/VDC（虚拟设计施工），装配式建筑如整体预制卫生间（PBU），整体预制体积建设（PPVC）技术进行奖励和扶持，对政府项目更是进行了硬性要求。从 2017 年起，新加坡建设局要求所有的设计备案包括建筑、结构和机电，要提交 BIM 模型。项目完工，还要提交竣工 BIM 模型。

新加坡建筑市场大量的是存在 Design Bid Build（设计，招标，建造）和 EPC（REDAS Design & Build，设计加建造）两种总承包合约模式，前一种模式留给承包商的空间不大，后一种模式总承包商要负责项目结构和机电的设计和施工，给承包商充分施展优化设计的空间。本文的 BIM 模式下施工全生命期管理就是在 EPC 项目背景下。

1.5 应用 BIM 模式总承包管理的利益驱动

公司层面：获得政府奖励，作为发展商可以申请最高 50 万新币，作为承包商每个项目可以申请 2 万新币；

项目层面：提前解决前期图纸技术协调和深化问题，为现场施工平顺创造条件；

项目员工层面：通过 BIM 云平台，即时知道自己的工作量完成状态，与预先设定的绩效指标 KPI 对比，从而有针对性地进行改进。

2 BIM 模式下项目生命期现场施工应用

2.1 设计协调

参见图 1～图 3。

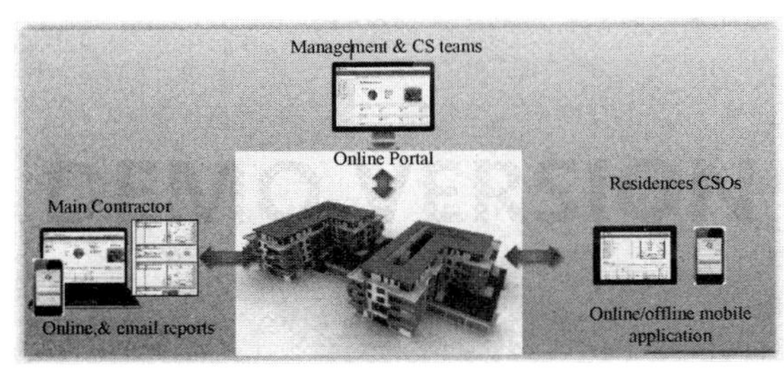

图 1 设计协调示意

图 2 现场讨论会

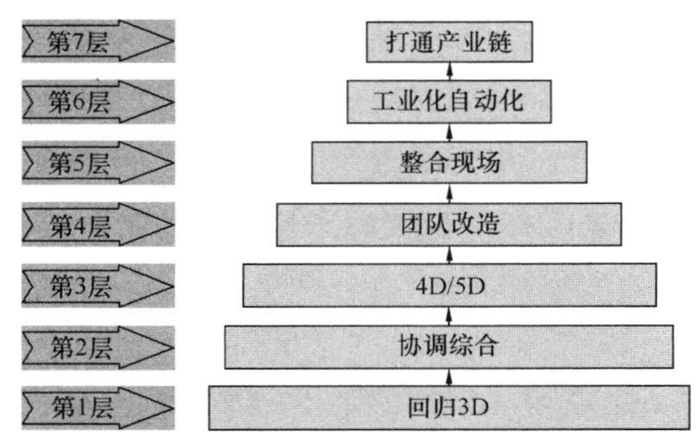

图 3 BIM 应用的七个层次[4]

已经解决了的问题：使用 Revit 建模，按照施工顺序个构件的搭接、预制情况进行精细建模，完成第一层任务；同咨询师、各专业分包的模型综合，进行现场协调会，解决碰撞检查，虚拟施工解决大部分的设计深化和协调问题，完成第二层任务；BIM 4D，进度计划虚拟施工完成，提早发现原计划没有考虑到的三维空间中的约束条件，大体积预制构件问题安装的细节问题比预计的多；现在进入第四层，团队改造，预计 2 到 3 年的时间，使项目团队人人会用 BIM 模型。

2.2 目前现场和建筑施工模型关联模式

2.2.1 放线机器人

参见图 4。

图 4 BIM 模型导出到现场实施放线作业，技术成熟

2.2.2 构件 QR code

参见图 5。

图 5 构件在 PC 端可以生成唯一对应的二维码，技术成熟

2.2.3 三大项目管理目标［4］现场移动端应用

2.2.3.1 质量模块

Novade 将质量缺陷的验收记录的上交，

预约验收，以及交付签收全部整合在一起，只用智能手机移动端就能完成这一系列操作。Novade的使用简化了我们日常的文件纪录以及管理。使得质量检查以及纪录分发实现无纸化，所有相关人员包括发展商，总包，分包的管理人员都能够用手机软件同步查看相关纪录。软件还可以根据纪录通过PC端输出报告，使得我们能实时跟踪工作的完成进度，以及各个分包的质量缺陷纪录及评估。大大提高了日常质量管理的效率，以及数据的可视化。具体参见图6、图7。

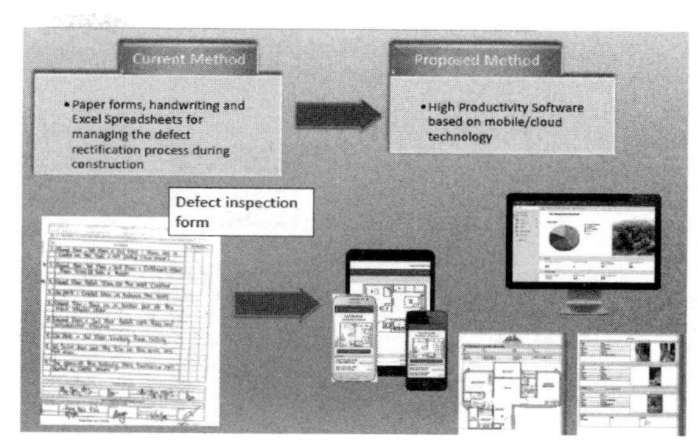

图6 移动端模式成功替代传统模式，大大提高生产效率

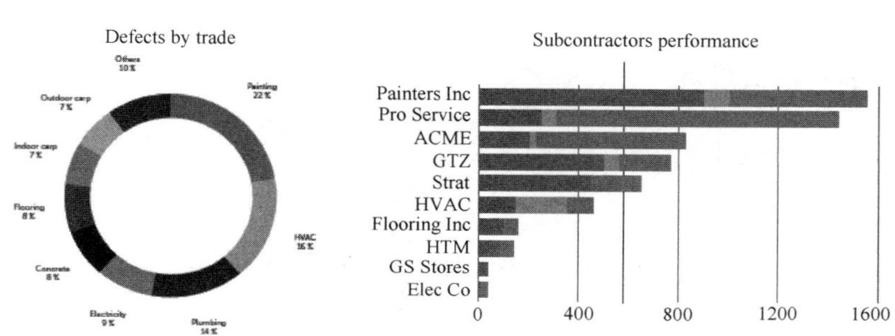

图7 自动生成质量看板和统计数据

2.2.3.2 安全模块

Finalcad，CMS安全功能实现了申请工具箱会议，批准工具箱会议，申请施工许可证，审批施工许可证，批准施工许可证，培训与会议计划，实行培训与会议，实行安全检查，实行列行安全检查，回复安全检查违规，添加风险评估与安全施工程序，对项目提交风险评估与安全施工程序，安全文件管理，实行意外事故管理。参见图8。

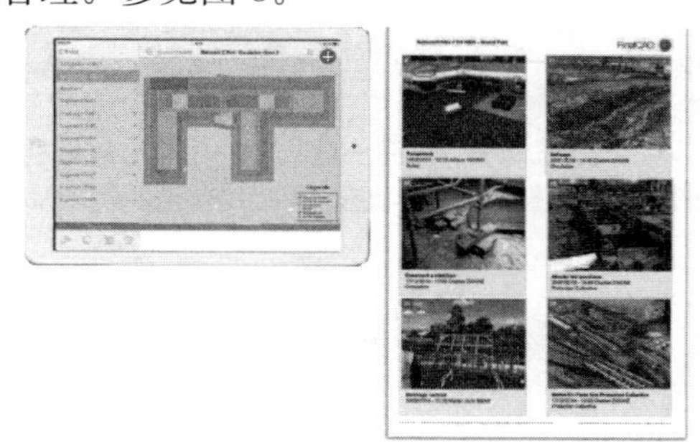

图8 安全模块示意

2.2.3.3 进度模块

Finalcad实现了进度数据包括图片，计划，实际进度等的即时查看及和建筑施工模型关联（图9）。

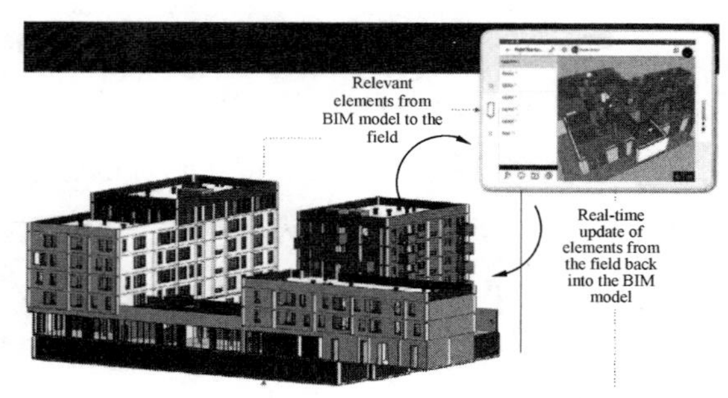

图9 进度模块示意

2.2.3.4 考勤和员工KPI模块

项目层面实现了工友打卡，日常工作安排，工作完成评估，KPI考核参考等（图10）。

图 10　考勤和员工 KPI 模块

3　主要存在的问题及建议解决方法

3.1　系统设计层面：接口设计

目前市场上还没有成熟的系统在公司层面将 BIM 技术与财务、人事考勤等系统整合[5]；表现在现场工程量计算，人事管理 KPI，现场 CCTV 监控等系统的还是沿用老办法进行人工整合。一方面，BIM 技术还需要改进扩展其统一的数据标准（IFC），使其能被需求各异的参与方接受。另外一方面，BIM 云平台和第三方软件来解决不同需求数据间的数据、图片、录像、文档、模型数据间的关联。

3.2　数据安全

企业级 BIM 云平台还要解决企业财务信息，施工过程和客户反映的质量缺陷等敏感信息的安全处理；笔者建议作为应用的一方建筑企业可以采用单价表单和工程量分离的方法，控制单价表单的权限即可。在 BIM 云平台一方，项目启动时同 BIM 云平台服务商签署保密协议作为供应商付款的附件，项目运行过程中，做好周和月度备份，在项目结束后，导出到公司硬盘上，并删除云端备份。

3.3　系统数据更新的问题，操作层面

对复杂 BIM 模型中构件的增加和删除等设计、施工变更引起的系统数据更新直接关系到项目应用的成败。模型数据更新，谁、什么时候、怎样的标准更新，怎样更有效率的更新？是涉及系统能否有效运转的核心问题。同样，问题的解决是前期 BIM 云平台的选型，后期现场团队改造，角色权限的同步设置。需要 BIM 建模软件，BIM 云服务商，财务软件商共同的改进。

4　建议的解决方案和未来发展方向

新加坡 BIM 应用实践表明：以 BIM 建筑模型为中心，所有的信息和模型中的构件进行关联，分层解决项目三大管理目标的实现问题，施工现场实际管理数据通过移动端上载到 BIM 云，进行即时交互，最终实现 BIM 模式下的施工全生命期管理。BIM 建筑模型[3]和现场管理的需求整合起来，形成 BIM 对现场活动的最大支持，进而产生社会价值，由此整合现场的移动端 BIM 云势必是未来的发展方向（图 11）。

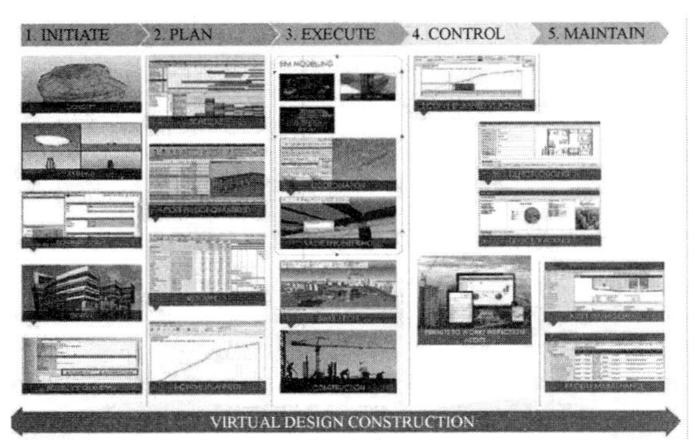

图 11　BIM 应用第 4 级，基于云端的 BIM 现场移动控制

参考文献

[1] Building and Construction Authority of Singapore. BIM Essential Guide (for Contractor) [M], 2013(8): 1-38.

[2] Building and Construction Authority of Singapore. Singapore BIM Guide; Version 2 [M], 2013(8): 1-60.

[3] Brad Hardin, Dave Mccool. BIM and Construction Management, second edition, 2015: 264-268.

[4] 王友群．BIM技术在工程项目三大目标管理中的应用[J]. 重庆大学硕士学位论文，2012(4): 13-15.

[5] 徐奇升，苏振民，王先华．基于BIM的精益建造关键技术集成实现与优势分析[J]. 科技管理研究，2012(7): 105-108.

[6] 赵彬，王友群，牛博生．基于BIM的4D虚拟建造技术在工程项目管理进度管理中的应用[J]. 建筑经济，2011(9): 93-95.

论 BIM 数据库的开发

任世贤

（贵州攀特工程统筹技术信息研究所　贵阳，550000）

【摘　要】 本文给出了 BIM 数据库和 BIM 数据的定义。在对 P3-WPS 编码结构和 BANT-WPS 编码结构比较的基础上，论证了 P3-WBS 方法的理论缺陷，论证了 BIM-WBS 方法引擎 BIM 数据库开发的正确性，从而为 BIM 数据库开发奠定了坚实的理论基础。

【关键词】 P3-WBS 方法；3D 模拟设计数据；BIM-WBS 软件；BIM-WPS 编码结构；P3-WPS 编码结构

On the Development of the BIM Databases

Ren Shixian

（Guizhou BANT Information Research Institute Of Engineering Bestsynergy Technology，Guiyang，550000）

【Abstract】 This article gives the definitions of the bim database and the BIM data. Based on the comparison of p3-wps encoding structure and bant-wps encoding structure，demonstrates the theoretical defects of p3-wbs method and demonstrates the validity of bim-wbs method engine bim database development，which establishes a solid theoretical foundation for the development of bim database.

【Keywords】 the P3-WBs methods；the 3d Simulate Design Data；the BIM-WBS Software；the BIM-WPS Encoding Structure；the P3-WPS Encoding Structure

1　相关基本概念

1.1　BIM 生命周期

建筑信息模型（BIM）面对建筑工程项目的全过程。建筑工程项目设计、施工和维护的全过程统称为建筑工程的全生命周期，简称 BIM 生命周期。在 BIM 生命周期中建筑工程项目设计阶段属于前生命周期，建筑工程项目建造阶段属于中生命周期，建筑工程项目运营阶段属于后生命周期。BIM是一个时间信息系统，具有自身内在的运行规律，因此，可以将它划分为BIM前生命周期子系统、BIM中生命周期子系统和BIM后生命周期子系统。BIM系统遵循自身的运行规律，而其各个子系统又具有自己的运行特性。

1.2 BIM-3D模拟设计

建筑工程项目的三维（3D）设计，称为BIM-3D模拟设计，简称3D模拟设计。3D模拟设计通过模拟图形获得建筑工程项目图形数据（数字、数据集合），并应用之再现BIM建筑工程项目图形。按照3D模拟设计理念开发的软件称为BIM-3D模拟设计软件，简称3D模拟设计软件，又称为BIM建筑工程设计软件。在应用该软件过程中生成的工程数据称为BIM-3D模拟设计数据，简称3D模拟设计数据。3D模拟设计数据界定BIM前生命周期的建筑工程图形。建立BIM数据库是3D模拟设计的基本任务。

1.3 工作分解结构和BANT嵌套结构

（1）工作分解结构。工作分解结构简称WBS（Work Breakdown Structure）结构。WBS结构是以可交付成果为导向对项目要素进行的分组，它归纳和定义了项目的整个工作范围，揭示了项目系统与子项目系统之间的内在联系，在工程项目管理中它是最重要的内容之一，是建筑工程项目的综合管理工具。

（2）BANT嵌套结构。结构符号网络计划技术的研究成果指出：工作分解结构是结构符号网络计划的一种层次结构，称为结构符号网络计划的AHP嵌套结构，简称BANT嵌套结构（图1）。在图1中，上层子项目系统中的一个元素和下层一个子项目系统之间的联系称为嵌套单元结构。由嵌套单元结构构成的整体称为结构符号。网络计划的AHP嵌套结构[1]，简称BANT嵌套结构。这是结构符号网络计划技术[2],[3]的一个重要的研究成果。BANT嵌套结构表达和揭示了项目系统与子项目系统之间的层次特性：上层子项目系统包含了下层子项目系统及其相关的全部嵌套单元结构；下层子项目系统不包含上层子项目系统及其相关的嵌套单元结构。显然，BANT嵌套结构是具有上下支配关系的递阶层次结构。

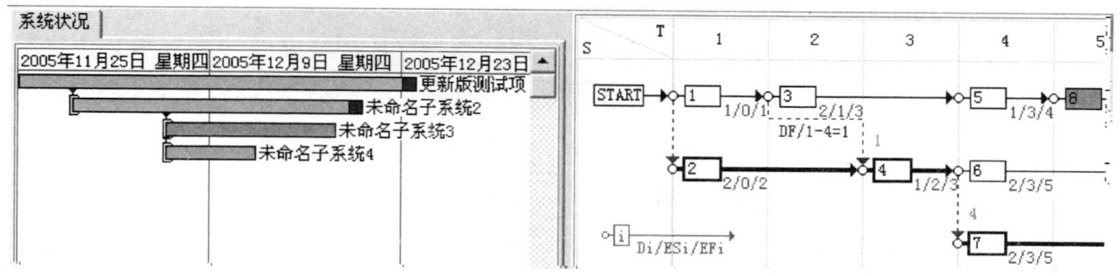

图1 用BANT软件绘制的某工程项目的AHP嵌套结构

BANT嵌套结构具有对建筑工程项目进行规划和编码的功能（图2）。从图2中可以看出，网络计划域中的子项目系统6与AHP嵌套结构域中黄色横条表示的“未命名子项目系统-6”一一对应；网络计划域中的子项目系统6是下级子项目系统，它所对应的是其上级子项目系统“未命名子项目系统-7”中的元素6。

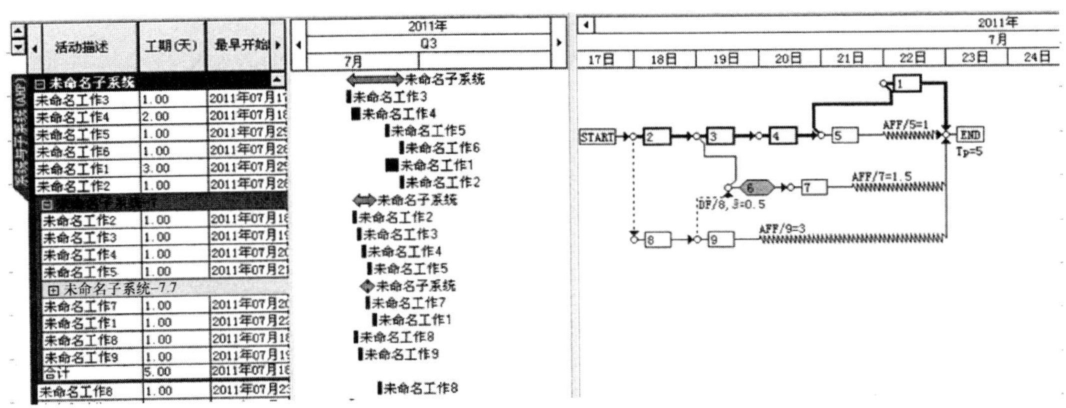

图 2　某工程项目的 AHP 嵌套结构

2　BIM 数据库的开发

2.1　BIM 数据库的定义

应用 3D 模拟设计软件（或 BIM 建筑工程设计软件）对建筑工程项目进行设计能够产生各种数据，对这些数据进行组织、存储和管理的方式称为 BIM 数据库。BIM 数据库应是一个开放的知识资源，它为建筑工程项目提供全方位的工程数据，这些数据除了建筑工程项目自身具有的真实数据外，还有大量的三维几何形状数据（例如建筑构件的材料与价格，工程进度与质量等）。BIM 数据库的数据来自 BIM-3D 模拟设计软件。同一个建筑工程项目的 BIM 数据库只有一个，故具有唯一性。对于同一构件元素，BIM 数据库中的工程数据只需要输入一次，各个相关工种就可以共享。BIM 建筑工程设计软件设计的过程也就是建立和完善 BIM 数据库的过程。

在符号学看来，图就是数，数也就是图——图与数之间存在对应关系[4]。依据符号学理论，BIM 建筑工程项目图形和 BIM 建筑工程项目图形数据之间存在对应关系。3D 模拟设计是建立 BIM 数据库的过程。绘制 BIM 前生命周期子系统图形，建立 BIM 前生命周期子系统图形与 BIM 前生命周期子系统图形数据之间的对应关系是 3D 模拟设计的基本任务，也是建立 BIM 数据库最主要的途径。

2.2　P3-WBS 方法不能够引擎 BIM 数据库的开发

3D 模拟设计界定了建筑工程项目设计阶段的建筑工程项目图形，称为 BIM 前建筑工程项目图形，简称 BIM 前图形。例如，建筑工程项目平、立、剖面的图形和各种加工件以及绘制预制构件等的图形。BIM 前图形对应的数据称为 BIM 前数据。精细化管理是建筑信息模型（BIM）发展的需求和必由之路。精细化管理要求建立 BIM 前图形模型和 BIM 前数据模型之间的对应关系，这本质上也就是建立 BIM 前图形与 BIM 前数据之间的对应关系，而 WBS 工作分解结构不仅是其有效的方法，也是建立 BIM 数据库有效的方法。

2.2.1　BIM 数据

BIM-4D 模拟是一个进度计划的概念，故称为 BIM-4D 模拟计划，简称 4D 模拟计划。用纯粹的 BIM 图形作为表达方式，是 4D 模拟计划的鲜明特点（图 3）。4D 模拟计划生成的计划时间称为 BIM 模拟计划时间，简称模拟计划时间。相应于 4D 模拟计划，多维模拟计划可以表示为 BIM-nD 模拟计划，称为 BIM-nD 模拟计划，简称 BIM 模拟计划。用各种类型的横道图（例如搭接横道图）辅以 BIM 建筑工程项目图形作为表达方式是其鲜明特点（图 4），这样的横道图称为 BIM 横道—图形模拟计划。在工程项目管理中，节点是一个时刻概念。图 4 所示的 BIM 横道—图形模拟计划曲线上方的 4 个立体图形，对应横道图中的 4 个节点，在 BIM 模拟计划中的节点称为 BIM 节点。在图 4 中标定的计划时间就是 BIM 模拟计划时间。应当指出的是，BIM 模拟计划没有计算功能，BIM 模拟计划曲线标定的 BIM 模拟计划时间不是 BIM 模拟计划计算的。

顺便指出：单、双代号计划存在系统结构不相容的错误，故本文没有把采用单、双代号计划并辅以 BIM 建筑工程图形的表达方式列入 BIM 模拟计划的范畴。

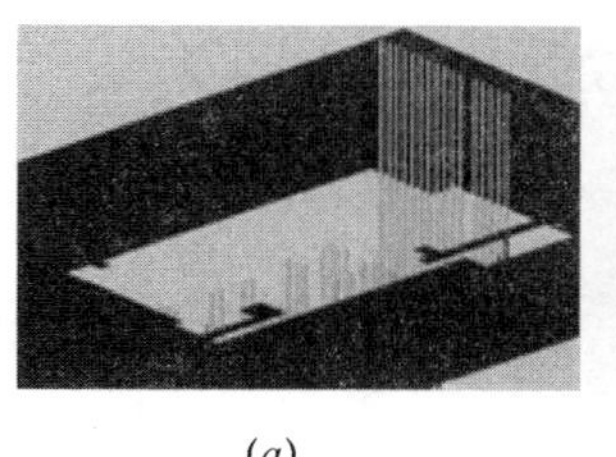
(*a*)

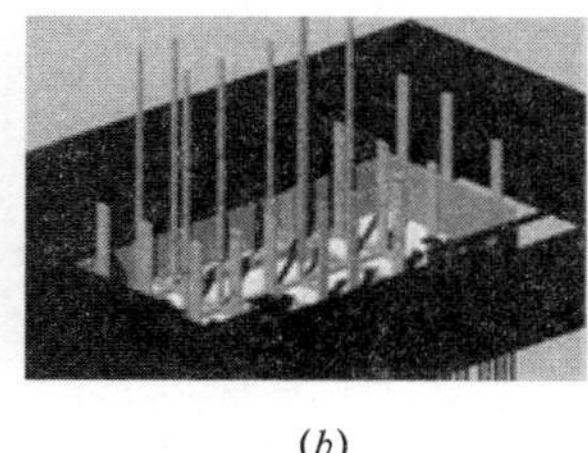
(*b*)

(*c*)

图 3　某建筑工程项目的 BIM 图形模拟计划

（*a*）时刻 1 的进度状态；（*b*）时刻 2 的进度状态；（*c*）时刻 3 的进度状态

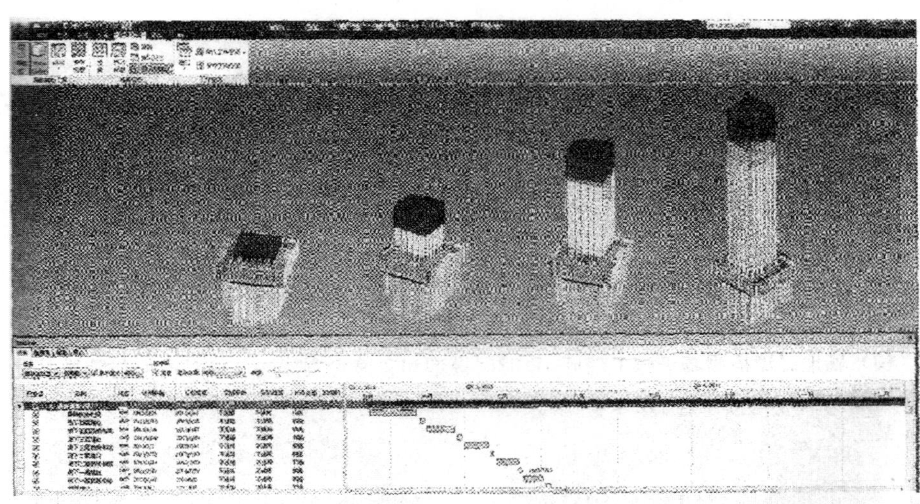

图 4　某建筑工程项目的 BIM 横道-图形模拟计划

用 BANT 工程项目管理软件绘制的各种 BANT 计划类型表示为 BIM-BANT-nD 计划，称为 BIM-nD 管理计划，简称 BIM 管理计划（图 5）。在图 5 所示的 BIM 管理计划中，除了具有 4D 管理计划外，还具有 BIM 搭接计划以及 BIM 流水管理计划，这样的计划称为 BIM 综合计划。图 5 描述了该计划 BIM 节点 24 的计划系统实时运行状态；图上方的 BIM 建筑工程项目图形描述了在 BIM 节点 24 所示时刻完成的形象进度。可以看出，BIM 管理计划除了具有 BIM 建筑工程项目图形的优势外，还具有 BANT 计划的结构与特性。

应当说明的是，由于幅面的关系，采用的是 BIM 定性管理计划的表达方式——如果要看该图的 BIM 时标计划，只需要在 BIM 工程项目管理软件上点击“时标计划”键即可。顺便指出：如果用户想了解建筑工程项目计划任意时刻的实时运行状态，只需要在 BIM 工程项目管理软件上点击该任意时刻的 BIM 节点就可以看到如图 5 所示的 BIM 管理计划。

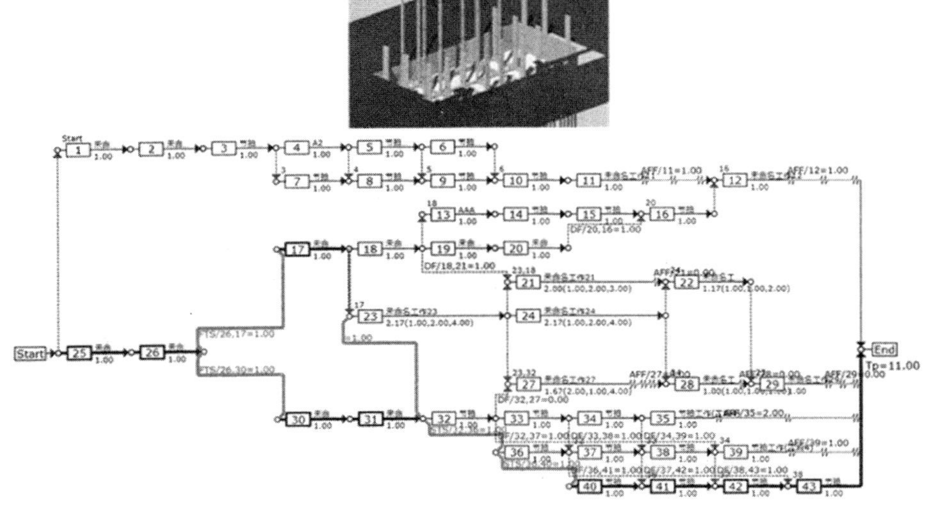

图 5　某建筑工程项目 BIM 定性综合管理计划在 BIM 节点 24 的实时运行状态图

在工程项目管理中，工程项目的元素周期（持续时间 D_i）、元素成本等数据称为计划基本数据。在建筑工程项目建造阶段，BIM 计划从 BIM 数据库中读取的关于建筑工程项目的元素周期、元素成本等数据称为 BIM 计划基本数据，用来确定 BIM 计划的原始曲线是其物理意义。BIM 计划基本数据可以划分为 BIM 模拟计划基本计划数据和 BIM 管理计划基本计划数据。在本文中，将 BIM 模拟计划基本数据和 BIM 模拟计划时间称为 BIM 模拟计划数据，将 BIM 管理计划基本数据和 BIM 管理计划时间称为 BIM 管理计划数据；二者统称为 BIM 计划数据。于是，将 3D 模拟设计数据、BIM 模拟计划数据统称为 BIM 模拟数据。因此，本文将 BIM 模拟数据和 BIM 管理计划数据统称为 BIM 数据。BIM 数据是构成 BIM 数据库的主要数据。

2.2.2　P3-WPS 编码结构和 BANT-WPS 编码结构的比较

1. P3-WPS 编码结构和 BANT-WPS 编码结构

工作分解结构简称 WBS 结构。WBS 结构是以可交付成果为导向对项目要素进行的分组，它归纳和定义了项目的整个工作范围，揭示了项目计划系统与子项目计划系统之间的内在联系，在工程项目管理中它是最重要的内容之一，是建筑工程项目的综合管理工具。项目管理软件利用 WBS 结构对建筑工程项目进行工作分解，将之表示为项目系统与子项目系统并编码，这种方法称为 WBS 方法。应用 WBS 方法对建筑工程项目分解并编码的组织与管理模式称为 WPS 编码结构。

（1）P3-WPS 编码结构。美国 P3 软件应用 WBS 结构将建筑工程项目表达为元素组与子元素组并对之编码，称为 P3-WBS 方法。在 P3 软件中，应用 P3-WBS 方法将建筑工程项目分解为元素组与子元素组并对之编码以实现建筑工程项目的管理模式，称为 P3-WPS 编码结构。在 P3-WPS 编码结构中，WBS 结构和 WBS 方法分别表示为 P3-WBS 编码和 P3-WBS 方法。用 P3-WPS 编码结构可以实现不同层次元素组的组织和管理。例如，文献［5］介绍了三峡工程的 P3-WPS 编码结构：A 三峡工程；A.1 准备工程；A.2 导流工程；A.3 大坝工程；A.4 电站工程；A.5 航建工程；A.6 移民工程。

（2）BANT-WPS 编码结构。BANT 嵌套结构具有将建筑工程项目分解为项目系统与子项目系统的功能，并且揭示了二者之间的层次结构特性（图 1）。BANT 工程项目管理软件应用 BANT 嵌套结构将建筑工程项目表达为项目系统与子项目系统并对之编码，称为 BANT-WBS 方法。在 BANT 项目管理软件中，应用 BANT-WBS 方法将建筑工程项目分解为 BANT 嵌套结构，并对之编码以实现项目系统与子项目系统的管理，这种模式称为 BANT-WPS 编码结构。在 BANT-WPS 编码结构中，WBS 结构和 WBS 方法分别表示为 BANT-WBS 结构和 BANT-WBS 方法。

2. P3-WPS 编码结构和 BANT-WPS 编码结构的比较

表 1 是 P3-WPS 编码结构和 BANT-WPS 编码结构的比较表。

BANT-WPS 编码结构和 P3-WPS 编码结构的比较表 **表 1**

	比较内容	BANT-WPS 编码结构	P3-WPS 编码结构
1	计划系统与子计划系统的刻画深度	这是在系统科学意义上对项目计划系统与子项目计划系统的结构性描述	仅是计算机编码意义上对元素组与子元素组的非结构性描述
2	上下层计划系统与子计划系统之间的联系	通过嵌套单元结构实现项目计划。系统与子项目计划系统的结构性联系	通过编码的方式建立上下层元素组之间的联系，这是一种非结构性联系
3	子计划系统的编码	项目子计划系统与其编码具有对应关系	元素组与其编码具有对应的关系
4	自动生成功能	AHP 嵌套结构及其编码均系计算机自动生成	系依据“WBS 分解结构窗口”人工录入生成
5	能否获得项目管理软件的基本功能	BANT 项目管理软件可以获得可视化功能、动态性功能和相容辨识功能（定性相容辨识功能、定量相容辨识功能和嵌套相容辨识功能）	美国 P3 软件的开发不能获得项目管理软件的基本功能

表 1 表明：单代号项目管理软件（例如 P3 软件）关于元素组与子元素组之间的联系是人为建立的一般层次概念，因此，P3-WBS 方法是非计划系统结构方法，P3-WPS 编码结构是非计划系统结构。BANT 嵌套结构具有将建筑工程项目分解为项目系统与子项目系统的功能，并且建立了二者之间的科学计算理论[1]，揭示了二者之间的层次结构特性，因此 BANT-WBS 方法是计划系统结构方法，BANT-WPS 编码结构是计划系统结构。

3. P3-WBS 方法不能够引擎 BIM 数据库的开发

表 1 表明：P3 软件仅仅是人为建立了元素组与子元素组之间一般的层次联系，也没有

建立元素组与子元素组的科学计算理论，这是导致 P3-WPS 编码结构不具有可视化功能、动态性功能和相容辨识功能的理论原因。

BIM 计划数据界定了建筑工程项目建造阶段的 BIM 计划（4D 模拟计划和 4D 管理计划），称为 BIM 中建筑工程项目曲线，简称 BIM 中曲线——这是在施工过程中于 BIM 计划节点处展示的建筑工程项目的 BIM 计划曲线。BIM 前图形和 BIM 中曲线具有内在的相容性，二者统称 BIM 建筑工程项目图形。迄今为止，横道图及单、双代号网络计划和结构符号网络计划即 BANT 计划是定型的计划类型。横道图没有关于系统结构的分解功能，也没有计算功能，故不能作为建筑工程项目结构的分解工具。因为单、双代号网络计划存在系统结构不相容的错误，此错误导致其大部分计划时间缺失，并且二者都没有解决好时标计划的表达方式，所以都不能用来作为 BIM 建筑工程项目的图形——这就是说，不能用 P3-WBS 结构对建筑工程项目系统结构进行分解。

在 3D 模拟设计中应建立 BIM 数据库，而建筑工程项目的编码是与之直接相关的问题。建筑工程项目编码应当考虑这样两个方面的问题：第一，建筑工程项目的元素必须通过 BIM 数据库实现编码，因为它是在 BIM 生命周期中建筑工程项目的各个参与方都要应用的工具；第二，必须考虑 BIM 前生命周期子系统与 BIM 中生命周期子系统的相容性。依据表 1 可以得出结论：P3-WBS 方法是非计划系统结构方法，P3-WPS 编码结构是非计划系统结构；另外，也不能用 P3-WBS 结构对建筑工程项目系统结构进行分解，故 P3-WBS 方法不能满足本文指出的建筑工程项目编码应当考虑的两个方面的问题。因此，P3-WBS 方法不能够引擎 BIM 数据库的开发。

2.3 BIM-WBS 方法引擎 BIM 数据库的开发

2.3.1 BIM-WPS 编码结构和 BIM-WBS 软件

（1）BIM-WPS 编码结构。前面已经述及：BANT 嵌套结构揭示了项目计划系统与子项目计划系统之间的层次结构规律。把 BANT 嵌套结构引入建筑信息模型（BIM），并将应用之对建筑工程项目进行分解的结果称为 BIM-BANT-WBS 工作分解结构，简称 BIM-WBS 结构。应用 BIM-WBS 结构将建筑工程项目表达为项目计划系统与子项目计划系统并对之编码和管理，称为 BIM-WBS 方法；应用 BIM-WBS 方法对 BIM-WBS 结构进行编码的组织与管理模式称为 BIM-WPS 编码结构。

（2）BIM-WBS 软件。上面已经述及，BANT 嵌套结构揭示了项目计划系统与子项目计划系统之间的层次结构规律。BIM 数据库编码由两个部分组成：一是对建筑工程项目进行工作结构分解得到的结果，称为 BIM 数据库 BIM-WBS 结构，这就是 BIM-WBS 结构；二是对 BIM-WBS 结构的编码结果，称为 BIM 数据库 BIM-WBS 编码结构，这就是 BIM-WBS 编码结构，这种方法称为 BIM-WBS 方法。BIM-WBS 方法引擎 BIM 数据库的开发。按照 BIM-WBS 方法开发的软件称为 BIM-WPS 软件。BIM-WPS 软件是 BIM 数据库编码的工具。

2.3.2 BIM-WBS 方法引擎 BIM 数据库的开发

BIM-WBS 结构揭示了项目系统与子项目系统之间的层次结构规律。按照 BIM-WBS 方法开发的软件称为 BIM-WPS 软件。应用 BIM-WPS 软件可以将建筑工程项目表达为项目系统与子项目系统并对之编码和管理。

建立BIM数据库是3D模拟设计的基本任务，而建筑工程项目的编码是与之直接相关的问题。在第2.2、2.3节中作者提出了建筑工程项目编码应当考虑的两个方面的问题，建筑工程项目的元素必须通过BIM数据库实现编码是其中的一个方面问题。BIM-WPS软件具有对建筑工程项目元素的分解和生成BIM-WPS编码结构的功能，故用之可以满足第一个方面的问题。

保证BIM前生命周期子系统与BIM中生命周期子系统的相容性是第二个方面的问题。BIM-WPS软件能够满足吗?

解决了利用BIM数据库的BANT3.0软件称为BIM-BANT工程项目管理软件，简称BIM工程项目管理软件。BIM计划（BIM模拟计划和BIM管理计划）是BIM工程项目管理软件的表达手段，而BIM管理计划则是其内核，BIM工程项目管理软件是在建筑工程项目建造阶段产生的，属于中生命周期子系统软件。能够从BIM数据库获取建筑工程项目的相关数据和生成新的BIM计划数据是BIM计划的鲜明特点。例如工作持续时间 D_i、工作费用等就是BIM计划从BIM数据库中读取的数据。BIM工程项目管理软件从BIM数据库中读取这些数据后，遂可生成相关的计划曲线（例如图5所示的某建筑工程项目BIM定性综合管理计划）。图5中的BANT计划曲线是由新产生的计划时间确定的；而图5上方的BIM建筑工程项目图形则是由BIM数据库中读取的相关进度数据界定的，该图形描述在BIM节点24所示时刻完成的形象进度。可见，BIM前生命周期子系统与BIM中生命周期子系统之间具有相容性。另外，在建筑工程项目建造阶段会产生许多新的数据，称为BIM新生数据。例如BIM模拟计划时间和BIM管理计划时间，又例如（施工中）实际发生的费用等。BIM新生数据属于BIM中生命周期子系统的数据。因为从BIM数据库中读取的相关数据均系来自BIM前生命周期子系统的数据，它们是产生BIM新生数据的根据，所以这类BIM新生数据与BIM数据具有相干性和相容性。

因此，BIM-WPS软件满足了第二个方面的问题。

3 结语

BIM-WBS方法引擎BIM数据库的开发。其创新点是：第一，用BIM-WPS软件对建筑工程项目进行BIM-WBS工作分解；第二，用BIM-WPS软件实现BIM-WPS编码结构编码。应特别指出的是，BIM-WPS软件保证了BIM数据库与BIM工程项目管理软件WPS编码结构的一致性，这是BIM前生命周期子系统与BIM中生命周期子系统之间具有相容性的理论根据。因此，在建筑工程项目建造阶段的工程项目管理中，可以查找和调用BIM数据库相关的BIM-WPS编码结构。

参考文献

[1] 任世贤. 项目管理软件AHP嵌套-网络结构及其特性与功能的研究. 自然科学进展，2008，18(6)：686-693.

[2] 任世贤. BANT网络计划技术——没有逆向计算程序的网络计划技术. 长沙：湖南科学技术出版社，2003.

[3] 任世贤. 工程统筹技术. 北京：高等教育出版社，2016.

[4] 任世贤. 建筑信息模型的真谛. 任世贤的新浪博客，2017.

[5] 周厚贵. Primavera软件包在三峡工程建设中的应用. 项目管理技术，2003(02).

武汉市政路网建设问题及对策

鲁有月　张　柯

（武汉天兴洲道桥投资开发有限公司，武汉，430074）

【摘　要】 为促进武汉市路网精细化建设与管理，本文结合武汉市路网建设现状，分析了路网建设过程中存在的问题，路网总体规模偏小、快速路拥堵等，综合考虑武汉市路网特点，并依据相关规范要求，科学地提出了路网建设问题的相应解决对策。

【关键词】 路网建设；问题分析；解决对策

Problems and Countermeasures of Municipal Road Network Construction in Wuhan

Lu Youyue Zhang Ke

【Abstract】 Taking the current situation of municipal road network construction in Wuhan into account, the problems of road network construction including the total road network scale is relatively small and the traffic congestion in expressways is analyzed to promote the fine construction and management. Appropriate countermeasures are proposed to solve the problems with the consideration of the features of the road network in Wuhan and related standards or requirements.

【Keywords】 Road Network Construction; Problem Analysis; Solutions

近年来武汉城市基础设施建设取得了重大成就，“十二五”期间，完成基础设施投资 6776 亿元。其中，2015 年完成基础设施投资 1796 亿元，2016 年完成 2050 亿元。武汉一批枢纽型、功能性、网络化的重大基础设施相继建成，城市的总体格局和交通主骨架基本确立。随着国家中心城市建设的加快推进，城市基础设施和公共服务设施建设需进一步加强。打造城市建设升级版，实现城市建设功能优化、品质提升，是武汉市当前城市建设的一项重大任务。因此，本文从武汉市路网精细化建设和管理的角度，分析其现状及问题，探讨其改善对策以促进品质武汉的打造。

1 武汉城市路网建设现状

1.1 武汉市主城区快速路网——“三环十三射”

2010 年，在国务院批复的《武汉市城市总体规划（2010—2020 年）》中，武汉市主城区快速路网细化为“快速路由 3 条环路和 13 条放射线组成”。迄今为止，3 条环路已全部建成。一环全长 28km，合围面积 44km²；二环全长 48km，合围面积 137km²；三环全长 91km，合围面积 525km²。“十三射”已建成 9 射，还有 4 条处于在建和准备建设阶段，分别是墨水湖北路—汉蔡高速、江北快速路、汉江大道、友谊大道快速化改造。截至目前，主城内快速路通车里程达 233km，占规划里程 353km 的 66%（图 1）。

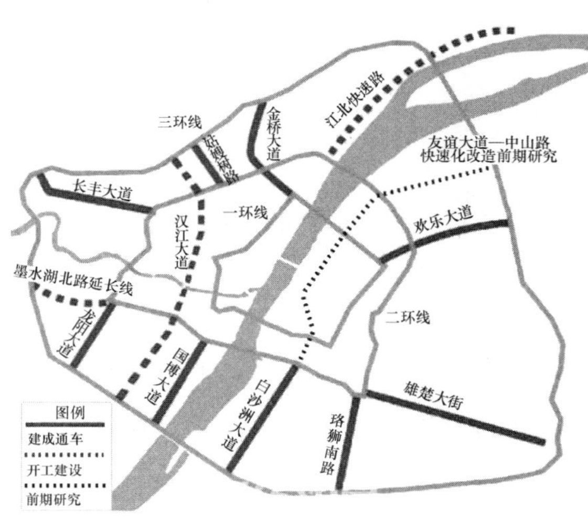

图 1　主城区快速路网示意图

1.2 过江通道

过江通道是快速路骨架系统的重要组成部分，是强化两岸衔接，促进两岸发展的重要联系纽带。目前，武汉市主城区已通车 9 条长江通道，其中包括 6 座长江大桥、1 条武汉长江道以及 2 条地铁轨道，即地铁 2 号线和 4 号线。三环内汉江上，市主城区已建成 7 条过汉江通道，即晴川桥、江汉一桥、月湖桥、知音桥、古田桥、长丰桥和地铁 3 号线（图 2）。

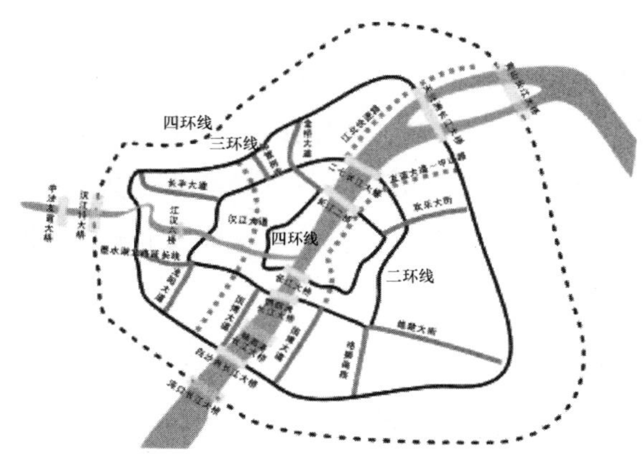

图 2　主城区过江通道示意图

2 武汉城市路网建设问题分析

2.1 路网总体规模偏小，级配不合理

目前，武汉市主城区快速路、主干路、次干路和支路总里程为 2273.9km，人均道路面积约 11.7m²，与 2020 年规划道路里程 3130km，人均道路面积 15m² 差距较大（图 3）。

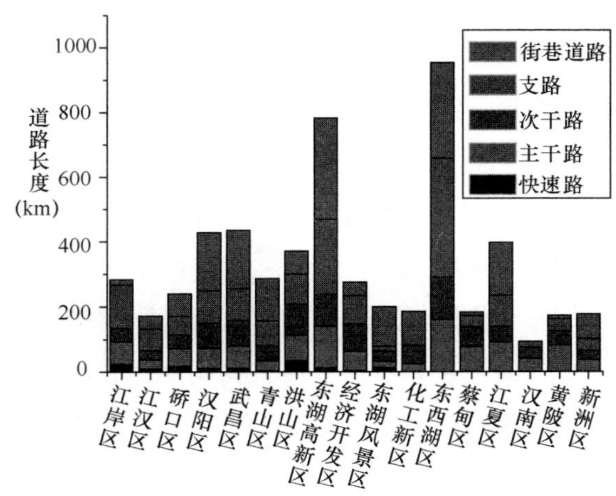

图 3　2015 年武汉市市政道路指标统计

注：数据来源于武汉市城管委

长期以来，主城区路网一直存在“两头小、中间大”的缺陷，即主次干道大，快速路与支路所占比重过小。路网也因此功能不全，在这两方面的能力严重缺失。此外，支路系统一直严重不足，路网密度仅 2.02km/km²，大大低于规划路网技术指标（3～4km/km²），如表 1 所示。主城区路网的微循环能力也因此十分缺乏，市中心区一些主要堵点周边大多缺少支路为其分流，大量交通流只能集中在几条主要干道上，形成了拥堵。

武汉市 2020 年规划路网技术指标统计表　　表 1

道路等级	路网密度（km/km²）	国家规范
快速路	0.7	0.4～0.5
主干道	1.0	0.8～1.2
次干道	1.3	1.2～1.4
支路	4.0	3～4
合计	7.0	5.4～7.1

2.2 断头路

主城区内受现状用地的影响，由于山体、湖泊、铁路和大型单块用地面积较大、对外交通封闭等造成较多断头路、瓶颈路的形成，造成贯通屏障（图 4）。

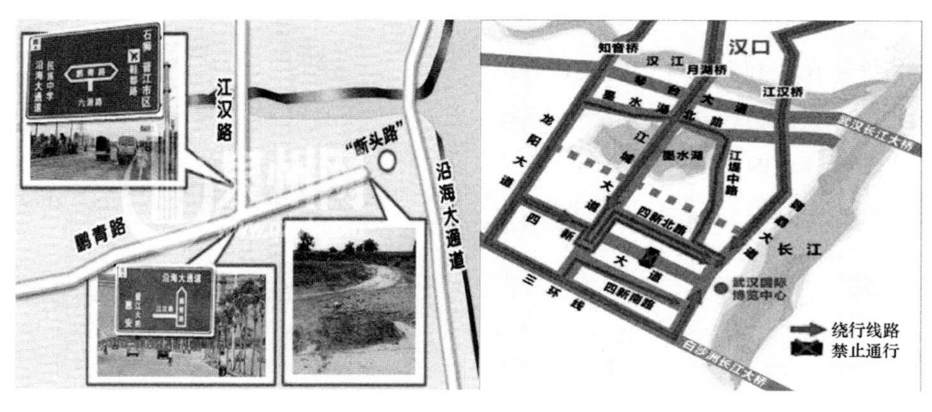

图 4　“断头路”示意

武汉市的“断头路”可分为三类：第一类，市内山体湖泊众多，由山体湖泊等自然条件影响造成的“断头路”如沙湖“横霸”武昌北部将东西向道路隔开等；第二类，市内铁路的阻隔，导致道路跨（穿）越铁路成本增加，实施难度大，形成的“断头路”，如汉口的温馨路、建设大道、塔子湖西路等通道；第三类，在城市规划过程中审批的大型社区、学校占据了主干路围合的整个街区，阻断本应贯通的道路网络，最终形成的“断头路”[1]，如武昌南湖因武汉理工大学形成了文秀街、文荟街等多条“断头路”。

2.3 慢行交通未成网络

据调查，目前武汉市慢行交通满意率仅占三成，骑行者和步行者最不满意的均为“与机动车混行不安全”，其次为慢行道经常被占、通道宽度窄等。承担慢行交通出行主体的次、支路和公共通道建设都滞后于主干道路，新建、改造道路时也常优先保证机动车通行空间，慢行交通处于弱势地位，挤占、压缩甚至取消非机动车道的现象屡屡发生（图 5）。

据统计，目前武汉市主城区共有独立自行车道约 470km，仅占城市机动车主次干道的 40%，其余 60%的主次干道和所有支路大致均为机动车、非机动车混行。独立自行车道中，采用绿化带或隔离栏与其他交通方式进行隔离，拥有良好的路权保障的自行车道仅占 66%。

图 5　武昌街道口至广埠屯行人、非机动车、机动车混行路段

2.4　快速路拥堵

依据规划的快速路网“三环十三射”，建成部分已为城市居民带来了显而易见的便利，但由于配套建设不完善等问题，快速路拥堵问题较为严重，本文以二环线为例展开分析。

二环线“画圆”后，已成为中心城区唯一完整的快速通道，发挥着中心城区交通主骨架功能，构建了主城区快速通道、减轻了核心区过江交通压力、缓解了中心城区交通拥堵以及满足了城市的可持续性发展要求，但与此同时也承担着巨大的交通压力。

二环线贯通后，高峰期易产生拥堵，主要发生于以下三类路段：下穿隧道入口处、主线与地面连接路口处以及匝道与主线分合流处。最长排队长度≥1km、最大延误时间≥15min的点位 3 处，分别为：二环线汉口站段、竹叶山立交、水果湖隧道。分析其原因主要由以下因素致成：（1）二环线配套建设体系尚未形成。二环线地面辅路及高架匝道的分流道路建设滞后；城区快速道路系统、微循环系统未有效衔接。（2）沿线立交疏导互通功能不完备。部分立交未有效形成，二环线全线设计 15 处立交，规划立交匝道 84 条，目前还有 12 条待建，占总数的 14%；部分立交建设标准不高，如竹叶山立交、尤李立交。（3）规划设计前瞻性不足。存在路段依据的设计规范较低、规划容量滞后于实际需求等问题。

2.5　停车难

据不完全统计，2015 年全市约有停车泊位 135.6 万个，其中公共停车位 3.5 万个，路边（面）停车位 4.9 万个。配建及院内停车仍是停车位供应的主体，占总量的 93.8%（图 6）。

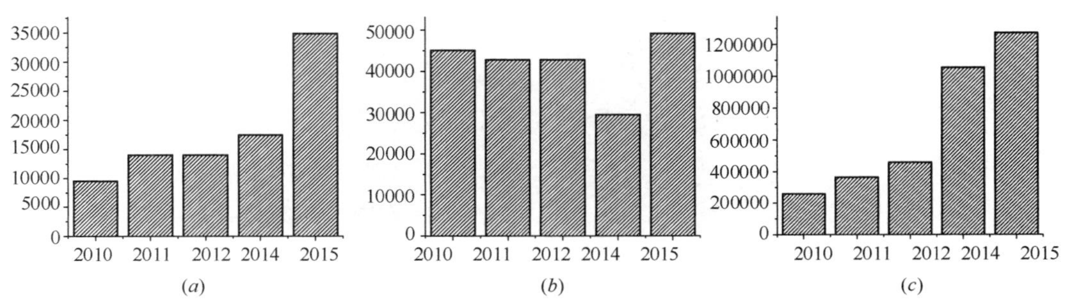

图 6　近年来武汉市停车场（库）数量

（*a*）公共停车位；（*b*）路边（画）停车位；（*c*）配建及院内停车位

注：（1）2010～2014 年公共停车位和路边（面）停车位数据来源于武汉市公安交管局；（2）其他数据来源于武汉市国土资源和规划局。

武汉市 2015 年机动车保有量为 213.3 万辆，停车泊位按 1∶1.2 计，需停车位 255.9 万个，而目前提供仅有 135.6 万个，缺口 120.3 万个。城市交通设施不完善，快速路网系统仍处在大规模建设期，轨道交通刚刚起步，停车泊位缺口很大，各种交通矛盾逐渐突出，交通拥堵点日渐增多，武汉当前正进入停车泊位需求大于供给的供需失衡阶段，其主要表现在：（1）停车设施建设历史“欠账多”，停车缺口不断扩大；（2）停车泊位分布不均衡，中心城区泊位严重不足；[2]（3）建筑物停车设施配建标准低，配建指标较小；（4）公共停车泊位很少，路内临时停车泊位偏多。

2.6 道路景观绿化不合理

武汉市城市道路绿化建设速度与人们生活水平提高幅度及人民群众对环境要求不协调，城市道路绿化建设存在滞后和不足问题，在绿化植物的选择上理念不清晰、实施力度不足[3]等，一定程度上影响了城市绿化的进度。

2.6.1 行道树树种相对单一

调研发现，武汉市大部分植物干道行道树以法国梧桐为主，根据园林局统计，目前武汉全市 30 万棵行道树中有 14 万棵是法桐。此外，由于香樟便于管理维护，生长速度适宜，四季常青，目前有 10 万棵香樟树作为行道树，居于第 2 位。其次，水杉和池杉占据了一部分。在植物种类上，武汉市道路绿化植物选择缺少多样性，限于栾树、桂花、银杏、海桐、杜鹃、梅花等，与周边城市大致雷同。

2.6.2 市树、市花比例较低

武汉市市树是水杉，市花是梅花，在道路绿化中，水杉和梅花所占比例并不高，城市地方特色不显著。

2.6.3 常绿、落叶搭配不当，垂直层次不明显

在部分路段，特别是老城区，道路绿化以落叶树种为主，常绿树种偏少，导致整个路段冬季缺乏生机，过于萧条。在道路绿化中，往往只重视乔灌木 2 个垂直层次的搭配，很少考虑到下层地被植物的选择与养护，使得绿化率高，绿地率低，地面土裸露在外。下雨后，泥土极易冲刷到道路上。

2.6.4 市政建设与绿化建设衔接不够

道路建设和道路绿化建设目前虽在统筹，但实际中道路建设时，较少考虑后期绿化施工中出现的问题，成本和施工难度的增加等诸多问题由此产生。例如，道路预留的分车带下方有混凝土结构，绿化带覆土厚度达不到要求，影响植物生长；绿化带下管线埋设不合理，导致管线维修反复毁坏绿地等。

2.7 路网建设精细化程度不够

现代化城市竞争中，“精细化设计”充当着加强城市道路软环境建设的重要手段。市政道路附属设施的精细化设计，如人行道的铺装、无障碍设施的布置等反映着市政工程的建设质量，对市政基础设施整体功能及城市形象有着不容忽视的影响，但目前武汉路网建设过程中对其重视不够，存在若干问题。

2.7.1 人行道铺装

人行道铺装的不合理主要体现在：步砖的铺装平整度、接缝等不满足设置要求，道路红线外为建筑时，未考虑道路景观，人行道铺装中断，未到建筑物边角，如图 7 所示。

2.7.2 盲道、无障碍坡道及车挡

目前，较多路段、路口、二次过街及渠化岛处盲道铺装不合理，地下通道及人行天桥处盲道设置不符合人性化，公交车站处盲道设置与公交站牌等冲突、路口盲道砖与车挡冲突等

图 7　人行道铺装的反面案例

现象普遍，无障碍设施也未能很好地服务于残疾人士，如图 8 所示。

图 8　车挡安设在盲道上的反面案例

2.7.3　井盖的设置

武汉市分布在大街小巷的井盖有约 130 万个，平均每平方公里的陆地上约有 200 多个井盖，井盖数量明显过多。随着城区范围扩大，道路增多，各个城区的井盖数量也逐年增加。其次，井盖分布也不合理。武汉市的井盖在小区、商场、道路交叉口等公共场所多出现井盖扎堆安装的现象，有时在一个地方出现一个部门安装的同一功能的井盖多达几个到十几个。安装在道路上的井盖经常出现“蛇形”的安装轨迹，相邻井盖布置在不同车道，司机迂回驾驶，安全隐患极大。同时，存在一定重复建设的现象。当前武汉市有 18 个部门在设计建设自己部门的地下管道和井盖，各部门之间并不统属，缺乏统一性，造成各部门在铺设地下设施时重复修建井盖，或者井盖被拆除再建多次等现象（图 9）。

图 9　武昌××路口的井盖设置反面案例

2.7.4　立缘石、平缘石

在小半径转弯处，如果采用较大尺寸预制的路缘石拼砌，会出现明显的折点，外缘不平滑，影响道路细部景观及行人车辆的安全，还可能会造成积水等问题，如图 10 所示。

图 10　站卧石拼接的反面案例

3　路网建设问题解决对策

建设绿色宜居的现代化都市是武汉建设“国家中心城市”、“两型社会”的内在要求。绿色宜居的城市、有品质的城市，需要构建低碳、高效、绿色的城市交通系统，包括建设高效的道路运输系统，便捷的公共交通系统，舒适安全的步行和非机动车交通系统等。针对以上问题，必须采取相应的对策来有效解决。

3.1　进一步提高武汉路网规模，优化道路级配布局

（1）提高路网规模。加强主城区道路网建

设，使之在道路网密度、道路面积率等相关指标上达到国家标准要求，以增强道路网的供应能力与容量水平，2020 年完成“三环六联十三射”路网建设。实现道路总里程 3130km，路网密度 7.0km/km^2，道路面积率 18.3%，人均道路面积 15.3m^2。

（2）树立“窄马路、密路网”的城市道路布局理念。建设快速路、主次干路和支路级配合理的道路网系统。路网级配就是各层次道路在路网中的比例。为使市区道路网具有足够容量，不仅需要足够的道路长度和道路面积，很大程度上还取决于城市快速路、主干路、次干路和支路之间合理的比例关系，以及网络的连通性等条件。经验表明，从快速路到支路，其路网合理的级配结构应是“金字塔”形，即越是等级低的道路其路网密度越高。

支路作为城市道路的微循环系统，具有为快速路和主次干道分流的作用，在提高城市道路微循环能力和容量水平等方面具有重要作用，但至今未给予足够的重视，应完善道路级配，使得主城区路网密度达到快速路：主干道：次干道：支路=0.7：1.0：1.3：4.0，即符合表 1 中要求。

3.2 打通断头路，完善微循环，提高路网的容量

道路网络的建设，城市交通微循环是关键。对武汉而言，打通城市断头路则是必然的选择。

3.2.1 着力解决被铁路分割的“断头路”

2016 年，我市开展“十三五”城建跨越项目谋划，规划和城建部门合力破解，列出最迫切需要打通断头路的 5 大片区 17 条跨越铁路通道（图 11）。目前，被铁路分割最为严重、出行需求最迫切的区域大致有 5 片，分别

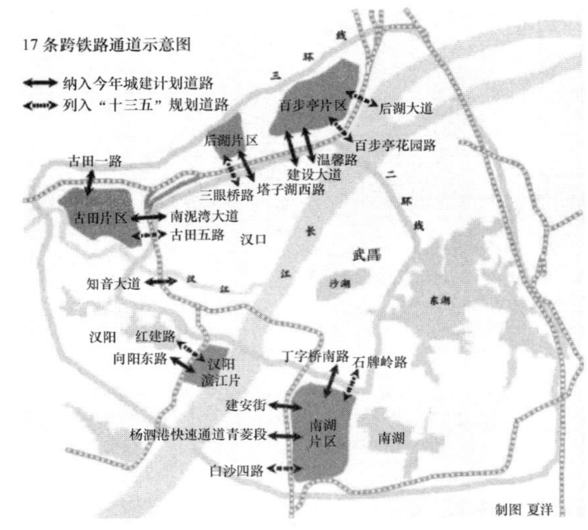

图 11　17 条跨铁路通道示意图

为南湖、百步亭、后湖、古田、汉阳滨江片。

3.2.2 强化微循环系统对城市交通的分流作用

对于老城区存在的“断头路”，近期多数难以贯通，为缓解交通压力，建议强化微循环系统的交通分流作用。目前主城区支路网密度严重不足，而且部分支路及背街小巷由于占道经营已经失去交通功能，通过对背街小巷进行系统梳理、治理、管理，可以增加城市道路系统通达性，缓解主、次干路的交通压力。

3.2.3 社区道路系统向社会开放，缓解城市交通压力

大型社区建设形成的“断头路”，建议社区内的道路系统向社会开放，提高道路的使用效率，缓解城市的交通压力，并通过推行公交车进社区等方式，为居民的出行提供方便。

3.2.4 优化错位路口交通组织与管理

错位路口降低了道路通行效率，但由于拆迁等因素，多数错位路口不具备进行“十”字形路口改造的条件。为提高交叉口的通行能力，建议通过工程措施对道路路口段进行渠化改造（图 12），增加车辆待行区，提高交通容量，并通过交通管理措施，将错位路口作为

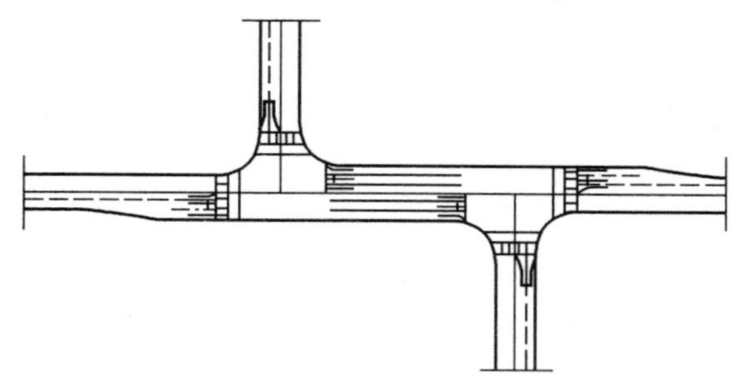

图 12　错位路口进行渠化改造

“十”字交叉口进行联动控制，提升交通智能化控制水平，消除冲突点，保障车辆的有序运行。

3.3　建立和完善慢行系统，提高路网品质

据武汉市国土资源和规划局编制的《武汉市慢行系统及绿道建设规划》，该系统在主城区倡导“轨道公交＋慢行”的一体化出行方式，大汉口、大汉阳、大武昌分别形成四纵八横、三横六纵和八横六纵的一级廊道系统，慢行系统中，步行和自行车专用道作为城市绿道主体，其中自行车出行网络达 2455km，步行网络达 2774km，预计至 2030 年全部完成。

3.3.1　发展“绿色出行”的模式

武汉市中心城区内随着轨道交通线路的增加，会对交通出行产生深远影响，应协调好轨道交通与沿线停车设施、公共交通设施、非机动车交通设施之间的关系，依据轨道交通站点承担的交通功能，配置足够数量的非机动车停车设施，鼓励 B＋R（自行车换乘公共交通）的出行模式。完善站点周围的步行、非机动车交通设施，与居住社区、行政商业中心形成舒适高效的衔接，打造轨道交通＋慢行交通的出行模式，如图 13 所示，实现公交出行的“最后一公里”便捷。

图 13　“轨道交通＋慢行”交通出行模式

3.3.2　完善非机动车交通设施

结合武汉市目前非机动车交通存在的问题，建议从建设和管理两方面同时着手，解决好非机动车出行问题。提高设计标准，体现以人为本。结合武汉市道路的实际情况，加强非机动车道路基础设施建设，提高非机动车道的设计标准，避免“人非共板、机非共板”等不合理的横断面形式。具体见图 14。

图 14　机动车道、非机动车道和人行道分离的合理横断面形式

加强管理措施，提高设施利用率。加强管理力度，对于占道停车、占道经营的行为采取严厉的处罚措施；加快重大工程的施工进度，制定科学合理的施工方案，尽可能缩短重大工程的施工工期，对于施工占用的非机动车道，实现“占一还一”，保证非机动车的通行权益。

3.4　完善快速路配套设施

针对快速路拥堵问题，可以从完善配套建设，提升管理能力两方面进行改善，以二环线为例，具体如下所述。

3.4.1 完善配套建设

为改善二环线局部拥堵问题，提升“环射成网、循环连通”功能，应重点推进相关配套项目建设。二环线的立交匝道、地面辅路还需建设完善，共有12条匝道待建，占全线84条匝道总数的14%。配套设施建设应主要针对二环线18处堵点，包括汉口站段、竹叶山立交、水果湖隧道3处严重拥堵路段，以及青年路等12处“上不去、下不来”的匝道。

3.4.2 提升路网综合管理能力

从四个方面着手：对二环线及沿线区域与内环、三环、“十三射”等相互连通的交通运行情况进行统筹分析研究，优化二环线沿线交通组织，有效均衡二环线交通流量；强化沿线施工交通及占道管理，科学实行交通管制、疏解交通流，落实疏导力量，合理引导车辆出行；完善标识、标牌、标线等区域交通引导系统，按照“一路口一方案”，不断优化信号灯配时方案；大力推进智能交通示范工程建设，完善二环线及其沿线区域智能交通管理设施建设，加强对现有交通大数据的深度挖掘，吸引更多社会力量参与交通出行信息的增值服务，推进智慧交通与“互联网+”相互融合促进。

3.5 逐步解决“停车难”，与路网高度融合

武汉市“停车难”问题始终没有得到有效解决，反而日益严重（表2）。针对该问题，提出以下对策建议。

历年公共交通客运指标统计表 单位（万人次） **表2**

指标/分类	公共汽电车	轨道交通	小公共汽车	出租车	轮渡	合计
2010年	153604.4	3300	13599	35152	953	206608.4
2011年	147295	7793.9	1033	41320	1115.9	198557.8
2012年	158478	8442.6	—	38664	1111.1	206695.7
2013年	149712.8	24358.0	—	41988.4	977.9	217037.1
2014年	148299.9	35624.4	—	38374.4	943.4	223242.1
2015年	143092.4	56791.2	—	40498.5	1025.3	241407.4

注：数据来源于武汉市交委、市地铁集团。

3.5.1 大力发展公共交通

“十二五”期间武汉市公交客运量稳步增长，由“十一五”期末的年客运量20.7亿人次增加到2015年的24.1亿人次，增长了16.8%，增长主要来源于轨道交通。

长远来看，解决“停车难”问题，必须大力发展公共交通。首先，着重发展轨道交通、常规公交、快速公交等公共交通设施。通过形成市郊线、地铁、有轨电车和快速公交系统（BRT）等多种类、多层次立体交通的无缝对接，方便市民便捷出行，尽量减少小汽车的使用。其次，加强“P+R”（停车+换乘）模式的停车场建设，避免大量机动车涌入市区。在市区边缘交通便利地带设置大型社会停车场，鼓励停车人在此停车后换乘方便、快捷的公共汽车、地铁、轻轨等公共交通进入市区内的目的地，避免大量车流涌入市内中心地段，缓解中心城区停车紧张状况。

3.5.2 加快公共停车场建设

武汉市公共停车场三年行动计划及2015年实施计划，明确了停车场年工作目标——建成1.5万个泊位、启动建设2万个泊位、规划储备1.5万个泊位，合计5万个泊位。

为此，应积极鼓励、提倡利用闲置的城市

边角地建设临时停车场或停车位，使城市土地得到充分有效的利用。同时，鼓励用地权属单位利用单位院内、废弃厂房、闲置土地建设停车场，并授予相应收费经营权。加大停车场改造步伐。鼓励现有停车场产权单位通过“平面式停车改为立体式停车”、“自走式停车改为机械式停车”等方式，增加停车泊位。

3.5.3 提高智能化管理水平

配建和运用智能停车服务管理系统，逐步推进智能停车系统的全市覆盖，提高停车管理水平。运用现代信息技术和高科技手段，从手机查询泊位、预约泊位、可付费预订、电子引导系统、智能收费等方面建立和推行一套科学便捷的停车服务管理系统。如，利用车辆已安装的ETC电子标签，在停车场实现不停车出入和付费，既可提高停车场的利用率，缓解“停车难”问题，又能方便驾驶员出行。路内停车全部实行电子收费，既方便计时收费，又可以促使车辆加快流动，减少滞留。

3.6 提升道路绿化景观建设水平，打造有品质的路网

城市道路绿化景观是体现城市风貌的重要窗口，体现了整个城市的建设品质，以精细化建设管理为重点，建设提升道路绿化。

3.6.1 丰富绿化树种，凸显城市特色

近几年，每年改造提升100余条道路绿化，建成绿化覆盖率达到90%以上的林荫路133条、598km，林荫路推广率达到74%。兼顾常绿与落叶的比例，对行道树种进行优化，大力推广梧桐、栾树、樟树、水杉等适地适树的当家树种。充分考虑武汉市独特的地域文化和地方特色，挖掘其特有的历史文化和地域特征，用植物景观展示城区的文化特色，如适当的栽植市树水杉、市花梅花等，形成特色景观道路。

3.6.2 继续开展道路绿化提升工作

完善标准图册、技术导则，优化和推广现有模式，继续实施城市三环线以内所有的互通立交、高架匝道及周边绿地的绿化提升，使城市主干道绿化协调统一，形成丰富的景观效果。根据不同环境设计相应的绿化景观。比如，在有游乐园、广场等供人们休闲娱乐的地方，就可以设置一定的园林小品等应景的绿化景观。

3.6.3 立体绿化建设

大力推进立体绿化建设，对现有180km桥梁绿化加强养护，实施空中花园、立交桥、人行天桥特殊空间绿化、屋顶绿化工程，拓展城市绿色空间，柔化城市硬质空间。重点在新建项目上同步建设，同步配套。建设垂直绿化景观，如在隔离栏、立柱、标识牌等地方种植攀缘类小型植物，既增添生机，也不影响视线。此项举措可以有效减少对地面的占用，且分散式的立柱、标识牌等与攀缘植物配合，可以使其更加醒目，是一种快速提高植物种植量和提高经济性的方法。

3.6.4 统筹市政及绿化建设

进一步统筹市政建设与绿化建设，进一步强化绿化专项审批，确保道路绿化符合绿化规划的总体要求的同时，能结合局部特点，做出特色。此外，确保道路绿化建设质量，避免给后期养护管理留下后患。

3.7 加强路网精细化建设，以人为本，人路合一

在现代城市竞争中，“精细化建设”已经成为加强城市道路软环境建设的重要手段，也是与武汉市当前“大手笔”城市建设相辉映、全面提升城市品质的必然之选。武汉城市建设

正如火如荼，城市建设功能不断完善加强。与此相适应，武汉城市建设，尤其是路网建设管理必须向高标准看齐，将精细化贯穿到城市路网建设管理的方方面面。城市建设的小细节，体现着城市品质这个大主题。要从细微处提升品质，处处体现以人为本，做到人路合一。

3.7.1 人行道铺装

人行道铺装的精细化设计主要体现在平整度、接缝及铺装的到边到角。在同一个坡向（横坡或纵坡）路段内的人行道步砖不得出现反坡、凹槽现象，避免积水。

道路红线外为建筑物时，考虑道路景观及避免局部积水，应将道路红线至路侧建筑物之间的区域铺筑人行道步砖，接至建筑物墙角，如图 15 所示。

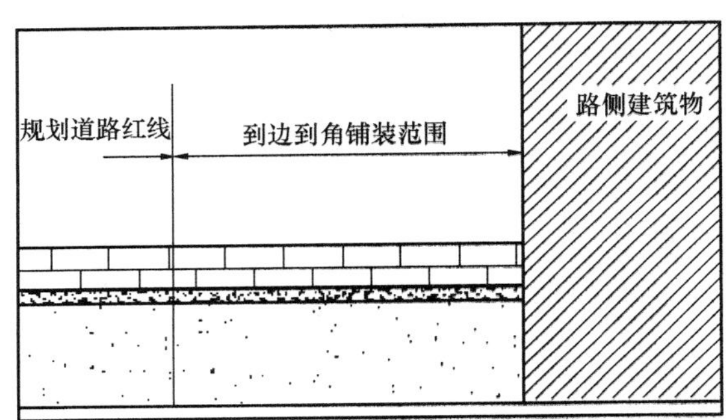

图 15 接建筑物时人行道铺装处理方式

3.7.2 无障碍坡道的设置

虽然《无障碍设计规范》GB 50763—2012 对城市道路的无障碍设置进行了详细的规定，但目前武汉市道路的无障碍设施设置仍不容乐观，无障碍设施不完善。

无障碍设计时应尽可能采用“扇形坡”和“单面坡”，即放缓坡度（≤1∶20），而不采用“三面坡”（1∶12），这样有利于行人、轮椅等通行。另外，立缘石不宜过高，避免增加人行道和机动车道的高差、加大坡面的过渡长度，一般宜为 10～15cm（图 16、图 17）。

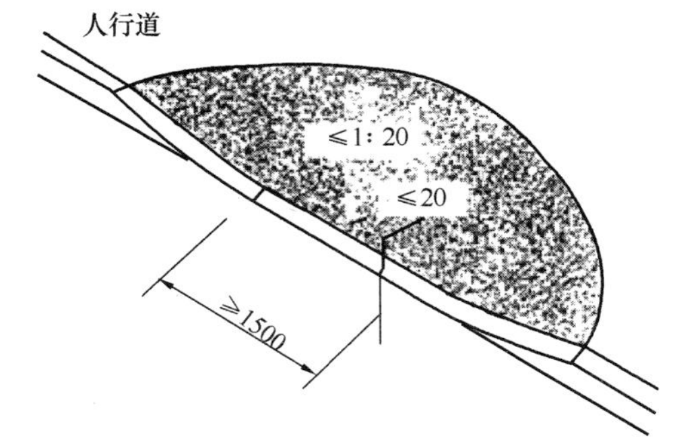

图 16 扇形单面坡缘石坡道

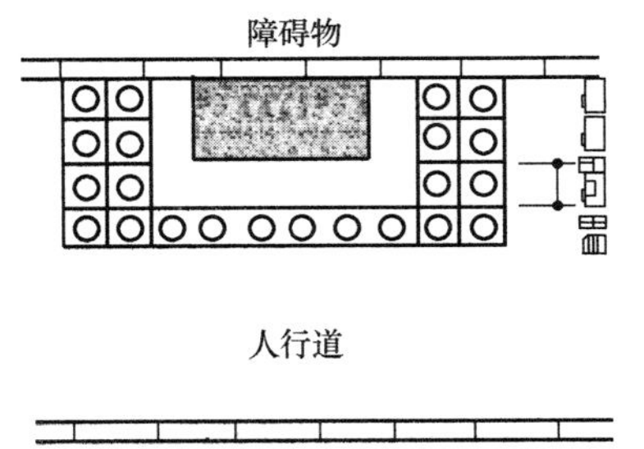

图 17 人行道障碍物的盲道提示

3.7.3 盲道的设置

盲道的设置在规范中有详细的规定，但武汉市现状道路中存在很多不规范的布置，应严格按照规范要求，在障碍物、路口、天桥、地道等位置设置相应的盲道提示。检查井盖的避让，应在设计时对道路管线的检查井位置预先判断，盲道标准断面位置设置时，在满足规范的前提下，尽可能避开检查井盖，从而减少障碍物的避让，使盲道更顺直、通畅。

3.7.4 车挡的设置

车挡是阻止机动车驶入，允许非机动车和行人通行的一种隔离设施。在人行道上相交路口、单位出入口等位置布设车挡，是规范机动车通行、保障非机动车和行人交通安全的重要措施，但其布置位置、间距、车挡尺寸规格和材质等细节尚未统一。对于一般道路，可采用钢管材质车挡；对于景观要求高的道路，可采用石材车挡。

3.7.5 井盖的设置

为保证残疾人通行顺畅、提高人行道整体景观，可将人行道上市政公用管线检查井“隐性化”，并细部设计隐形井盖结构。井盖检修时，隐形井盖应尽量平顺放置，避免倒扣或侧立放置。

4 结语

综上所述，造成武汉市政道路在精品建设中存在不足的原因，一方面是由于对各方面要素缺乏综合性的考虑，整体不和谐、不美观；另一方面是因为在设计中缺少对其他专业的考量，缺乏沟通。市政道路的设计过程中，不仅要从道路本身的功能考虑，也要与周围环境很好地融合。从宏观整体上规划道路建设，才能实现各方面的协调。

武汉城市建设已从大规模的建设期向城市功能完善、品质提升期转变，武汉的品质提升涉及很多方面，市政道路网络是其中之一。路网规划、设计、建设和管理者均应站在打造品质武汉的战略高度对武汉城市路网及其配套设施进行精细化的规划设计和建设管理。

参考文献

[1] 焦守法．城市“断头路”对交通的影响及解决对策[J]．城市道桥与防洪，2015(5)：1-2.

[2] 程斌．武汉市停车问题的对策研究[J]．建材世界，2011，32(3)：135-140.

[3] 周秋容，肖正泽．城市道路绿化景观分析研究[J]．现代园艺，2013(12)：69-70.

专业书架

Professional Books

行 业 报 告

《中国建筑业改革与发展研究报告（2016）——适应新常态与谋求新发展》

住房和城乡建设部市场监管司

住房和城乡建设部政策研究中心　编著

本书由住房和城乡建设部建筑市场监管司和政策研究中心组织，围绕“适应新常态与谋求新发展”这一主题进行编写。全书共 4 章，分别从中国建筑业发展环境、中国建筑业发展状况、新常态下企业转型升级探索、“十三五”时期建筑业发展环境四方面进行了详细的阐述。附件给出了 2015～2016 年建筑业最新政策法规概览、中国建筑业代表性工程展示、2014～2015 年度中国建设工程鲁班奖（国家优质工程）获奖工程名单及部分国家建筑业情况。

征订号：29416，定价：32.00 元，2016 年 10 月出版

《2015 年度中国建筑业双 200 强企业研究报告》

中国建筑业协会　编著

本书是国内第一套系统介绍“中国建筑业企业竞争力 200 强评价工作”和“中国建筑业成长性 200 强企业评价工作”，深入分析双 200 强企业竞争和成长实力著作的 2015 年度版，对引导建筑业企业学习借鉴先进企业经验，加快转变发展方式，不断提升竞争力，具有重要的借鉴价值。

征订号：29548，定价：35.00 元，2016 年 11 月出版

《中国工程造价咨询行业发展报告（2016 版）》

中国建设工程造价管理协会　主编

本报告基于 2015 年中国工程造价咨询行业发展总体情况，从行业发展现状，行业发展主要环境分析，行业标准体系建设，行业结构分析，行业收入统计分析，行业存在的主要问题、对策及展望，工程造价咨询职业保险制度建设专题报告，建设工程造价管理立法制度建设专题报告和工程造价专业人才发展规划专题报告 9 个方面进行了全面梳理和分析。此外，报告还列出了 2015 年大事记、2015 年重要政策法规清单、造价咨询行业与注册会计师行业简要对比和典型行业优秀企业简介。

征订号：29893，定价：75.00 元，2017 年 3 月出版

《中国建筑工业化发展报告 2016》

同济大学国家土建结构预制装配化工程技术研究中心　编

我国建筑工业化行业方兴未艾，国家及地方政府相继出台鼓励政策，大力发展工业化建筑。在此政策背景下，全国各地兴起了工业化建造的高潮。本书立足于国家行业发展的高度，从背景意义、发展环境、技术进展、市场情况、平台与组织机构、发展特点与展望等方面，通过详实的政策、技术介绍以及大量市场统计数据，全方位梳理工业化建筑的发展现状。

征订号：29989，定价：50.00 元，2017 年 3 月出版

《中国建筑节能年度发展研究报告 2017》

清华大学建筑节能研究中心　著

建设资源节约型社会，是中央根据我国的社会、经济发展状况，在对国内外政治经济和社会发展历史进行深入研究之后做出的战略决策，是为中国今后的社会发展模式提出的科学规划。节约能源是资源节约型社会的重要组成部分，建筑的运行能耗大约为全社会商品用能的三分之一，并且是节能潜力最大的用能领域，因此应将其作为节能工作的重点。

征订号：30212，定价：50.00 元，2017 年 3 月出版

《中国建设教育发展年度报告（2015）》

中国建设教育协会　组织编写

刘　杰　王要武　主编

中国建设教育协会从 2015 年开始，每年编制一本反映上一年度中国建设教育发展状况的分析研究报告。本书即为中国建设教育发展年度报告的 2015 年度版，也是国内第一本系统分析中国建设教育发展状况的著作，对于全面了解中国建设教育的发展状况、学习借鉴促进建设教育发展的先进经验、开展建设教育学术研究，具有重要的参考价值。

本书可供广大高等院校、高等、中等职业技术学校从事建设教育的教学、科研和管理人员、政府部门和建筑业企业从事建设继续教育和岗位培训管理工作的人员阅读参考。

征订号：29031，定价：59.00 元，2016 年 8 月出版

工程管理与数字建造

“十三五”国家重点图书出版规划项目《工程管理论》

何继善　等著

本书是中国工程院重点项目“工程管理理论体系研究”的重要成果，得到了中国工程院工程管理学部的重视和广大院士的支持。

本书由何继善院士领衔编著，杨善林、丁烈云、任宏等多位国内知名工程管理专家共同撰写，是国内第一本完整地、系统地对我国工程管理的理论与实践的总结与升华的论著。书中系统地阐述了工程管理的理论体系、核心价值观和学科视野；揭示了工程管理学科的哲学、决策、实施、文化、伦理等方面的丰富内涵；引用大量实例，详细介绍了工程管理的各种科学方法；指出了跟踪吸收最新科学成就和研究发展新思想、新理论、新方法的策略和重要性。全书逻辑严谨，脉络清晰，文字深入浅出，图文并茂，所论诸点，对学科发展和工程实践都大有裨益。本书可供工程管理领域学者开展科学研究时参阅，可作为工程管理研究生前沿课程的教材，也可以作为从事工程管理实践人员和学生提升管理思想认识、指导实践的参考书。

征订号：30210，定价：80.00 元，2017 年 5 月出版

热点一：营改增

《建筑业营改增实施指南》

中国建筑业协会　组织编写

2016 年 5 月 1 日，建筑业正式实施增值税。

为了指导广大建筑业企业平稳、有序、规范地实施营改增，建设良好的行业生态环境，共享国家政策红利，中国建筑业协会牵头组织中国建筑、中国中铁、中国铁建、中国交建、中国电建、中国能建、中国中冶、中国核建、上海建工、陕西建工十大建筑企业集团和华政税务师事务所、新中大软件公司的营改增专家，共同编写了《建筑业营改增实施指南》。

《建筑业营改增实施指南》丛书融合了十大建筑企业集团和专业财税咨询机构的丰富经验，从组织优化与经营管理、会计核算与财税管理两方面展开，以建筑企业业务流程为主线，深入调研掌握了中国建筑行业的管理现状，为广大建筑企业提出了切实可行的应对方案与管理建议，以指导企业在营改增过程中抓住机遇、应对挑战，以实现转型升级。

《建筑业营改增实施指南——组织优化与经营管理》

以营改增对建筑企业经营管理的影响为主题，从营改增政策要览、业务模式与组织架构、工程承接管理、工程成本管理、工程结算管理、投资业务管理、老项目管理、制度办法修订、税收筹划和信息化管理等方面入手，为企业管理层和非财税领域相关人员提供应对指南。

征订号：29308　定价：48.0 元

《建筑业营改增实施指南——会计核算和税务管理》

从增值税管理体系、增值税专用发票管理、增值税会计核算和增值税纳税申报等方面提出解决方案，并根据最新文件对各项业务做出了详细的会计分录和纳税申报指引，为财税管理岗位地相关人员提供应对指南。

征订号：29320　定 价：50.0 元，2016 年 9 月出版

《建筑业“营改增”实务权威问答》

周吉高　主编

本书对各省、市营改增口径中 1000 多个问题进行精选、归类，整理出 200 多个营改增相关问题。全书共分为两篇，包括“营改增”的一般性问题以及“营改增”有关建筑业的问答，内容涵盖纳税人与扣缴义务人，征税范围，税率与征收率，应纳税额的计算，纳税义务、缴扣义务发生时间和纳税地点，税收减免的处理，征收管理，建筑业“营改增”基础知识，建筑业计税方法的选择，跨县（市、区）提供建筑服务，甲供工程及清包工，建筑业差额征收，建筑业新、老项目的认定，建筑业涉营业税问题，建筑业发票管理问题，建筑业的特殊销售行为，建筑业增值税征收管理，建筑业应纳税额的计算以及建筑业“营改增”的其他问题，全面翔实，具有较强的指导性。

征订号：29118，定价：59.00 元，2016 年 8 月出版

《建筑企业如何应对“营改增”》

李福和　包顺东　何成旗
曹佳毅　于　维　韩爱生

本书作为一本帮助建筑企业管理人员学习应用“营改增”有关政策和应对措施的图书，在组材与编写视角上与其他“营改增”的书籍有所不同，主要体现在本书关注：“营改增”的管理问题，“营改增”的变革问题及应对“营改增”措施的系统性。本书共分六章，从“营改增”的认知逻辑组织材料。第 1 章介绍了“营业税改征增值税”的原因、历程等背景；第 2 章对“营改增”的重点进行解读并阐述“营改增”对建筑企业的影响；第 3 章从战略层面、组织层面、运营层面、信息化层面介绍了建筑企业应对“营改增”的措施及方法；第 4 章介绍了“营改增”相关岗位如何操作，是第 3 章不可或缺的补充；第 5 章介绍了建筑企业如何领导“营改增”这场变革；

第6章介绍了应对“营改增”需要关注哪些政策文件及应该参考哪些书籍。

征订号：28675，定价：49.00元，2016年5月出版

热点二：PPP

《PPP项目运作·评价·案例》

张彦春　王孟钧　周　卉　肖绍斌　编著

本书从PPP项目的运作、评价、案例三个方面进行介绍，帮助读者能够更全面、更完整地了解PPP项目运作的全过程。其中，运作篇涵盖了PPP项目前期运作中的所有环节，包括项目运作方式与回报机制、项目投融资、项目风险、项目采购与合同等内容，这些内容可以帮助读者完成PPP项目全过程的操作，解决项目实施中遇到的问题；项目评价单独成片，从项目财务评价、物有所值评价与财政承受能力论证、项目绩效评价三个方面论述了PPP项目运作全过程所涉及的评价工作，对于如何测算项目的财务数据、如何判断项目是否适用于PPP模式、如何评价项目的运作效果，读者都能找到对应的答案与方法；案例篇选取了作者负责咨询的三个不同类型的PPP项目，对PPP项目运作实践具有极大的参考价值，其中不乏国家财政部示范项目，极具代表性。

征订号：29319，定价：50.00元，2016年11月出版

《PPP模式与建筑业企业转型升级研究》

中国建筑业协会PPP模式发展研究中心
中国建筑业协会工程项目管理专业委员会　编著

本书由中国建筑业协会PPP模式发展研究中心、中国建筑业协会工程项目管理专业委员会联合编著，提出在建筑业企业在经济新常态、新型城镇化建设、“一带一路”开放格局以及“互联网+”环境下，采用PPP模式实现企业转型升级的有效路径，为广大建筑企业在“十三五”期间推动工程项目管理模式创新，加快转变发展方式，持续健康、稳定发展提供积极的参考作用。

征订号：30871，定价：58.00元，2017年9月出版

《PPP项目全流程操作手册》

杨卫东　敖永杰　韩光耀　主编

本书由上海同济工程咨询有限公司组织编写，以PPP项目操作流程为主线，注重理论研究与案例分析的结合，即通过对项目识别、项目准备、项目采购、项目执行和项目移

交等各阶段的相关规定加以提示，并结合案例对各环节涉及的关键问题加以分析解答，具有较强的系统性和可操作性。

征订号：29151，定价：55.00 元，2016 年 8 月出版

《〈PPP 模式应用指南〉（第二版）纲要与解读》

张水波　王秀芹　编著

本书从 PPP 基础知识、PPP 制度框架的建立、PPP 项目的实施三个方面提供了世界银行集团、亚洲开发银行、泛美开发银行等机构联合发布的《PPP 模式应用指南》（第二版）的纲要内容，并对相关内容进行了解读，以帮助读者理解指南的意图，从而深化读者对 PPP 模式的认知，提升 PPP 项目操作过程中的管理水平。

本书通过对《PPP 模式应用指南》（第二版）的解读，主要阐释了什么是 PPP，为什么要采用 PPP，PPP 项目如何融资，如何建立 PPP 法制框架，PPP 实施过程中政府相关机构的责任是什么及如何履行，PPP 公共财务管理框架下如何评估及控制 PPP 项目的财政影响，PPP 计划的治理，以及如何识别和评估 PPP 项目，如何识别和分配风险以使 PPP 结构化，如何设计 PPP 合同和管理 PPP 交易，如何管理 PPP 合同等内容，为政府发展 PPP 提供指引，也有助于 PPP 模式下的私人部门更好地了解 PPP 项目的流程，更好地理解政府的立场，从而促进公私合作下双赢的实现。

征订号：29292，定价：30.00 元，2016 年 12 月出版

热点三："一带一路"

《"一带一路"与建筑业"走出去"战略研究》

中国建筑业协会工程项目管理专业委员会　编

以习近平同志为总书记的党中央统筹国内国际两个大局，在经济发展进入新常态的时代背景下，提出了"一带一路"（即"丝绸之路经济带"和 21 世纪海上丝绸之路，简称"一带一路"）的重大战略构想，在国内外引起了巨大反响。《"一带一路"与建筑业"走出去"战略研究》的写作目的在于研究经济发展新常态背景下，中国建筑企业如何借助于"一带一路"开放战略的机遇，在走向国际市场的进程中，提高竞争能力，实现传统建筑业向现代建筑业的转型升级。本书由中国建筑业协会组织编写，中国建筑、中冶、中石化等大型央企、北京建筑大学以及相关协会的专家共同参与了专题研究和讨论。本书可供建筑企业、行业协会各级管理人员、高校师生以及对该领域感兴趣的研究者阅读参考。

征订号：29349，定价：48.00 元，2016 年 9 月出版

《“一带一路”项目前期开发技术手册》

左　斌　孙建波　编著

本书从“一带一路”的基本概念入手，全面剖析了国际工程项目前期开发工作的技术要点，包括国际工程承包项目的市场开发、咨询服务、决策阶段的咨询服务、前期开发工作的基本知识以及前期开发的技术工作等方面的内容。本书内容丰富，包含了基本专业术语、经济技术指标、前期工作流程、前期工作专用收资清单、典型案例分析等。本书作者从事国际工程承包工作已经近30年，先后承担了许多国家的工程项目的建设。

征订号：29565，定价：49.00元，2016年12月出版

《山地城镇可持续发展——“一带一路”战略与山地城镇交通规划建设》

中国科学技术协会　编

本书由中国科学技术协会汇编，集中了参加第四届山地城镇可持续发展专家论坛的相关领域专家学者所写的68篇论文。本次论坛主题为“一带一路战略与山地城镇交通规划建设”，本书紧紧围绕这一主题，深入交流“一带一路”交通规划、产业发展等一系列重大问题的基础理论与科学技术应用，为我国一带一路战略与山地城镇交通规划建设出谋划策。全书共分为“山地城镇交通规划策略与方法”、“山地城镇交通设施建设”、“山地城镇规划建设”、“山地人居环境建设”四大专题。

征订号：29298，定价：158.00元，2016年11月出版

热点四：装配式

《装配式混凝土结构技术体系和工程案例汇编》

文林峰　主编

装配式建筑是我国建筑产业化的一个重要方向，目前各企业在推进装配式建筑的过程中，常有疑惑，对案例性图书有较大需求。本书针对装配式建筑的不同技术体系，收集整理相关案例，并配有专家点评，结合案例讲述不同技术体系的适用范围和注意事项等，帮助装配式建筑全产业链企业，包括科研、咨询、设计、生产、施工、装修企业尽快了解并掌握装配式建筑的技术规范，加快提升装配式建筑的产业化与规模化发展。

征订号：29997，定价：150.00元，2017年4月出版

《大力推广装配式建筑必读——制度·政策·国内外发展》

住房和城乡建设部住宅产业化发展促进中心

本书就是汇总了相关专题的初步研究成果，其内容涉及面广，涵盖国内外装配式建筑领域的最新理论与实践，从政策制度、体制机制、技术体系、标准规范，再到钢结构、木结构、全装修等专项研究。本书旨在为加快推进我国装配式建筑的规模化发展提供有益的参考和借鉴，更好地指导各地建设主管部门推动装配式建筑发展，创新政策机制和监管模式；帮助装配式建筑全产业链企业，包括科研、咨询、设计、生产、施工、装修等单位，尽快了解并掌握装配式建筑技术规范，提高装配式建筑的组织效率、生产质量和产品性能，加快提升装配式建筑的产业化与规模化发展。

征订号：28696，定价：58.00 元，2016 年 12 月出版

《大力推广装配式建筑必读——技术·标准·成本与效益》

住房和城乡建设部住宅产业化发展促进中心

本书就是汇总了相关专题的初步研究成果，其内容涉及面广，涵盖国内外装配式建筑领域的最新理论与实践，从政策制度、体制机制、技术体系、标准规范，再到钢结构、木结构、全装修等专项研究。本书旨在为加快推进我国装配式建筑的规模化发展提供有益的参考和借鉴，更好地指导各地建设主管部门推动装配式建筑发展，创新政策机制和监管模式；帮助装配式建筑全产业链企业，包括科研、咨询、设计、生产、施工、装修等单位，尽快了解并掌握装配式建筑技术规范，提高装配式建筑的组织效率、生产质量和产品性能，加快提升装配式建筑的产业化与规模化发展。

征订号：28697，定价：38.00 元，2016 年 5 月出版

《装配式建筑概论》

陈　群　蔡彬清　林　平　主编

本书关注当前建筑业创新发展方向，基于我国装配式建筑发展的背景，详细阐述了装配式建筑的内涵、特征与优势，介绍了国外、我国装配式建筑发展历程与状况，对国家层面及代表性省市装配式建筑相关政策文件进行梳理与解读；介绍了装配式建筑技术及管理两个层面的创新，对装配式建筑、装配式混凝土结构建筑主要技术体系进行概述，对其建筑设计、结构设计、构件制作与运输、施工与安装等系列技术要点进行阐述，并介绍装配式混凝土结构建筑施工技术及创新；从产业链、项目组织、全寿命周期管理、质量管理等维度介绍装配式建筑管理领域相关创

新。最后，本书从基于绿色建造的现场施工思维、装配式建筑环境控制、装配式建筑节能与能源利用、智能建筑与信息化、建筑信息化模型与各项技术未来的挑战等方面介绍装配式建筑发展新趋势。

征订号：30442，定价：40.00 元，2017 年 6 月出版

热点五：信息化

《数字化城市管理实用手册》

温军燕　编著

本书主要包含以下内容：数字化城市管理概述，城市管理基础知识，数字化城市管理信息系统基础知识，信息采集员、受理员、派遣员、值班长、指挥长等人员工作内容及标准，立、结案规范及常见问题案例，本书实用性强，适合城市管理人员参考使用。

征订号：29948，定价：43.00 元，2017 年 5 月出版

《建筑工程设计 BIM 应用指南（第二版）》

李云贵　主编

本指南是中建 BIM 应用的实践总结，共 14 章，包括：基本概念与发展概况、企业 BIM 应用环境、BIM 应用策划、基于 BIM 的协同设计、总图设计 BIM 应用、建筑与装饰设计应用、结构设计 BIM 应用、给水排水设计应用、暖通空调设计 BIM 应用、电气设计 BIM 应用、绿色建筑设计 BIM 应用、幕墙设计 BIM 应用、建筑经济 BIM 应用以及设计牵头工程总承包 BIM 应用。本指南注重时效性、实用性及企业的特点，可作为企业开展 BIM 技术应用的重要资料。

征订号：30205，定价：89.00 元，2017 年 3 月出版

《建筑施工企业 BIM 技术应用实施指南》

李　娟　曾立民　主编

本书全面、客观、系统地分析了建筑施工行业 BIM 技术应用的现状，研究 BIM 技术在工程施工全过程中的具体应用，对 BIM 应用策划、数据准备与集成、深化设计、施工模拟、图档管理、进度管理、材料管理、质量安全管理、工程预算、成本控制等最受关注的 BIM 应用做了深入剖析。同时系统介绍了 BIM 技术相关软件的特性与功能，科学总结了 BIM 技术在企业和项目的实施规划和流程，提炼了 BIM 技术在施工项目实施的经典案例。

征订号：29720，定价：65.00 元，2017 年 1 月出版

《BIM改变建筑业》

杨宝明　著

本书结合国内建筑业的特点、形势，对BIM技术在建筑行业的应用进行了探讨，剖析BIM应用价值，应用策略，技术投入和发展困境的解决方法，提出BIM改变建筑业转型升级新思维。本书不同于一般从技术层面讨论BIM应用的书籍，而是站在企业角度对于BIM的价值与未来发展结合方向进行了剖析，内容极具洞察力及启发性，对于建筑行业从业人员、建筑企业管理人员和BIM研究学者都极具参考价值。

征订号：29616，定价：48.00 元，2017 年 1 月出版

《被动式建筑・节能建筑・智慧城市》

冯康曾　田山明　李　鹤　编

本书主要内容包括：什么是被动式建筑，河北新华幕墙公司被动式超低能耗办公楼项目总结，河北涿州新华幕墙公司被动式办公楼，被动房的新风系统，被动式住宅建筑新风系统，图说被动房常用建筑配件，被动式建筑精细化施工监造101问，涿州被动式建筑检测系统，从认证标准解读被动式建筑，浅谈被动式建筑与BIM技术的结合运用，三亚长岛旅业酒店三星运营标识介绍，绿色城市与智慧城市，城市固废与绿色建筑，生态城镇和绿色资源管理，结构工程师在被动房建设中的作用，浅谈屋顶绿化在低能耗建筑中的应用，建学第一期被动式设计师培训简介及体会。

本书适用于建筑行业的所有从业人员，以及相关行业的从业人员。

征订号：29753，定价：58.00 元，2017 年 1 月出版

《智慧城市：市政工程建设与管理》

上海城建（集团）公司

本书重点关注智慧城市建设与全生命周期管理，落实以“以人为本”和“可持续发展”理念宗旨，依托“互联网十”、物联网、云计算和大数据的城市基础设施的建设与管理新理念，支撑起智慧城市建设与发展的脉络，为新型城市化描绘 新蓝图。全书分为三篇共11章，具体内容包括智慧城市理念与规划，智慧城市道路、桥梁、隧道、轨道交通、给排水系统、燃气系统的设计与施工，智慧城市基础设施运营维护与管理等内容。本书可供从事城市管理、城市规划、市政建设、公共设施运营的管理人员、技术人员和科研人员参考，也可供相关专业的高等院校师生学习。

征订号：29161，定价：80.00 元，2016 年 11 月出版

《智慧地铁 勘测先行——城市轨道交通勘测创新技术》

马海志 主编

本书共收录34篇城市轨道交通勘测技术方面的优秀论文，对城市轨道交通工程中的盾构选型及地质适宜性评价、岩溶强发育区邻近基坑施工对既有地铁隧道结构沉降变形影响分析及处理、天顶湿延迟对轨道交通GPS控制网测量的影响研究等内容进行了详细的介绍，针对北京地铁7号线、天津地铁6号线、青岛地铁R3线等工程的地质勘察、测量与监测等内容进行了深入的探讨。

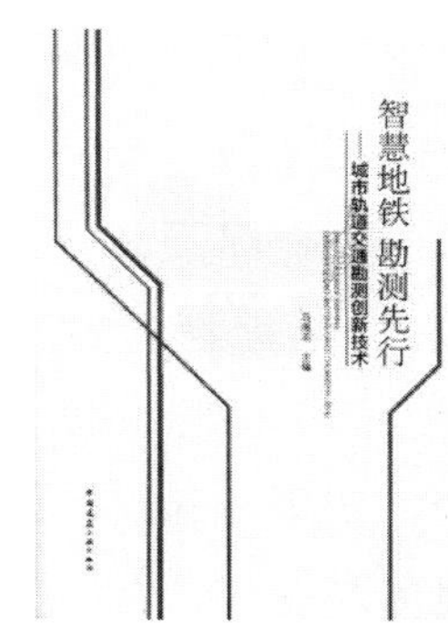

征订号：29597，定价：60.00元，2016年11月出版

项目管理

《环境咨询实务与案例》

杨卫东 张 晶 李 辉 主编

本书上海同济工程咨询有限公司组织编写，对近年来环境咨询领域开展的项目成果进行了总结与梳理，在编写过程中注重理论方法与案例分析相结合，分别从项目流程（项目规划、可行性研究、环境影响评价、环境风险评估与应急预案、环境监理、建设项目环境保护竣工验收）和项目特性（挥发性有机污染物减排和控制，污染场地调查、评价和修复，社会稳定风险评估）等方面系统介绍了咨询业务的服务内容、程序和技术方法等，为从事环保咨询业的工作人员和相关专业人士提供一定的借鉴。同时通过对相关项目的案例汇总和点评，集结成册，供读者学习和研究。

征订号：30366，定价：45.00元，2017年5月出版

《建设单位项目管理实务》

夏耀西 编著

本书以基本建设程序和管理流程为线索，直观展现了建设项目管理每个环节以及环节之间的关系，全面剖析了每个环节的工作内容和管理重点以及管理技术与方法。本书编写重在操作和实践，以期指导项目管理者一步步组织项目走向竣工。

本书使用对象为企事业单位基建部门管理人员、房地产开发企业项目管理人员、代建单位管理人员以及高校工民建、工程项目管理等相关专业学生使用。

征订号：29675，定价：49.00元，2017年5月出版

《文明施工标准化手册》

陕西建工集团有限公司　主编

本书主要面对一线施工管理人员和操作人员，采用图文并茂的形式，规范文明施工管理，较为系统地总结了当前建筑工程现场文明施工的管理要求和技术措施，具有较强的可行性，突出了“小、实、活、新”的特点，同时又具有较好的先进适用性。共分 7 部分，主要内容有：总则、施工现场管理与环境保护、施工安全达标、工程质量创优、办公生活设施与环境卫生、营造良好文明氛围等。本书内容既体现了工程建设领域法律法规、标准规范的最新要求，又统一了施工现场文明施工的标准做法和具体措施，是施工现场管理人员和操作人员应备的指导性手册，具有较强的实用性、指导性和操作性。

征订号：30342，定价：52.00 元，2017 年 9 月出版

《国际工程总承包项目合同管理导则》

中国对外承包工程商会　著

本导则是为中国企业从事和实施的国际工程总承包项目以及国际工程项目制定合同管理行为准则和管理规范，倡导树立正确的合同管理意识和理念，采用国际先进的合同管理理念、方法和工具，改善和提高中国企业从事和实施国际工程项目的合同管理水平，维护中国企业的合法权益。

本导则的内容有 22 章，包括：总则，术语，合同管理组织、程序和计划，合同评审，合同谈判和签订，总承包合同，设计咨询服务合同，采购合同，国际货物运输合同，分包合同，特许经营合同，国际融资合同，保险合同，劳务合同，变更，索赔，暂停施工和合同终止，合同风险管理，合同信息和文件记录管理，争议委员会，仲裁和诉讼。

征订号：29596，定价：58.00 元，2016 年 12 月出版

《产业新城发展模式及经营管理》

曾肇河　赵永辉　编著

产业新城作为传统地产企业转型发展的重要方向，如何成功打造产业新城对未来房地产企业在提升竞争力和资源整合能力方面有重要意义。本书首先从产业新城的起源出发，较为详尽介绍了早期产业新城的历史演变，并对产业新城的概念、特征及类型进行分析。在此基础上，以典型案例的方式对国外和国内产业新城建设发展成就进行了回顾，从业务模式、盈利模式以及现金流循环模式等方面

对产业新城的商业模式进行了定量和定性分析，从规划研发、团队建设、资金统筹、计划运营等方面对如何成功打造产业新城进行了深入剖析。最后，本书从世界和中国城镇化发展趋势、传统房地产转型发展以及新型城镇化建设等方面对产业新城未来发展进行展望及趋势研判。本书通篇并配有大量图表，力求图文并茂，言简易懂。

征订号：29273，定价：48.00 元，2016 年 11 月出版

《我国高层住宅工业化体系现状研究》

国家住宅与居住环境工程技术研究中心

中国建筑设计院有限公司

本书系统总结了我国装配式混凝土结构和钢结构高层住宅建筑体系、工业化装修以及建筑部品的现状调研成果，包括来自从事建筑工业化相关企业的原始调查资料，并在此基础上提出了我国建筑工业化发展建议。本书可为从事建筑工业化的相关人员、生产企业和投资者掌握我国建筑工业化体系及产业链发展现状提供基础资料，并为行业管理者制定相关政策提供参考依据。本书内容源自中国房地产业协会课题成果《我国建筑工业化体系现状研究报告》。

征订号：29061，定价：29.00 元，2016 年 10 月出版

《项目经济性分析与评价》

王　勇　王兆阳

本书基于项目管理中资源投入的视角和大市场观念，分全部资源要素投入与常规资源要素投入两类情况，提出了进行项目全资源要素投入经济性分析的基本思路，介绍了常规有限资源要素条件下进行项目投入与产出效果经济性分析论证的原理，所阐明的判断项目经济上是否有利（或可行）的分析与评价方法及精选的案例可供有关人员在实践中借鉴和 参考。

征订号：29099，定价：45.00 元，2016 年 10 月出版

《工程造价专业人才培养与发展战略研究报告》

中国建设工程造价管理协会　主编

我国工程造价行业起步较晚，相比国际先进的专业人才情况，现阶段我国工程造价专业人员在供求数量、能力标准、职能结构、管理及培养方式等方面还存在一些缺陷。此外，政府对工程造价专业人员培养日益重视，住房和城乡建设部在“十二五”规划中